基于ArcGIS的Python编程秘笈（第2版）

[美] Eric Pimpler 著
牟乃夏 张灵先 张恒才 译

人 民 邮 电 出 版 社
北 京

图书在版编目（CIP）数据

基于ArcGIS的Python编程秘笈 : 第2版 / (美) 派普勒 (Eric Pimpler) 著 ; 牟乃夏, 张灵先, 张恒才译. -- 北京 : 人民邮电出版社, 2017.1
ISBN 978-7-115-43804-1

Ⅰ. ①基… Ⅱ. ①派… ②牟… ③张… ④张… Ⅲ. ①地理信息系统—应用软件—程序设计 Ⅳ. ①P208

中国版本图书馆CIP数据核字(2016)第291157号

版权声明

◆ 著 [美] Eric Pimpler
译 牟乃夏 张灵先 张恒才
责任编辑 胡俊英
责任印制 焦志炜
◆ 人民邮电出版社出版发行 北京市丰台区成寿寺路 11 号
邮编 100164 电子邮件 315@ptpress.com.cn
网址 https://www.ptpress.com.cn
北京七彩京通数码快印有限公司印刷
◆ 开本：800×1000 1/16
印张：21.5 2017 年 1 月第 1 版
字数：416 千字 2024 年 12 月北京第 26 次印刷
著作权合同登记号 图字：01-2016-2845 号

定价：69.00 元

读者服务热线：(010)81055410 印装质量热线：(010)81055316
反盗版热线：(010)81055315
广告经营许可证：京东市监广登字 20170147 号

内容提要

Python 作为一种高级程序设计语言，凭借其简洁、易读及可扩展性日渐成为程序设计领域备受推崇的语言。使用 Python 作为 GIS 开发的脚本语言，将大大提升 ArcGIS 数据处理的效率。

本书将介绍如何使用 Python 来创建桌面 ArcGIS 环境下的地理处理脚本、管理地图文档和图层、查找和修复丢失的数据链接、编辑要素类和表中的数据等，以期能够提高 GIS 开发人员的工作效率。

本书内容结构清晰，示例完整，不仅适合从事 GIS 开发的专业人士，而且适合那些有兴趣接触或从事 Python 编程的读者。

译者序

ArcGIS（ARC/INFO）软件从诞生之日起就引领着地理信息系统的技术潮流，它的很多技术方法和理念已成为教科书的内容。在某种程度上，我们甚至可以说由它驱动了地理信息软件产业的发展。ArcGIS 软件由于其面向地理问题的科学理念，不断创新的技术方法，已在国内外市场占据了主导地位。特别是在国内市场，更可谓是一枝独秀。因此，掌握 ArcGIS 软件及其开发技巧不仅是 GIS 从业者必备的基本功，也是在校大学生和研究生基本的专业技能。

基于 ArcGIS 软件的二次开发，针对不同的需求应采取不同的开发方式。如果要深入行业应用的业务逻辑，使 GIS 成为工作流的一部分，则可以采用 ArcGIS Engine 进行细粒度的桌面端应用软件的设计与开发。如果 GIS 功能需求相对简单，侧重于数据的可视化和分析制图，那么可以采用 ArcGIS Server 开发 Web 端的应用。如果面向的用户对 GIS 的需求侧重于对地图的浏览，那么移动 GIS 则是首选的开发方式。当然，无论采用哪一种开发方式，都需要一定的开发工作量。而且采用这些方式开发的应用软件，尽管都是采用 ArcGIS 平台提供的接口，但是在形式上是脱离 ArcGIS 运行的，也就无法充分利用 ArcGIS 提供的强大的功能模块。总体来说，上述开发方式针对的往往是公共用户或者大众用户，而非 GIS 专业用户。

由于 ArcGIS 的触角已渗透到各行各业，大多数企事业单位的 GIS 从业人员能在一定程度上熟悉 ArcGIS 软件的使用，ArcGIS 软件也成为他们日常业务的得力助手。但是工作中经常会有一些行业特色的应用或者大量重复的工作，仅凭 ArcGIS 软件来完成是有一定难度的，或者工作量超过了可承受的范围。这时，如果能通过一些简单的编程来满足特殊需求或者提高自动化处理的水平，则可以起到事半功倍的效果。同样，对于那些经常使用 ArcGIS 进行数据处理和分析的科研工作者，也时常需要对 ArcGIS 进行改造以满足专业研究的深度应用。实际上，有时仅仅几句简单的代码就可以满足用户的要求，解决工作难题，提高工作效率。因此，在 ArcGIS 平台的基础上进行改造和定制，既能最大化地利用 ArcGIS 软件提供的功能，又可以最大化地满足个性化的需求。这似乎是基于 ArcGIS 开发的最聪明的方式，也是有一定 ArcGIS 使用基础的数量庞大的 GIS 行业用户最现实的深度掌握和应用 ArcGIS 的方式。

ArcGIS 软件在不同时期也提供了不同的定制开发方式，如 VBA 方式、动态库方式等，但是这些开发方式对读者的编程水平要求较高，不适于大范围推广。Python 语言由于语法简洁，简单易学，适合没有编程经验的初学者。ArcGIS 已经将其内嵌于桌面软件中，因此使用 Python 语言进行 ArcGIS 的定制开发是近年 Esri 力推的开发方式。这种方式介于单纯使用 ArcGIS 软件来处理与分析数据和使用 ArcObjects 进行深度开发之间，特别适用于那些具有一定的 ArcGIS 软件使用基础，却又不想在编程方面投入较多精力，同时还需要针对 ArcGIS 软件做一些扩展和智能化应用的用户。

本书就是讲解如何使用 Python 这一脚本语言来进行基于 ArcGIS 平台的二次开发。主要介绍了 Python 语言的架构、数据管理、地图制图、数据查询与检索、地理处理工具的调用等基本功能，还介绍了如何定制 ArcGIS 的界面，访问 ArcGIS server 发布的地图服务等功能，并提及了 ArcGIS Pro 下 Python 的编程。本书概念清晰、条理清楚、步骤详细，特别适合初学者。对于具有一定开发经验的读者来讲，也具有一定的参考价值。

本书由山东科技大学的牟乃夏、张灵先和中国科学院地理科学与资源研究所的张恒才 3 人统筹规划，分工负责各个章节的审校，最后由 3 人统稿并定稿。山东科技大学的研究生许璐璐、张晨、廖梦迪、杨忍等和江苏省邳州市国土资源局的赵永分别负责了其中一部分的翻译工作。

尽管本书经过翻译人员的多次集体讨论和修改方才定稿，以力求全面真实地再现原著。由于中外著作写作风格与语言表达的差异，为了兼容国内读者的阅读习惯，我们在贯彻“信、雅、达”的基础上，对很多技术细节依据自己的理解进行了调整。限于作者的学识和经验，定有不少疏漏和不当之处，甚至是错误也在所难免，恳请读者和同行批评指正。读者的批评和建议请致信：mounaixia@163.com，或者关注译者的微博@山东科大牟乃夏老师 GISer，译者将及时发布本书的勘误，并对读者的建议、意见和学习指导进行反馈。

牟乃夏

于青岛开发区洞门山下寓所

译者简介

牟乃夏，博士、博士后，知名GIS技术作家，现为山东科技大学测绘学院副教授，硕士生导师。已出版《ArcGIS 10地理信息系统教程-从初学到精通》《ArcGIS Engine地理信息系统开发教程》《CityEngine城市三维建模》等多部著作，并被全国诸多高校采用为相关课程的教材，收到同学们的广泛好评。目前主要从事地理信息科学的理论研究和工程实践，开发了城市管网、环境保护、地质矿产等多个行业软件，已获得软件著作权30余项。科研方向主要为时空数据挖掘，已主持和参与国家自然科学基金、山东省自然科学基金、中国博士后基金、国家863计划等多项课题，发表论文40余篇，培养研究生50余人。

作者简介

Eric Pimpler 是 GeoSpatial Training Services（http://geospatialtraining.com/）的创始人和所有者，他使用 Esri、Google Earth/Maps 和开源技术等进行 GIS 实践和教学已有 20 多年的历史。目前，Eric 侧重于使用 Python 编写 ArcGIS 脚本，以及使用 JavaScript 开发 web 和移动 ArcGIS Server 应用程序。此外，Eric 还编写了《Programming ArcGIS with Python Cookbook》和《Building Web and Mobile ArcGIS Server Applications with JavaScript》（中文版名为《JavaScript 构建 Web 和 ArcGIS Server 应用实战》由人民邮电出版社出版）两本书，这两本书都已经由 Packt 出版社出版。

Eric 获得了美国德克萨斯 A&M 大学地理学专业的学士学位，以及美国德克萨斯州立大学应用地理学（GIS 方向）专业的硕士学位。

审阅人简介

Mohammed Alhessi 是一位主要研究地理空间分析理论、算法和应用的 GIS 专家和培训师，在 GIS 分析、开发和培训等方面具有丰富的经验。他为不同专业背景的人开设了很多培训课程，培训课程涉及到 GIS 应用的各个领域，包括 MS SQL Server 企业数据库管理、空间数据分析和建模、面向 ArcGIS 的 Python 脚本编程等。

Mohammed 曾是德国斯图加特大学的一名 GIS 开发人员，在职期间使用 Java 和 Python 开发了许多地理处理工具。此外，他还参与过当地的许多 GIS 项目，为当地社区提供了咨询服务。目前，他是巴勒斯坦加沙伊斯兰大学的一名讲师，并且还在巴勒斯坦加沙大学应用科学学院开设了课程。

Mohammed 获得了巴勒斯坦加沙伊斯兰大学土木工程专业的学士学位，以及德国斯图加特大学测绘工程专业的硕士学位。

Matthew Bernardo 是新港可再生能源（Newport Renewables）公司的一名高级 GIS 分析师，该公司是位于美国新港的一家可再生能源公司。作为一个狂热的户外运动达人和技术爱好者，他热衷于将 GIS 技术与环境相结合。在过去的几年里，他使用 GIS 和 Python 编程处理了包括可再生能源、情报分析、遥感、海洋科学、环境科学和城市规划等多个领域中的复杂问题。

Matthew 获得了美国罗德岛大学环境科学专业的理学学士学位，以及美国宾夕法尼亚州立大学地理空间情报专业的硕士学位。

Rahul Bhosle 获得了印度希瓦吉大学信息技术工程专业的学士学位和美国北卡罗来纳州立大学地理信息科学与技术专业的硕士学位。目前，他是美国 GIS 数据资源（GIS Data

Resources）公司的一名 GIS 开发人员。按专业来说，他是一名地理空间开发人员，在 Python、JavaScript、ArcGIS Suite、GeoServer、PostGIS、PostgreSQL、SQL Server、Leaflet、Openlayers、Machine Learning 和 NoSQ 等运用方面具有丰富的经验。

Kristofer Lasko 获得了美国马里兰大学地理科学专业的学士学位和地理空间信息科学专业的硕士学位。他现在在马里兰大学分别给研究生和本科生讲授 GIS 课程。几年前，他发现以自动化的方式处理日常任务和大量的地理空间数据是非常有必要的，于是他开始学习 Python。

目前，他正在马里兰大学攻读地理科学专业的博士学位。在此之前，他曾在 NASA（美国国家航空航天局）的戈达德太空飞行中心和喷气推进实验室工作，也曾作为 GIS 和遥感分析师在马里兰大学工作过。目前他的研究重点是越南农作物燃烧的残留。

可以浏览如下网址来访问他的个人网页：http://terpconnect.umd.edu/~klasko/ cv.html。

Doug McGeehan 是美国密苏里州密苏里科学技术大学罗拉分校博士三年级的学生，现正在 Sanjay Madria 博士和 Dan Lin 博士的指导下从事计算机科学技术的研究。2013 年，他获得了美国密苏里科学技术大学计算机科学专业的学士学位，并在《computational geometry》（《计算机几何》）期刊上发表了两篇论文。目前他在美国地质调查局（USGS）从事计算机制图工作。

Ann Stark 在 2005 年成为 GISP，从事 GIS 工作已有 20 多年。她热衷于 GIS 行业，是美国西北太平洋地区 GIS 社区中的活跃成员，不仅协调当地用户组，而且担任区域 GIS 专业组的主席。她还是一位热心的老师，主要讲解如何有效地在 ArcGIS 中使用 Python，并且她会在她的博客（https://gisstudio.wordpress.com/）上分享相关主题的内容。此外，她还是美国萨利希海岸科学（Salish Coast Sciences）公司的 GIS 咨询顾问，为该公司提供战略规划、过程自动化和 GIS 开发服务等方面的咨询服务。

在工作之余，Ann 会和她的丈夫与儿子一起去城市中心的城市农场，在那里体验可持续的生活方式以及城市农场的自给自足。

前言

ArcGIS 是 Esri 公司研发的构建于工业标准之上的地理信息系统软件系列的总称。

本书将介绍如何使用 Python 语言来创建桌面 ArcGIS 环境下的地理处理脚本、工具和快捷方式等。并通过介绍如何使用 Python 语言和桌面 ArcGIS 来自动执行地理处理任务、管理地图文档和图层、查找和修复丢失的数据链接、编辑要素类和表中的数据等，以期能够有效地提高 GIS 工作人员的工作效率。

本书首先介绍了桌面 ArcGIS 环境中 Python 编程的基本概念，然后通过具体的操作方法来介绍如何使用 Python 编程实现 ArcGIS 中的地理处理任务。

在使用 ArcGIS 工作时，针对特定的任务编写脚本可以有效地节省 GIS 工作人员的时间和工作量。本书根据 ArcGIS 脚本处理的功能分为不同的主题进行讲解，主要包括管理地图文档文件、自动化地图制图和打印、查找和修复丢失的数据链接、创建自定义地理处理工具、编辑要素类和表中的数据等。

通过对本书的学习，读者将学会如何设计和使用合适的方法来编写地理处理脚本，以完成指定的任务。

本书的章节内容

第 1 章主要介绍 Python 语言的基本架构，首先介绍了如何创建新的 Python 脚本及编辑已有的脚本；其次介绍了 Python 语言的特点，如添加注释、创建变量并赋值、创建内置变量等，以使 Python 的代码更加简单明了；还介绍了 Python 语言提供的各种内置数据类型，如字符串、数字、列表和字典等；最后介绍了一些语句，包括条件语句、循环语句和with语句等。

第2章主要介绍如何使用ArcPy制图模块管理地图文档和图层文件，包括在地图文档中添加和移除地理图层，将图层插入到数据框中，在地图文档中移动图层，以及更新图层属性和符号系统等。

第3章主要介绍如何在地图文档文件中生成丢失的数据源列表，并应用ArcPy制图模块中的函数修复丢失的数据源。此外，还介绍了如何通过编程来修复多个地图文档中丢失的数据源。

第4章主要介绍如何自动化地创建高质量的地图，以及如何将这些地图进行打印、导出为图像文件或PDF文件等并存入地图册中。

第5章主要介绍如何编写脚本来访问和运行ArcGIS提供的地理处理工具。

第6章主要介绍如何创建自定义的地理处理工具，这些工具既可以添加到ArcGIS中，又能够与其他用户共享。自定义地理处理工具需要添加一个Python脚本，该脚本可以以某种方式处理或分析地理数据。

第7章主要介绍如何在脚本中执行Select Layer by Attribute和Select Layer by Location地理处理工具来选择要素和记录。包括：如何为Select Layer by Attribute工具的可选参数where子句构造查询语句，如何使用作为临时数据集的要素图层和表视图等。

第8章主要介绍如何创建地理处理脚本来选择、插入或更新地理数据图层和表中的数据。通过使用ArcGIS 10.1中新的数据访问模块，地理处理脚本可以创建要素类和表中数据的内存表，即游标。此外，还将介绍如何创建不同类型的游标，如搜索游标、查询游标和更新游标等。

第9章主要介绍如何通过使用ArcPy的Describe函数获取关于地理数据集的描述性信息。一项具体的地理处理任务的第1步通常是生成一个地理数据的列表，其后才是针对这些数据集进行的各种地理处理操作。

第10章主要介绍如何通过创建Python加载项来定制ArcGIS界面。Add-in（加载项）提供了一种扩展桌面应用程序的方式，即使用模块化的代码库，将用户界面（UI）元素添加到桌面ArcGIS中，这个模块化的代码库是为执行特定操作而设计的。UI组件包括按钮、工具、工具条、菜单、组合框、工具选项板和应用程序扩展模块等。基于Python语言的加载项，需要使用Python脚本和XML文件来创建，其中XML文件用来定义用户界面的显示方式。

第11章主要介绍如何处理运行地理处理脚本时生成的错误和异常，讲解了如何使用

try/except 语句捕获 ArcPy 和 Python 的错误，并进行相应的响应。

第 12 章主要介绍如何使用 ArcGIS REST API 和 Python 访问由 ArcGIS Server 和 ArcGIS Online 发布的服务。首先介绍了如何制作 HTTP 请求并解析响应、导出地图、查询地图服务、进行地理编码等。然后介绍了一些 ArcPy 的其他内容，如 FieldMap 和 FieldMappings 类，以及 ValueTable 对象的使用等。

第 13 章主要介绍新的 ArcGIS Pro 环境与桌面 ArcGIS 中 Python 的差异，特别是使用 Python 窗口编写和执行代码的差异。

附录 A 主要介绍如何在规定的时间运行地理处理脚本。许多脚本的执行需要花费很长的时间，这就需要将其安排在非工作时间内执行。具体介绍了如何创建包含地理处理脚本的批处理文件以及如何在规定的时间执行它。

附录 B 主要介绍如何使用 Python 编写脚本来执行一些常规的任务，如读取和编辑带分隔符的文本文件、发送邮件、访问 FTP 服务、创建.zip 文件、读取和编辑 JSON 与 XML 文件等。每个 GIS 程序员都应该知道如何编写 Python 脚本来实现这些功能。

本书的软件需求

要完成本书中的练习，需要安装具有基础版、标准版或高级版许可级别的桌面 ArcGIS 10.3。安装桌面 ArcGIS 10.3 时，会同时安装 Python 2.7 和 Python 代码编辑器 IDLE。本书也同样适用于桌面 ArcGIS 10.2 和 ArcGIS 10.1。另外，由于第 13 章要在 ArcGIS Pro 中使用 Python，因此需要安装 ArcGIS Pro 1.0。

本书面向的读者

本书面向的读者是那些想要使用 Python 革新 ArcGIS 工作流程、提高工作效率的 GIS 专业人员。无论是初学者，还是经验丰富的专业人员，几乎每天都需要花费大量时间来执行各种地理处理任务。本书将介绍如何使用 Python 语言编程来实现这些地理处理任务，从而有效地提高 GIS 专业人员的工作效率。

小节标题

为了更清楚地指导读者完成每个章节的实例，本书频繁地使用了这几个小节标题——准备工作、操作方法、工作原理、拓展、链接来进行介绍。

准备工作

这一部分介绍本节将要讲解的内容，以及本节练习所需要的软件设置或其他初步设置。

操作方法

这一部分讲解完成操作所需要执行的具体步骤。

工作原理

这一部分通常是对"操作方法"的详细解释。

拓展

这一部分补充介绍与本节相关的其他知识，以使读者了解更多与本节相关的内容。

链接

这一部分提供了与本节内容相关信息的链接。

体例

本书使用了不同的文本样式来区分不同类型的信息。以下是一些文本样式的例子及其解释。

正文中的代码词汇样式如下所示："IDLE 加载了 `ListFeatureClasses.py` 脚本"。

代码块的样式如下所示。

```
import arcpy
fc = "c:/ArcpyBook/data/TravisCounty/TravisCounty.shp"
# Fetch each feature from the cursor and examine the extent
# properties and spatial reference
for row in arcpy.da.SearchCursor(fc, ["SHAPE@"]):
  # get the extent of the county boundary
  ext = row[0].extent
  # print out the bounding coordinates and spatial reference
```

```
  print("XMin: " + ext.XMin)
  print("XMax: " + ext.XMax)
  print("YMin: " + ext.YMin)
  print("YMax: " + ext.YMax)
  print("Spatial Reference: " + ext.spatialReference.name)
```

需要读者特别注意的内容用粗体显示，如代码块中的重点部分、重要的代码行或选项等，样式如下所示。

```
import arcpy
fc = "c:/data/city.gdb/streets"
# For each row print the Object ID field, and use the SHAPE@AREA
# token to access geometry properties
with arcpy.da.SearchCursor(fc, ("OID@", "SHAPE@AREA")) as cursor:
  for row in cursor:
    print("Feature {0} has an area of {1}".format(row[0],
    row[1]))
```

命令行的输入或输出样式如下所示。

```
[<map layer u'City of Austin Bldg Permits'>,
<map layer u'Hospitals'>, <map layer u'Schools'>,
<map layer u'Streams'>, <map layer u'Streets'>,
<map layer u'Streams_Buff'>, <map layer u'Floodplains'>,
<map layer u'2000 Census Tracts'>, <map layer u'City Limits'>,
<map layer u'Travis County'>]
```

新的术语和重要词汇用粗体显示，例如屏幕上、菜单或对话框中的词汇等，其在正文中的样式为单击“Start | All Programs | ArcGIS | Python 2.7 | IDLE”。

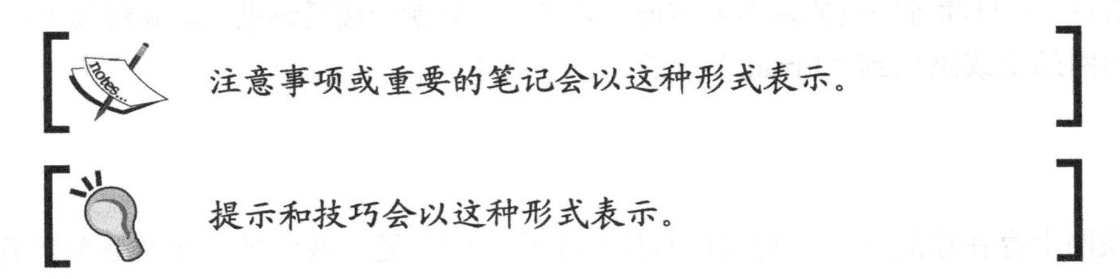

注意事项或重要的笔记会以这种形式表示。
提示和技巧会以这种形式表示。

读者反馈

欢迎读者对本书进行反馈，这可以让我们了解读者对本书的意见——是否喜欢这本书。

读者的反馈意见对我们非常重要，因为它可以帮助我们编写出更符合读者需求的书，使读者可以从我们的书中获得最大的帮助。

读者的反馈意见可以发送邮件到 feedback@packtpub.com，并在邮件的主题上注明书名。

如果读者对本书的任何一部分内容有深入见解，并且有兴趣编写或补充相关专业知识，可以访问作者指南：www.packtpub.com/authors。

客户支持

如果读者购买了 Packt 出版社的图书，可以享受以下权益。

下载示例代码

使用个人账户在 http://www/PacktPub.com 网站上购买了 Packt 出版社出版的图书的读者，可以直接下载示例代码文件；在其他地方购买的读者，可以访问 http://www.PacktPub.com/support，注册账户后代码文件会通过邮件发送给用户。

勘误

虽然我们已经尽可能地确保内容的准确性，但是由于编者水平有限，错误与不妥之处在所难免，敬请广大读者批评指正，以便避免误导其他读者，同时帮助我们改进和完善本书的后续版本。如果读者发现任何错误——不论是正文中的还是代码中的，请记录错误的信息，访问勘误页面：http://www.packtpub.com/submit-errata，选择本书，输入发现的错误的详细信息。一旦读者提交的勘误内容通过验证，我们就会接受该勘误，并将其上传到 packt 出版社的网站上或添加到“Errata”下的勘误列表中。

盗版

互联网上存在盗版资料一直是所有媒体都存在的问题。我们非常重视版权的保护和授权的合法性。如果读者在互联网上看到了非法抄袭本书内容的情况，无论对方以何种形式抄袭，请立即向我们提供网址或网站名称，我们将会采取补救措施。

请将涉嫌盗版资料的链接发送到 copyright@packtpub.com，我们会非常感谢读者对出版方和作者权益的保护。

问题

如果读者有任何关于本书的问题，都可以通过 questions@packtpub.com 邮箱联系我们，我们将竭尽全力解决读者的问题。

目录

第 1 章 面向 ArcGIS 的 Python 语言基础

同其他编程语言一样，Python 也支持多种类型的程序架构。本章主要介绍 Python 的基本语言架构。首先，介绍如何创建新的 Python 脚本及编辑已有的脚本；其次，介绍 Python 语言的特点，如添加注释、创建变量并赋值、创建内置变量等，以使 Python 的代码更加简单明了。

然后，介绍 Python 语言提供的各种内置数据类型，如字符串、数字、列表和字典等。类和对象是 Python 等面向对象编程语言的基本概念，在使用 ArcGIS 编写地理处理脚本时会经常用到它们，所以本章也介绍了这些复杂的数据类型。

另外，本章还介绍了一些语句的概念，包括条件语句、循环语句和 `with` 语句等。使用 Python 编写 ArcGIS 地理处理脚本时，常常用 `with` 语句打开 `cursor`（游标）来循环遍历代码块。`cursor` 对象来自于 ArcPy 的数据访问模块，它有插入、搜索和更新 3 种数据处理的方式。

最后，介绍如何访问 Python 语言的其他功能模块。

学完本章，读者将会掌握以下内容。

- 在 IDLE 中创建和编辑 Python 脚本的方法。
- 在 ArcGIS Python 窗口中创建和编辑脚本的方法。
- Python 的语言特点。
- 注释与数据变量。
- 内置数据类型（字符串、数字、列表和字典等）。
- 复杂数据结构。
- 循环结构。
- 其他 Python 功能。

1.1 使用 IDLE 进行 Python 脚本开发

正如前言提及的，在桌面 ArcGIS 的安装过程中，会同时安装 Python 和 IDLE。IDLE 是编写 Python 程序代码的集成开发环境，本书中的很多代码都是在 IDLE 或桌面 ArcGIS 的 Python 窗口中编写的。随着编程能力的不断提高，读者可以选择 IDLE 以外的其他开发环境，如 PyScripter、Wingware、Komodo 等进行代码的编写，具体选择哪种开发环境依个人喜好而定。

1.1.1 Python Shell 窗口

单击“Start | AllPrograms | ArcGIS | Python 2.7 | IDLE”，可以启动 Python 的 IDLE 开发环境。需要注意的是，在 ArcGIS 的安装过程中一同安装的 Python 版本，取决于 ArcGIS 的版本。如 ArcGIS 10.3 使用 Python 2.7，而 ArcGIS 10.0 则使用 Python 2.6。

Python Shell 窗口如图 1-1 所示。

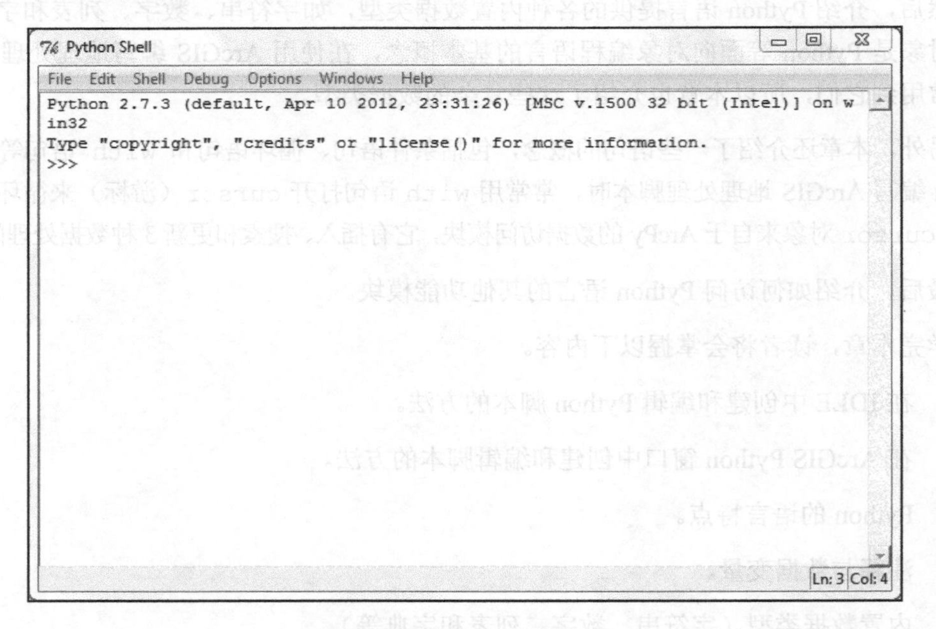

图 1-1 Python Shell 窗口

Python Shell 窗口用来显示输出结果和脚本的错误信息。初学者常常误以为地理处理脚本也写在 Shell 窗口中，实际上需要创建一个单独的代码窗口来编写脚本，详见本书 1.1.2 节。

虽然一般不在 Shell 窗口中编写完整的脚本，但是可以以交互的方式编写代码并获得及时的反馈。ArcGIS 提供了一个内置的 Python Shell 窗口，使用方法与之类似，详见本书 1.2 节。

1.1.2 Python 脚本窗口

在 Python Shell 窗口中单击“File | New Window”创建一个新的代码窗口，可以在这个独立的窗口中编写脚本。该窗口称为 Python 脚本窗口，如图 1-2 所示。

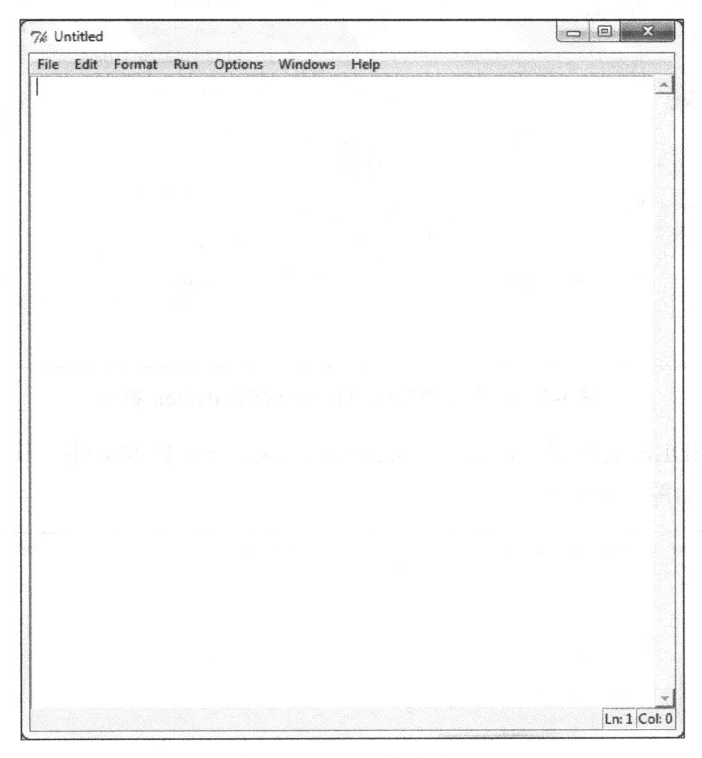

图 1-2 Python 脚本窗口

Python 的脚本代码通常在这个代码窗口中编写，每个脚本都需要保存到本地或网络驱动器中。默认情况下，脚本保存的文件扩展名是“.py”。

1.1.3 编辑已有的 Python 脚本

打开已有的 Python 脚本有两种方式：一是在 Python Shell 窗口中单击“File | Open”，选择要打开的脚本文件；二是在 Windows 资源管理器中右击文件，单击“Edit with IDLE”，如图 1-3 所示。通过这两种方法中的任何一种即可打开一个新的脚本窗口，同时脚本会加载在脚本编辑器中。

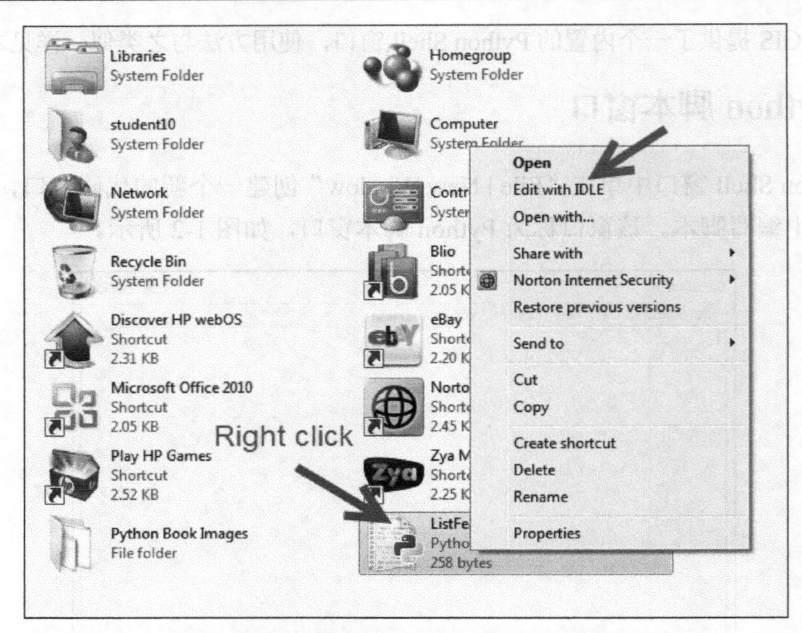

图 1-3 在资源管理器中打开已有的 Python 脚本

在本例中，IDLE 加载了 `ListFeatureClasses.py` 脚本文件，其对应的 Python 脚本窗口中的代码如图 1-4 所示。

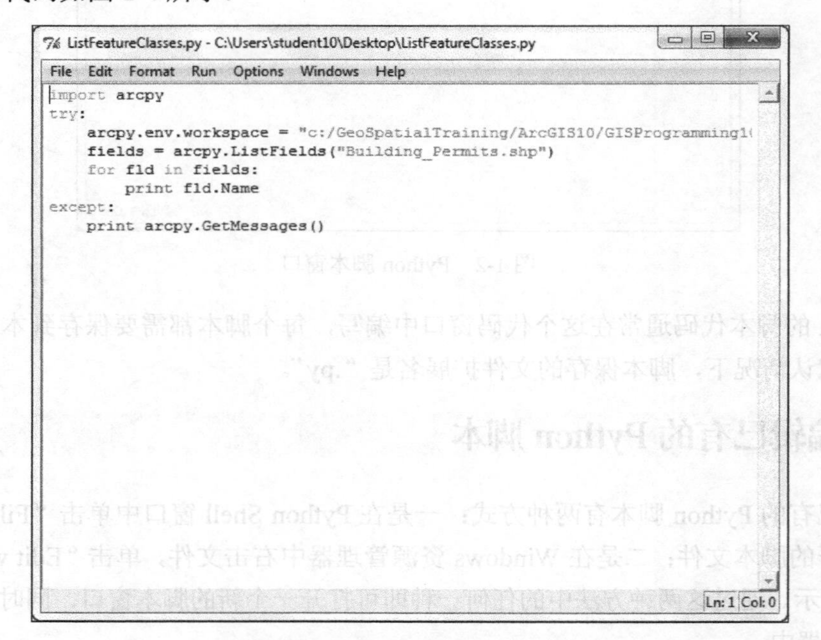

图 1-4 ListFeatureClasses.py 脚本

脚本窗口打开后，可以在其中写入或编辑代码，还可以在这个窗口中进行基本的脚本调试，调试是一个识别和修正代码错误的过程。

1.1.4 在 IDLE 中运行脚本

当写好一个地理处理脚本或者打开了一个已有的脚本之后，就可以在 Python 脚本窗口中执行代码。IDLE 提供了语法检查功能，在运行脚本之前，可单击“Run | Check Module”来检查代码的语法错误。

如果有语法错误，一般情况下会跳转到 Shell 窗口并在 Shell 窗口中显示错误的详细信息，而有些语法错误不会跳转到 Shell 窗口，此时会弹出“Syntax error”对话框并在脚本窗口中高亮显示错误的位置，具体会出现哪种情况取决于语法错误的类型。如果没有语法错误，将不做提示。虽然 IDLE 界面可以检查语法错误，但是无法检查代码的逻辑错误，也没有像其他开发环境（如 PyScripter、Wingware 等）一样可以提供更高级的调试工具。

如果代码中不存在语法错误，单击“Run | Run Module”运行脚本，如图 1-5 所示。

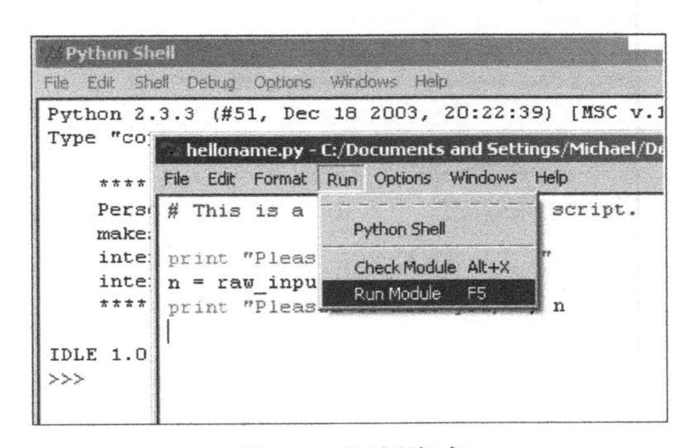

图 1-5 运行脚本

运行脚本后，print 语句的输出结果、错误消息和系统消息都会在 Python Shell 窗口中显示。print 语句在 Shell 窗口中只输出文本，它经常用于更新脚本的运行状态或显示代码的调试信息。

1.2 ArcGIS Python 窗口的使用

1.1 节介绍了如何使用 Python 的 IDLE 开发环境，本节给出一个地理处理脚本实例来说明如何使用 ArcGIS Python 窗口。刚开始编写代码时，人们通常在桌面 ArcGIS Python 窗口中编写脚本，当脚本越来越复杂时，会转向使用 IDLE 或者其他开发环境。

1.2.1 ArcGIS Python 窗口

ArcGIS Python 窗口是桌面 ArcGIS 10.x 中的一个嵌入式、交互式的窗口，它在测试小型代码块、学习 Python 基础知识、建立方便快捷的工作流以及执行地理处理工具方面都是一个新颖而又理想的选择。对于初学者来说，ArcGIS Python 窗口是个极好的起点！

ArcGIS Python 窗口除了可用于编写代码外，还有很多其他的功能。它可以把窗口中的内容以 Python 脚本文件的形式保存到磁盘中，也可以把已有的 Python 脚本加载到窗口中。窗口有停靠和浮动两种状态，停靠状态下可以固定在 ArcGIS 界面的不同位置，浮动状态下可以任意放大或缩小。右键单击窗口并选择“Format”，可以设置窗口上的字体和文本颜色等格式。

1.2.2　ArcGIS Python 窗口的显示

单击桌面 ArcGIS 上“标准”工具条的“Python”按钮，打开 Python 窗口，如图 1-6 所示。这是一个浮动窗口，可以根据需要调整大小，也可以在 ArcMap 界面的任意位置停靠。

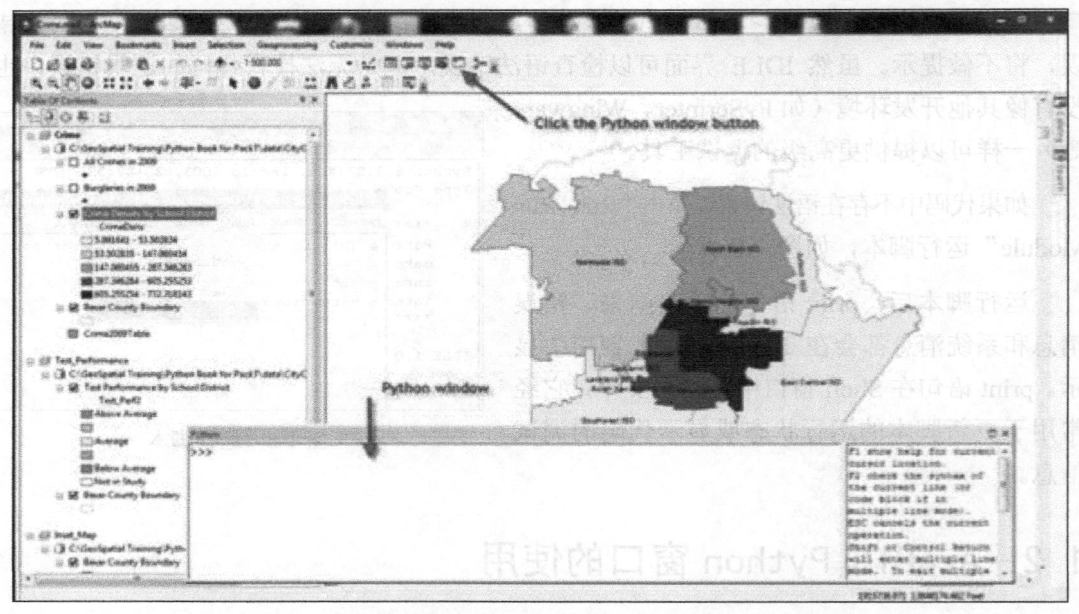

图 1-6　ArcGIS Python 窗口

Python 窗口本质上是一个 Shell 窗口，只能在主提示符（>>>）后一次性输入一行语句。如果有问题，可以查看分隔线右边的帮助窗口。

右键单击 Python 窗口，从菜单中选择“Load…from the menu”，可以加载已有的脚本。如果想设置窗口上的字体和文本颜色，右键单击窗口并选择“Format”，在弹出的 Python Window Format 窗口中（如图 1-7 所示）可以选择黑色/白色主题，并设置个性化的字体和颜色。

图 1-8 所示为单击“Set Black Theme”按钮设置黑色主题的例子，如果长时间编写代码，使用这种主题会使眼睛更舒服。

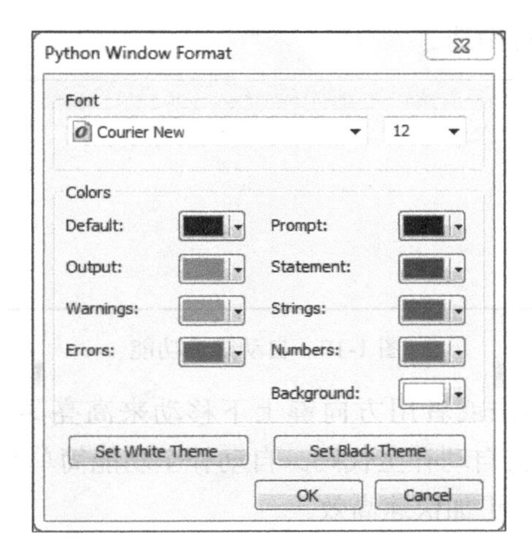

图 1-7 Python Window Format 窗口

```
>>> import arcpy
...
... try:
...     arcpy.env.workspace = "c:/ArcpyBook/data/"
...     fields = arcpy.ListFields("Building_Permits.shp")
...     for fld in fields:
...         print fld.name
... except:
...     print arcpy.GetMessages()
...
...
```

图 1-8 黑色主题界面

ArcGIS Python 窗口还提供了代码补全功能，以简化程序员的工作，读者可以在 ArcGIS Python 窗口中键入“arcpy.”来试试这个功能，如图 1-9 所示。ArcPy 是一个面向模块的软件包，使用点记法能够访问对象的属性和方法。在对象名后键入“.”会出现下拉列表，列表中提供了用于这个对象的工具、函数、类或扩展模块等。所有对象都有自己的关联项，因此根据所选对象的不同，项目列表的显示也会有所不同。

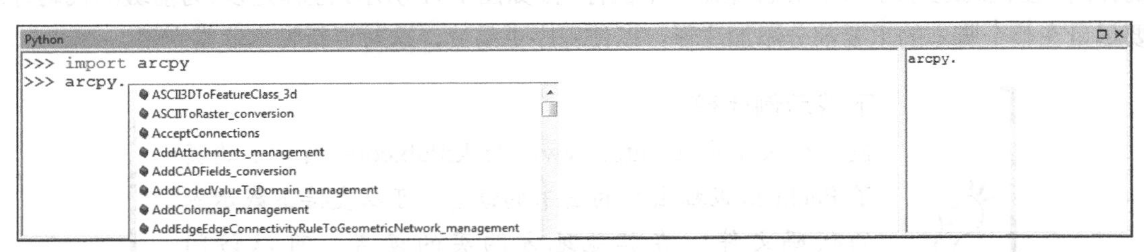

图 1-9 代码补全功能

如图 1-10 所示为一个自动筛选列表，当键入工具、函数、类或扩展模块的名称时，该列表会根据输入的内容进行筛选。

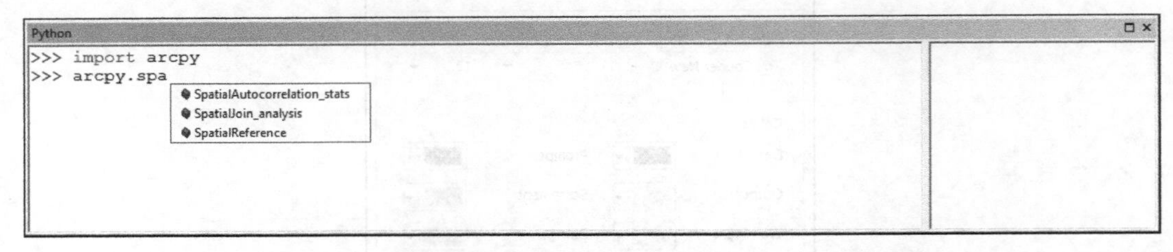

图1-10 自动筛选功能

通过鼠标从列表中单击或者用方向键上下移动来高亮显示需要的条目，然后按下〈Tab〉键，Python窗口就会自动补全代码。自动补全功能简单易用，大大减少了代码中的拼写错误，使程序员的工作更加快速高效。

1.3 Python语言基础

了解Python语言的基本架构，有助于读者更有效地编写ArcGIS地理处理脚本。尽管Python语言相对于其他编程语言来说更易学，但要想真正掌握它，也需要花一定的时间来学习和练习。本节将介绍如何创建变量及给变量赋值，可赋值给变量的数据类型，如何使用不同类型的语句和对象，如何读写文件和导入Python第三方模块等内容。

1.3.1 代码注释

编写Python脚本时，一般都需要遵循约定俗成的程序架构。通常在每个脚本的开头是说明部分，用来说明脚本的名称、作者和处理过程的梗概，以帮助程序员快速了解脚本的细节和用途。在Python中，说明部分通常使用注释来实现。注释是脚本中以#或##开头的代码行，#或##后跟随说明代码的文字，用来解释脚本中某些代码或代码块的功能。注释只起到说明代码的作用，在代码运行时Python解释器并不执行它。如图1-11所示，注释是以#为前缀的代码行。要尽量在整个脚本的重要部分添加注释，以使程序更易读，这对更新脚本非常有用。

下载示例代码

使用个人账户在 http://www/PacktPub.com 网站上购买了Packt出版社出版的图书的读者，可以直接下载示例的代码文件；在其他地方购买的读者，可以访问 http://www.PacktPub.com，注册账户后代码文件会通过邮件发送给用户。

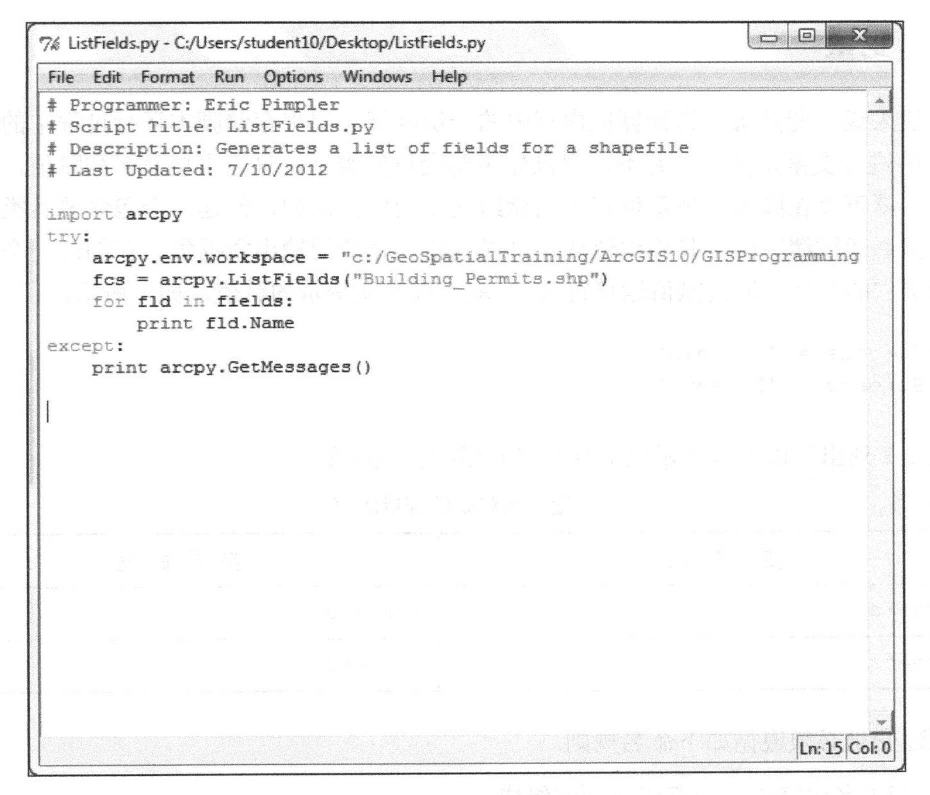

图 1-11 脚本的说明注释

1.3.2 模块导入

尽管 Python 语言有很多内置的函数，能够完成不同的功能，但仍然需要经常访问存储在外部模块中的具有特定功能的函数集以完成特定的功能。例如，math 模块存储与数值处理有关的特定函数，R 模块提供与统计分析有关的函数等。一般说来，函数是一个已命名的代码块，执行时只需调用其名称。模块则是由一系列函数构成的，它可以通过 import 语句导入。import 语句通常是脚本文件中的第 1 行代码（不包括注释）。在编写 ArcGIS 地理处理脚本时，需要导入 arcpy 模块，该模块是访问 ArcGIS 提供的 GIS 工具和函数的 Python 工具包。下面的代码展示了如何导入 arcpy 模块和 os 模块，其中 os 模块提供了与底层操作系统进行交互操作的接口。

```
import arcpy
import os
```

1.3.3 变量

一般来说，变量可视为计算机内存中的一块区域，用来存储脚本运行过程中的值。在 Python 中进行变量定义时，并不需要预先声明变量的类型，只需直接命名和赋值，通过引用变量名就可以在脚本中任意位置访问赋给变量的值。例如，创建一个包含要素类名称的变量，然后通过缓冲区工具引用该变量可以创建一个新的输出数据集。在创建一个变量时只需指定它的名称，通过赋值运算符（=）就可以实现变量的赋值，如下所示。

```
fcParcels = "Parcels"
fcStreets = "Streets"
```

表 1-1 列出了以上代码示例的变量名和赋给变量的值。

表 1-1　　变量名和赋给变量的值

变 量 名	变 量 的 值
fcParcels	Parcels
fcStreets	Streets

创建变量必须遵循如下命名规则。

- 变量名由字母、数字或下划线组成。
- 第 1 个字符必须是字母或下划线（最好避免使用下划线，因为首字符为下划线的变量在 Python 中有特殊的含义）。
- 不能使用除下划线以外的其他特殊字符。
- 不允许使用 Python 关键字和空格。

命名变量时必须避免使用 Python 语言的关键字，如 class、if、for、while 等。在 Python 语句中，这些关键字通常会以不同的颜色突出显示。

下面是一些合法的变量名。

- featureClassParcel
- fieldPopulation
- field2
- ssn

- my_name

下面是一些非法的变量名。

- class（Python 关键字）
- return（Python 关键字）
- $featureClass（非法字符，必须以字母或下划线开头）
- 2fields（必须以字母或下划线开头）
- parcels&Streets（&是非法字符）

Python 语言区分大小写，所以要特别注意脚本中的大小写，如变量的命名等。对初学者来说，大小写问题是最常见的错误来源，所以当代码出现错误时要首先考虑大小写问题。来看一个例子，下面是 3 个变量，虽然每个变量的名字相同，但是由于大小写的不同，实际上创建的是 3 个不同的变量。

- mapsize = "22x34"
- MapSize = "8x11"
- Mapsize = "36x48"

如果输出这些变量，会得到以下结果。

```
print(mapsize)
>>> 22x34


print(MapSize)
>>> 8x11   #output from print statement

print(Mapsize)
>>>36x48   #output from print statement
```

要变量名在整个脚本中保持一致，最好的做法就是采用 camel 命名法，即变量名的第 1 个单词全部小写，而后连接的每个单词的首字母大写。如以变量名 fieldOwnerName 为例来说明这一概念。第 1 个单词（field）所有字母小写，第 2 个单词（Owner）和第 3 个单词（Name）的首字母大写。

```
fieldOwnerName
```

Python 中的变量是动态的，也就是说不需要预先声明变量的类型，变量赋值时就已经隐式地声明变量的类型了。赋值给变量的常用数据类型如表 1-2 所示。

表 1-2 常用数据类型

数据类型	示例值	示例代码
String	"Streets"	fcName = "Streets"
Number	3.14	percChange = 3.14
Boolean	True	ftrChanged = True
List	"Streets", "Parcels", "Streams"	lstFC = ["Streets", "Parcels", "Streams"]
Dictionary	'0':Streets,'1':Parcels	dictFC = {'0':Streets,'1':Parcels]
Object	Extent	spatialExt = map.extent

接下来的章节会详细介绍这些数据类型。

在 C#中，使用变量之前必须先定义变量的名称和类型，而 Python 则只需定义变量名，通过赋值就可以使用该变量，变量的具体数据类型由 Python 后台识别。

下面的 C#代码示例创建了一个名为 aTouchdown 的整型变量，它只能包含整数数据，然后给该变量赋值整数 6。

```
int aTouchdown;
aTouchdown = 6;
```

在 Python 中，这个变量可以动态地创建和赋值，如下列代码所示。Python 解释器可以动态地判断赋给变量的数据类型。

```
aTouchdown = 6
```

有时候需要创建一个变量，但事先并不知道具体为它赋何值，在这种情况下，可以简单地创建一个没有赋值的变量，下面的代码示例就创建了这样一个变量。

```
aVariable = ''
aVariable = NULL
```

赋值给变量的数据可以在脚本运行时改变。

变量可以存储不同类型的数据，包括基本数据类型，如字符串和数字，以及更复杂的数据类型，如列表、字典和对象等。接下来介绍可以赋值给变量的不同数据类型以及 Python 提供的各种操作数据的功能。

1.3.4 内置数据类型

Python 有一些内置的数据类型。这里首先介绍 string 类型，之前已经给出几个 string 变量的例子，这种变量类型有多种操作方式，下面详细介绍这种数据类型。

1．字符串

字符串是字符的有序集合，用于存储和表示文本信息。当字符串赋值给变量时，要由英文单引号或双引号括起来，它可以是一个名称、要素类名称、where 子句或其他任何可编码的文本。

2．字符串操作

在 Python 中，字符串有多种操作方式，其中字符串连接是比较常用且容易实现的操作方式之一。“+”操作符可以把它两边的字符串变量连接起来形成一个新的字符串变量。

```
shpStreets = "C:\\GISData\\Streets" + ".shp"
print(shpStreets)
```

运行上述代码，将得到以下结果。

```
>>>C:\GISData\Streets.shp
```

判断字符串是否相等可以使用“==”操作符，就是简单地把两个等号放在一起。读者一定要注意不要混淆相等操作符和赋值运算符：相等操作符有两个等号，而赋值运算符只有一个等号；相等操作符用于判断两个变量是否相等，而赋值运算符用于给变量赋值。

```
firstName = "Eric"
lastName = "Pimpler"
firstName == lastName
```

运行上述代码示例会得到以下结果，是因为“firstName”和“lastName”变量不相等。

```
>>>False
```

判断变量是否包含某个字符串可以使用“in”操作符，如果第 1 个操作对象包含于第2个操作对象中则返回True。

```
fcName = "Floodplain.shp"
print(".shp" in fcName)
>>>True
```

正如前文所述，字符串是字符的有序集合，也就意味着可以访问字符串中的单个字符或一串字符，只要不人为改变，字符的顺序都会保持不变。而有些集合却不能保持设定的顺序，如字典等。在Python中，访问单个字符称为索引，访问一串字符称为切片。

字符串中的单个字符可以通过字符串变量后的方括号内的偏移量来获得，如使用 fc[0] 可以获得 fc 变量的第1个字符。Python是一种从零开始的语言，也就是说列表中第1项的索引值是 0。负偏移用于从字符串的末尾逆向搜索，在这种情况下，字符串最后一个字符的索引值是-1。索引总是创建一个新变量来保存字符。

```
fc = "Floodplain.shp"
print(fc[0])
>>>'F'
print(fc[10])
>>>'.'
print(fc[13])
>>>'p'
```

图1-12说明了字符串是字符的有序集合，第1个字符的索引值是0，第2个字符的索引值是1，接下来的每个连续字符按顺序占用一个索引值。

0 1
FLOODPLAIN.SHP

图1-12 字符串的索引值

字符串索引只能获得 string 变量的单个字符，而字符串切片能够提取字符串的连续序列，其格式和语法与索引类似，但需要引入第二偏移量来指定要截取的字符序列的结束位置，从而获得要返回的子字符串。

下面的代码是一个字符串切片的例子，先把“Floodplain.shp”赋值给“theString”变量，然后使用 theString[0:5] 获得“Flood”切片。

```
theString = "Floodplain.shp"
print(theString[0:5])
>>>Flood
```

> **提示：**
> Python 切片返回的字符开始于第一偏移量，结束于第二偏移量，但不包括第二偏移量。这对于初学者来说特别容易混淆，也是一种经常犯的错误。在上述例子中，返回的变量包含“Flood”字符串，第 1 个字符的索引值是 0，对应字符“F”，最后一个返回的字符索引值是 4，对应字符“d”。请注意，索引值 5 不包括在内，因为 Python 切片仅返回到第二偏移量的前一个索引值对应的字符。

任一偏移量都可以省略，这实际上是创建了一个通配符。例如，`theString[1: ]`要求 Python 返回从第 2 个字符开始到字符串末尾的所有字符；`theString[: -1]`要求 Python 返回从第 1 个字符开始到倒数第 2 个字符的所有字符。

Python 是一门优秀的语言，在字符串操作方面提供了很多函数，可以方便地对字符串进行处理。但是限于篇幅，大多数的字符串操作功能本书并没有介绍，仅仅介绍如下字符串操作功能。

- 计算字符串长度。
- 转换大小写。
- 去除开头和结尾的空白。
- 查找字符串中字符。
- 文本替换。
- 用分隔符把字符串拆分成一系列单词。
- 格式化。

使用 Python 编写面向 ArcGIS 的地理处理脚本时，经常需要引用计算机本地或者共享服务器上的数据集，实际上引用数据集就是引用了存储在变量中的路径。在 Python 中，路径名称需要单独提及。很多编程语言通常用反斜杠来定义路径，但 Python 中的反斜杠是转义字符和续行符的标志，因此需要使用双反斜杠（\\）、单正斜杠（/）或者以 r 为前缀的单反斜杠（\）来定义路径。在 Python 中，路径名一般存储为字符串，如下列代码所示。

以下是非法的路径引用。

```
fcParcels = "C:\Data\Parcels.shp"
```

以下是合法的路径引用。

```
fcParcels = "C:/Data/Parcels.shp"
fcParcels = "C:\\Data\\Parcels.shp"
fcParcels = r"C:\Data\Parcels.shp"
```

3．数字

Python 内置的数值型数据有 int、long、float 和 complex 等。把数字赋值给变量的方式与字符串类似，不同之处在于不需要使用引号把值引起来并且它还必须是一个数值。

Python 支持所有常用的数字操作，包括加、减、乘、除、取模和求余等，还可以使用函数进行返回绝对值、将字符串转换成数值型数据和四舍五入等操作。

尽管 Python 提供了一些内置的数学函数，但是如果要访问其他更高级的数学函数则需要使用 math 模块。当然，在使用这些函数前必须先使用 import 导入 math 模块，代码如下。

```
import math
```

math 模块提供的函数有向上舍入和向下取整函数、绝对值函数、三角函数、对数函数、角转换函数和双曲函数等。值得注意的是，Python 并没有提供函数来计算中位数或平均值，需要编程来实现。有关 math 模块的更多细节可以通过单击"All Programs | ArcGIS | Python 2.7 | Python Manuals"来查看。打开 Python Manual 后，在目录栏里单击"The Python Standard Library | Numeric and Mathematical Modules"，你就可以查看任何的数据类型、语法、内置函数以及其他想详细了解的内容了，在此不一一赘述。

4．列表

Python 提供的第 3 种内置数据类型是列表。列表是元素的有序集合，它可以存放 Python 支持的任何一种数据类型，也可以同时存放多种数据类型。这些数据类型可以是数字、字符串、其他列表、字典和对象等。例如，一个列表变量可以同时存放数字和字符串。列表是从零开始的，即列表中第 1 个元素的索引值是 0，如图 1-13 所示。

之后列表中每个连续对象的索引值依次增加 1。此外，列表的长度可以根据需要动态地增长和收缩。

0 1 2 3
listOfValues = ['streets','mains','parcels','values']

图 1-13 列表的索引值

列表是通过在方括号内赋一系列的值来创建的。要提取列表中的值，只需在变量名后的方括号内填写相应的索引值即可，代码如下所示。

```
fcList = ["Hydrants", "Water Mains", "Valves", "Wells"]
fc = fcList[0] ##first item in the list - Hydrants
```

```
print(fc)
>>>Hydrants
fc = fcList[3]   ##fourth item in the list - Wells
print(fc)
>>>Wells
```

通过使用 append() 方法可以在已有的列表中添加新元素，具体代码如下。

```
fcList.append("Sewer Pipes")
print(fcList)
>> Hydrants, Water Mains, Valves, Wells, Sewer Pipes
```

列表可以通过切片返回多个值。下列代码所示为用冒号隔开两个偏移量进行列表切片操作，第一偏移量表示起始索引值，第二偏移量表示终止索引值，注意并不是返回终止索引值对应的值，而是其前一个索引对应的值，前面已经讲述。列表切片返回的是一个新的列表。

```
fcList = ["Hydrants", "Water Mains", "Valves", "Wells"]
fc = fcList[0:2] ##get the first two items - Hydrants, Water Mains
```

列表本质上是动态的，即可以在已有的列表中添加元素、删除元素和改变已有的内容，且这些操作不需要创建新的列表副本。改变列表中的值可以通过索引或切片来实现，索引改变的是列表中的单个值，而切片改变的是列表中的多个值。

Python 中有许多操作列表中值的方法，如：sort() 方法可以对列表中的内容进行升序或降序排列；append() 方法可以在列表的末尾添加元素，而 insert()方法可以在列表的任意位置插入元素；remove() 方法可以移除列表中第 1 个与参数匹配的项，而 pop() 方法可以删除列表中的元素（默认是最后一个）并返回该元素的值；reverse() 方法可以对列表中的内容进行反向排序。

5．元组

元组与列表类似，但也有一些明显的区别。与列表一样，元组也是由值的序列组成，这些值可以是任何类型的数据；与列表不同的是，元组的内容是静态的。元组创建后，既不能更改值的顺序，也不能添加或删除值，当一些列表数据需要固定不变时，元组的这一特性恰好满足要求。创建元组很简单，就是把值放在括号内并用逗号分隔开，如下代码所示。

```
fcTuples = ("Hydrants", "Water Mains", "Valves", "Wells")
```

读者可能已经注意到创建元组与创建列表非常相似，区别仅在于元组使用圆括号而列表使用方括号。

与列表类似，元组的索引值从 0 开始，访问存储在元组中的值的方法与列表相同，代码示例如下。

```
fcTuples = ("Hydrants", "Water Mains", "Valves", "Wells")
print(fcTuples[1])
>>>Water Mains
```

当列表的内容要求是静态时，通常用元组代替列表，因为列表不能保证这一点，而元组可以。

6. 字典

字典是 Python 中第 2 类集合对象。它类似于列表，所不同的是字典是对象的无序集合。字典通过键而不是偏移量来存储和获取值，字典中的每个键都有一个关联值，如图 1-14 所示。

图 1-14 字典的键/值对

与列表类似，在字典中也可以使用函数来改变字典的长度。下面的代码示例介绍了如何创建字典并为其赋值，以及如何使用键来访问字典中的值。创建字典要使用花括号，花括号内的每个键后面有一个冒号，冒号后是与这个键相关联的值，这些键/值对用逗号分隔开。

```
##create the dictionary
dictLayers = {'Roads': 0, 'Airports': 1, 'Rail': 2}

##access the dictionary by key
print(dictLayers['Airports'])
>>>1
print(dictLayers['Rail'])
>>>2
```

常用的字典操作包括获取字典中元素的数量、使用键获取值、确定键是否存在、将键转换成列表以及获取一系列的值等操作。字典对象可以在适当的位置改变、扩大和收缩，也就是说 Python 不需要创建一个新的字典对象来保存修改过的字典。给字典中的键赋值可以通过在花括号中声明键并设置它等于某个值来实现。

小技巧：

与列表不同，字典不能切片，因为它的内容是无序的。如果需要遍历字典中所有的值，可以使用 keys()方法，它能返回一个包含字典中所有键的集合，并且可以单独赋值或取值。

1.3.5 类和对象

类和对象是面向对象编程的基本概念。尽管 Python 倾向于面向过程的编程，但也支持面向对象的编程。在面向对象编程中，类用于创建对象实例，可以把类视为创建一个或多个对象的模板。每个对象实例具有相同的属性和方法，但对象存储的数据通常是不同的。对象是 Python 中的复杂数据类型，由属性和方法组成，可以像其他数据类型一样赋值给变量。属性包含与对象相关的数据，而方法是对象可以执行的操作。

下面用一个例子来解释这些概念。在 ArcPy 中，extent 类是通过给出矩形左下角和右上角的地图坐标来指定的矩形。extent 类包含一些属性和方法。属性包括 XMin、XMax、YMin、YMax、spatialReference 等，其中 x、y 的最大值和最小值属性存储 extent 矩形的坐标，spatialReference 属性存储 extent 类中 spatialReference 对象的空间参考系。extent 类的对象实例可以通过点记法（.）来设置和获取属性值。这个例子的代码示例如下。

```
# get the extent of the county boundary
ext = row[0].extent
# print out the bounding coordinates and spatial reference
print("XMin: " + str(ext.XMin))
print("XMax: " + str(ext.XMax))
print("YMin: " + str(ext.YMin))
print("YMax: " + str(ext.YMax))
print("Spatial Reference: " + ext.spatialReference.name)
```

脚本运行的结果如下。

```
XMin: 2977896.74002
XMax: 3230651.20622
YMin: 9981999.27708
YMax: 10200100.7854
Spatial Reference:
NAD_1983_StatePlane_Texas_Central_FIPS_4203_Feet
```

extent 类还提供了一些对象可以执行的方法，大多数方法是 extent 对象和其他几何图形之间的几何运算，如contains()（包含）、crosses()（相交）、disjoint()（不相交）、equals()（相等）、overlaps()（重叠）、touches()（邻接）和within()（包含于）等。

另一个需要掌握的面向对象的概念是点记法，它是一种访问对象的属性和方法的方式，同时也表示了这些属性或方法属于某一个特定的类。

点记法使用的语法是在对象实例后跟一个点，其后是属性或方法的名称。不管是访问属性还是方法，其语法描述都是一样的，但是，如果是访问方法，方法名后要有一个圆括号，括号内可以没有参数也可以有多个参数，如下列代码所示。

```
Property: extent.XMin
Method: extent.touches()
```

1.3.6 语句

Python中的每一行代码称为一条语句。Python有许多不同类型的语句，如有创建变量和给变量赋值的语句、有根据测试结果执行分支代码的条件语句和多次执行代码块的循环语句等。在脚本中编写语句时，需要遵循一定的规则。创建变量和赋值语句在前文中已经介绍过，下面介绍其他类型的语句。

1．条件语句

if/elif/else语句是Python中基本的条件判断语句，用来判断给定条件的True/False值，以决定条件后代码分支的执行情况，即使用条件语句可以控制程序的流程。下面给出一个条件判断的示例：如果变量存储了点要素类，则获取它的X、Y坐标；如果要素类名称为“Roads”，则获取Name字段。

在Python中，True值是指任何非零数字或非空对象；False值是指零数字或空对象，往往表示不正确。一般地，比较测试的返回值是1或0（真或假），布尔运算的and/or运算的返回值是真或假。

```
if fcName == 'Roads':
  arcpy.Buffer_analysis(fc, "C:\\temp\\roads.shp", 100)
elif fcName == 'Rail':
  arcpy.Buffer_analysis(fc, "C:\\temp\\rail.shp", 50)
else:
  print("Can't buffer this layer")
```

Python的代码编写必须遵循一定的语法规则。语句是一条条顺序执行的，直到遇到分支语句，通常使用的分支语句是if/elif/else语句。此外，也可以使用for和while

等循环结构来改变程序流程。Python 会自动检测语句和代码块的边界，所以不需要在代码块的边界使用括号或分隔符，而是使用缩进来确定代码块（这一点与 C 和 C#等语言是不同的）。许多编程语言使用分号来结束语句，但 Python 不是这样。复合语句中需要包含“:”，它的编写规则是：复合语句首行以冒号结束，其后代码块中的语句需要以相同量级逐行缩进在复合语句首行的下方即可。

2. 循环语句

循环语句是根据需要可以重复执行的代码行。如果条件表达式的结果为 True，while 循环体就会重复执行，如果条件表达式的结果为 False，Python 会跳出循环，执行 while 循环后的代码。在下面的代码示例中，首先给 x 变量赋值为 10，while 循环语句判断 x 的值是否小于 100，如果是，则输出 x 的当前值并且 x 的值增加 10，然后继续判断 while 后的条件表达式的值。第 2 次循环时，x 的值变为 20 仍然小于 100，所以条件表达式的值仍为 True，然后执行输出 x 值和累加操作，这个过程一直循环，直到 x 大于或等于 100。当 x 的值不满足 x<100 的条件时，此时测试结果为 False，循环结束。在编写 while 语句时要特别注意，必须要有跳出循环的条件，否则会陷入死循环。死循环是计算机程序无限次循环执行指定的代码。无论是由于循环不具有终止条件或尽管有终止条件但不能满足，还是由于有导致循环重新开始的条件，都会陷入死循环。

```
x = 10
while x < 100:
     print(x)
     x = x + 10
```

for 循环是一种可按预定的次数执行代码块的循环方式，它有两种情况：一种是计数循环，可以根据预定次数循环代码块；另一种是序列循环，可以遍历序列中的所有对象。在下面的例子中，序列循环依次执行字典中的每个值后就停止了循环。

```
dictLayers = {"Roads":"Line","Rail":"Line","Parks":"Polygon"}
for key in dictLayers:
  print(dictLayers[key])
```

有时候，需要跳出循环，可以使用 break 语句或 continue 语句来实现。break 语句跳出最近的封闭循环，即跳出当前的循环代码块；continue 语句跳回到当前封闭循环的顶部，根据条件继续执行循环代码块。这两个语句可以在代码块的任何地方出现。

3. try 语句

try 语句是用来处理异常的复合语句。异常是一种控制程序的高级手段，它可以截断程序或抛出错误，Python 既可以截断程序也可以抛出异常。当代码出现错误时，Python 会自动抛出异常，此时需要程序员捕获这个自动抛出的异常，并决定是否处理它。异常也可以通过代码手动抛出，在这种情况下，需要提供一个异常处理程序来捕获这些手动抛出的异常。

try 语句有两种基本类型：try/except/else 和 try/finally。基本的 try 语句以 try 为首行，后跟缩进的代码块，之后是一个或多个可选择的 except 子句，用来命名捕获的异常，最后是一个可选的 else 子句。

```
import arcpy
import sys

inFeatureClass = arcpy.GetParameterAsText(0)
outFeatureClass = arcpy.GetParameterAsText(1)

try:
  # If the output feature class exists, raise an error

  if arcpy.Exists(inFeatureClass):
    raise overwriteError(outFeatureClass)
  else:
    # Additional processing steps
    print("Additional processing steps")

except overwriteError as e:
  # Use message ID 12, and provide the output feature class
  # to complete the message.

  arcpy.AddIDMessage("Error", 12, str(e))
```

try/except/else 语句的工作原理如下：当代码执行到 try 语句时，Python 会标记已进入一个 try 代码块，如果执行 try 子句时抛出一个异常，程序就会跳转到 except 语句。如果找到与异常匹配的 except 语句，就会执行该 except 子句，此时，try/except/else 语句执行完毕，这种情况下不执行 else 语句。如果没有异常抛出，则 try 子句中的每个语句都执行，然后代码指针跳到 else 语句并执行其中的代码，执行完成后跳出整个 try 代码块，继续执行下一行代码。

try 语句的另一种类型是 try/finally 语句，它可以保证操作的完成。当在 try 语句中使用 finally 子句时，不管是否有异常抛出，该子句最后总会执行。

try/finally 语句的工作原理如下：如果有异常抛出，Python 先执行 try 子句，然后执行 except 子句，最后执行 finally 子句，执行完整个 try 语句后继续执行后面的代码；如果执行过程中没有异常抛出，则先执行 try 子句，然后执行 finally 子句。无论代码是否抛出异常，try/finally 语句都可以保证某个操作总会发生。例如，关闭文件或断开数据库连接等清理操作通常放在 finally 子句中，以确保无论代码是否抛出异常，它们都会被执行。

```
import arcpy

try:
  if arcpy.CheckExtension("3D") == "Available":
    arcpy.CheckOutExtension("3D")
  else:
    # Raise a custom exception
    raise LicenseError

  arcpy.env.workspace = "D:/GrosMorne"
  arcpy.HillShade_3d("WesternBrook", "westbrook_hill", 300)
  arcpy.Aspect_3d("WesternBrook", "westbrook_aspect")

except LicenseError:
  print("3D Analyst license is unavailable")
except:
  print(arcpy.GetMessages(2))
finally:
  # Check in the 3D Analyst extension
  arcpy.CheckInExtension("3D")
```

4. with 语句

当有两个相关操作需要作为代码块中的一对操作来执行时，可以使用 with 语句。with 语句常用于打开、读取和关闭文件。打开和关闭文件是一对相关操作，而读取文件和对文件内容进行操作是这对相关操作之间执行的操作。当编写 ArcGIS 地理处理脚本时，with 语句常与 ArcGIS 10.1 新引入的游标对象一起使用。后面的章节将会详细讲解游标对象，在这里仅作简单介绍。游标是要素类或表的属性表中的记录在内存中的副本。游标操作有 3 种类型：插入游标可以插入新记录；搜索游标可以对记录建立只读的访问权限；更新游标可以编辑或删除记录。游标对象可以用 with 语句打开和自动关闭，并能以某种方式进行操作。

with 语句可自动关闭文件或游标对象，就像是使用 try/finally 语句一样，但 with 语句的代码行更少，这使得编码更加简洁和高效。在下面的代码示例中，演示了使用 with 语句实现创建新的搜索游标、从游标中读取信息以及隐式关闭游标等操作。

```
import arcpy

fc = "c:/data/city.gdb/streets"

# For each row print the Object ID field, and use the SHAPE@AREA
# token to access geometry properties

with arcpy.da.SearchCursor(fc, ("OID@", "SHAPE@AREA")) as cursor:
  for row in cursor:
    print("Feature {0} has an area of {1}".format(row[0], row[1]))
```

5．语句缩进

编写代码时要特别注意语句的缩进，因为它对 Python 解释代码起着至关重要的作用。Python 的复合语句使用缩进来创建代码块，这些复合语句包括 if/then、for、while、try 和 with 语句等。Python 解释器会根据缩进来检测代码块。复合语句首行以冒号结尾，之后所有的代码行应缩进相同的距离。可以使用任意数量的空格来定义缩进，但每个代码块应使用相同级别的缩进，通常的做法是用〈Tab〉键来进行缩进。当 Python 解释器遇到代码行的缩进少于上一行时，就会认为该代码块已结束。下面的代码通过 try 语句说明了这一概念，try 语句后的冒号表明后面的语句是复合语句的一部分，应当缩进，这些语句形成一个代码块。

此外，if 语句包含在 try 语句中，这也是一个首行以冒号结尾的复合语句。因此，if 语句中的任何语句都应进一步缩进。可以看到，下面的代码中 if 语句下有一条语句没有缩进，而是和 if 语句处于同一水平，这表明 statement4 是 try 代码块的一部分，而不属于 if 代码块。

```
try:
  if <statement1>:
    <statement2>
    <statement3>
  <statement4> <……>
except:
  <statement>
  <……>
except:
  <statement>
  <……>
```

JavaScript、Java 和.NET 等许多语言使用花括号来确定代码块，但 Python 使用缩进而不是花括号，这是为了减少代码编写量，增强代码的可读性。包含许多花括号的代码往往难以阅读，任何使用过其他语言的人对这一点都应该深有体会。不过，缩进确实需要一些时间来适应。

1.3.7 文件 I/O（输入/输出）

在日常工作中，读者会经常需要在文件中读取或写入信息。Python 有一种内置的对象类型，为多种任务提供了访问文件的方法。这里只介绍部分文件操作的功能，其中包括最常用的功能，如打开和关闭文件，在文件中读取和写入数据等。

Python 的 open()函数能够创建一个文件对象，它可以作为一个链接打开计算机的本地文件。在文件中读取或写入数据之前，必须调用 open()函数。open()函数的第 1 个参数是要打开文件的路径，第 2 个参数对应一个模式，通常是读模式（r）、写模式（w）或追加模式（a）等。“r”表示对打开文件进行只读操作；“w”表示对打开文件进行写入操作，打开一个已有的文件进行写入操作时，会覆盖文件中原有的数据，所以必须谨慎使用写模式；追加模式（a）在打开一个文件进行写入操作时，不会覆盖原有的数据，而是在文件的末尾追加新的数据。下面是一个使用 open()函数以只读方式打开文本文件的代码示例。

```
with open('Wildfires.txt','r') as f:
```

注意上述代码示例也使用了 with 关键字来打开文件，以确保执行完代码后清理文件源。

打开一个文件后，可以使用多种方法读取文件中的数据。最常用的方法是使用 readline()方法从文件中一次读取一行数据。readline()函数可以把一次读取的一行数据写入一个字符串变量。可以在 Python 代码中创建一个循环来逐行读取整个文件。如果要将整个文件读入一个变量，可以使用 read()方法，它会读取文件直到遇到文件结束标记（EOF），还可以使用 readlines()方法读取文件的全部内容，把每行代码存储为单个字符串，直到遇到 EOF。

在下面的代码示例中，先用只读模式打开了“Wildfires.txt”文本文件，并使用 readlines()方法，将文件的全部内容读入一个名为“lstFires”的变量，该变量是一个 Python 列表，文件的每行存储为列表中的单独字符串。Wildfire.txt 文件是一个用逗号分隔的文本文件，包含火灾点的经度和纬度以及每个火灾的置信度。然后循环遍历“lstFires”的每行内容，并使用 split()函数根据逗号提取经度、纬度和置信度。最后用经度和纬度创建新的 point 对象，并使用插入游标将其插入到要素类中。

```
import arcpy, os
try:

  arcpy.env.workspace = "C:/data/WildlandFires.mdb"
  # open the file to read
```

```
with open('Wildfires.txt','r') as f: #open the file

    lstFires = f.readlines() #read the file into a list
    cur = arcpy.InsertCursor("FireIncidents")

    for fire in lstFires: #loop through each line
      if 'Latitude' in fire: #skip the header
        continue
      vals = fire.split(",") #split the values based on comma
      latitude = float(vals[0]) #get latitude
      longitude = float(vals[1]) #get longitude
      confid = int(vals[2]) #get confidence value
      #create new Point and set values
      pnt = arcpy.Point(longitude,latitude)
      feat = cur.newRow()
      feat.shape = pnt
      feat.setValue("CONFIDENCEVALUE", confid)
      cur.insertRow(feat) #insert the row into featureclass
except:
    print(arcpy.GetMessages()) #print out any errors
finally:
  del cur
  f.close()
```

与读取文件一样，把数据写入文件的方法也有很多。write()函数是最容易使用的方法，只需要一个字符串参数就可以将其写入文件。writelines()函数可以把列表结构的内容写入文件。在下面的代码示例中，创建了一个名为“fcList”的列表，其中含有一系列的要素类，可以用writelines()方法将这个列表写入文件。

```
outfile = open('C:\\temp\\data.txt','w')
fcList = ["Streams", "Roads", "Counties"]
outfile.writelines(fcList)
```

1.4 总结

本章介绍了Python编程的基本概念，理解这些基本概念才能编写出有效的地理处理脚本。在本章的开头简略介绍了如何在IDLE开发环境下编写和调试Python脚本，讲解了如何创建一个新的脚本、编辑已有的脚本、检查语法错误和运行脚本等。本章还介绍了基本的语言结构，包括导入模块、创建变量并为其赋值、if/else语句、循环语句以及各种数据类型（如字符串、数字、布尔型、列表、字典和对象等）。最后介绍了如何读取和写入文本文件。

第 2 章 管理地图文档和图层

本章将介绍以下内容。

- 引用当前的地图文档。
- 引用磁盘上的地图文档。
- 获取地图文档的图层列表。
- 限制图层列表。
- 缩放至所选要素。
- 更改地图范围。
- 添加图层到地图文档。
- 插入图层到地图文档。
- 更新图层的符号系统。
- 更新图层属性。
- 操作数据框中启用时间的图层。

2.1 引言

ArcPy 制图模块提供了自动化的制图功能，包括管理地图文档和图层文件，以及这些文件中的数据。此外，还提供自动导出和打印地图、创建 PDF 地图册和将地图文档发布成 ArcGIS Server 地图服务等功能。对于 GIS 分析人员来说，制图模块在完成诸多日常任务时是非常有用的。

本章将介绍如何使用 ArcPy 制图模块管理地图文档和图层文件，包括在地图文档文件中添加和移除地理图层和表，将图层插入到数据框中，在地图文档中移动图层，以及更新图层属性和符号系统等。

2.2　引用当前的地图文档

在 ArcGIS Python 窗口或自定义的脚本工具中运行地理处理脚本时，经常需要引用当前加载在 ArcMap 中的地图文档。通常来讲，在对地图文档中的图层和表执行地理处理操作之前，需要引用当前的地图文档。本节将介绍如何在 Python 地理处理脚本中引用当前的地图文档。

2.2.1　准备工作

在对地图文档执行任何操作之前，都需要先在 Python 脚本中引用地图文档，可以通过调用 arcpy.mapping 模块中的 MapDocument() 函数来实现。引用地图文档的途径有两种：一是引用 ArcMap 中当前活动的文档；二是引用磁盘中特定位置的文档。使用 CURRENT 关键字作为 MapDocument() 函数的参数，就可以加载 ArcMap 中当前活动的地图文档，如下列代码所示。

```
mxd = mapping.MapDocument("CURRENT")
```

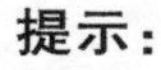

提示：

只有在 ArcGIS 的 Python 窗口或 ArcToolbox 的自定义脚本工具中运行脚本时，才可以使用 CURRENT 关键字。如果在 IDLE 或其他开发环境中运行脚本时使用 CURRENT 关键字，则无法访问当前加载在 ArcGIS 中的地图文档。需要指出的是，CURRENT 关键字不区分大小写，所以也可以使用“current”。

引用本地或网络驱动器上的地图文档，只需提供地图文档的路径和名称作为 MapDocument() 函数的参数。例如，要引用 C:\data 文件夹中的 crime.mxd 文件，代码为：arcpy.mapping.MapDocument("C:/data/crime.mxd")。

2.2.2　操作方法

下面按步骤介绍如何引用 ArcMap 中当前活动的地图文档。

（1）在 ArcMap 中打开 C:\ArcpyBook\Ch2\Crime_Ch2.mxd。

（2）单击 ArcMap“标准”工具条上的“Python”按钮。

（3）在“Python”窗口中键入如下代码，导入 arcpy.mapping 模块。这里将 arcpy.mapping 模块赋值给 mapping 变量，就可以不需要在所有代码中都以 arcpy.mapping 为前缀，而只需要引用 mapping 代替 arcpy.mapping 即可。这不仅使代码更容易阅读，而且减少了代码的编写量。本书后面的小节也使用这种方法。虽然并没有要求一定要使用这种方式，但它确实可以使代码的编写更加简洁高效。此外，可以按个人意愿为这个变量命名，例如命名为 MAP、mp 或其他任何合理的名字。

```
import arcpy.mapping as mapping
```

（4）在上一步添加的第一行代码下键入如下代码，可引用当前活动的地图文档（Crime_Ch2.mxd），把该引用赋值给变量。

```
mxd = mapping.MapDocument("CURRENT")
```

（5）设置地图文档标题。

```
mxd.title = "Crime Project"
```

（6）使用 saveACopy()方法保存地图文档文件的副本。

```
mxd.saveACopy("C:/ArcpyBook/Ch2/crime_copy.mxd")
```

（7）单击“File | Map Document Properties”，可以查看地图文档的新标题。

（8）可以通过查看 C:\ArcpyBook\code\Ch2\ReferenceCurrentMapDocument.py 解决方案文件来检查代码。

2.2.3 工作原理

MapDocument 类有创建该类实例的构造函数。在面向对象编程中，实例也叫对象。MapDocument 的构造函数既接受 CURRENT 关键字，也接受本地或网络驱动器上的地图文档文件的路径。首先使用构造函数创建一个对象，并把它赋值给 mxd 变量。然后可以使用点记法访问该对象的属性和方法。在本例中，使用 MapDocument.title 属性输出地图文档文件的标题，并使用 MapDocument.saveACopy()方法保存地图文档文件的副本。

2.3 引用磁盘上的地图文档

除了可以引用 ArcMap 中当前活动的地图文档，还可以使用 MapDocument()函数访问存储在本地或网络驱动器上的地图文档文件。本节将介绍如何访问本地或网络驱动器上的地图文档。

2.3.1 准备工作

正如前文所述，引用存储在本地计算机或共享服务上的地图文档，只需要提供地图文档文件的路径。这种引用地图文档的方法更为通用，因为使用该方法可以在 ArcGIS Python 窗口以外（IDLE 等其他开发环境中）运行脚本。接下来讨论脚本中函数的参数，程序员可以根据需要每次输入一个新的路径作为参数，使用路径参数可使脚本的应用更为广泛。

2.3.2 操作方法

下面按步骤介绍如何引用存储在本地或网络驱动器上的地图文档。

（1）单击“Start | All Programs | ArcGIS | Python2.7 | IDLE”，打开 IDLE 开发环境。

（2）在“Python shell”窗口中单击“File | New Window”，新建一个 IDLE 脚本窗口。

（3）导入 arcpy.mapping 模块。

```
import arcpy.mapping as mapping
```

（4）引用上节中创建的 crime 地图文档的副本。

```
mxd =
mapping.MapDocument("C:/ArcpyBook/Ch2/crime_copy.mxd")
```

（5）输出地图文档标题。

```
print(mxd.title)
```

（6）运行脚本，得到如下输出结果。

```
Crime Project
```

（7）可以通过查看 C:\ArcpyBook\code\Ch2\ReferenceMapDocumentOnDisk.py

解决方案文件来检查代码。

2.3.3 工作原理

本节与上一节的不同之处仅在于，上一节使用 CURRENT 关键字作为参数来引用地图文档，而本节使用的是地图文档文件存储在本地或网络驱动器上的位置。通常推荐使用第 2 种方法来引用地图文档，只有当开发者非常确定地理处理脚本在 ArcGIS 中的 Python 窗口或自定义脚本工具上运行时，才使用 CURRENT 关键字。

2.4 获取地图文档中的图层列表

大多数情况下，获取地图文档中的图层列表是地理处理脚本中的首要工作之一。获取图层列表后，脚本可以循环遍历每个图层并执行某些类型的处理。制图模块中的 ListLayers() 函数提供获取图层列表的功能。本节将介绍如何获取地图文档中的图层列表。

2.4.1 准备工作

arcpy.mapping 模块包含各种列表函数，使用列表函数可以返回图层、数据框、丢失的数据源、表视图和布局元素等对象的列表。在多步骤的处理过程中，通常先使用列表函数返回 Python 列表，从返回的列表中获取一项或多项元素来做进一步地处理。每个列表函数可返回一个 Python 列表，Python 列表在第 1 章中介绍过，它是一种用于存储信息的功能非常强大的数据结构。

在多步骤的处理过程中，第 1 步通常是用列表函数创建列表。脚本随后的处理过程会迭代访问列表中的一项或多项元素。例如，可以先获取地图文档中的图层列表，然后迭代访问每个图层，找到指定名称的图层后，就可以进行进一步的地理处理。

本节将介绍如何从地图文档中获取图层列表。

2.4.2 操作方法

下面按步骤介绍如何获取地图文档中的图层列表。

（1）在 ArcMap 中打开 C:\ArcpyBook\Ch2\Crime_Ch2.mxd。

（2）单击 ArcMap“标准”工具条上的“Python”按钮。

（3）导入 arcpy.mapping 模块。

```
import arcpy.mapping as mapping
```

（4）引用当前活动的地图文档（Crime_Ch2.mxd），把该引用赋值给变量。

```
mxd = mapping.MapDocument("CURRENT")
```

（5）调用 ListLayers() 函数，传入对地图文档的引用作为参数。

```
layers = mapping.ListLayers(mxd)
```

（6）使用 for 循环，输出地图文档中每个图层的名称。

```
for lyr in layers:
    print(lyr.name)
```

（7）运行脚本得到如下输出结果（可以通过查看 C:\ArcpyBook\code\Ch2\GetListLayers.py 解决方案文件来检查代码）。

```
Burglaries in 2009
Crime Density by School District
Bexar County Boundary
Test Performance by School District
Bexar County Boundary
Bexar County Boundary
Texas Counties
School_Districts
Crime Surface
Bexar County Boundary
```

2.4.3　工作原理

ListLayers() 函数用来检索地图文档、数据框或图层文件中的图层列表。在本节中，把对当前地图文档的引用作为参数传递给 ListLayers() 函数，该函数检索地图文档中所有图层的列表。检索结果存储在名为 layers 的变量中，layers 变量是一个 Python 列表，Python 列表中包含一个或多个图层对象，可以用 for 循环进行迭代。

2.4.4　拓展

ListLayers() 函数是 arcpy.mapping 模块提供的列表函数之一。每种列表函数都返回一个包含某种数据类型的 Python 列表。例如：ListTableViews() 函数返回 Table

对象列表；ListDataFrames()函数返回 DataFrame 对象列表；ListBookmarks()函数返回地图文档中的书签列表。本书后面的章节会介绍一些其他的列表函数。

2.5 限制图层列表

上节已经学习了如何使用 ListLayers()函数获取图层列表。有时候并不需要地图文档中全部图层的列表，而仅仅需要图层的子集。ListLayers()函数可以限制返回的图层列表。本节将介绍如何使用通配符和在 ArcMap 的内容列表中指定的数据框来限制返回的图层。

2.5.1 准备工作

默认情况下，如果只传入对地图文档或图层文件的引用作为参数，ListLayers()函数会返回文件中所有图层的列表。如果使用通配符参数或对指定数据框的引用作为参数，则可以限制返回的图层列表。通配符是一种字符，进行搜索时用来匹配字符或字符序列。本节后述内容将会解释这一概念。

小技巧：

如果要处理图层文件（.lyr），则不能使用数据框限制图层，因为图层文件不支持数据框。

2.5.2 操作方法

下面按步骤介绍如何限制地图文档中的图层列表。

（1）在 ArcMap 中打开 C:\ArcpyBook\Ch2\Crime_Ch2.mxd。

（2）单击 ArcMap“标准”工具条上的“Python”按钮。

（3）导入 arcpy.mapping 模块。

```
import arcpy.mapping as mapping
```

（4）引用当前活动的地图文档（Crime_Ch2.mxd），把该引用赋值给变量。

```
mxd = mapping.MapDocument("CURRENT")
```

（5）获取地图文档的数据框列表，搜索名称为 Crime 的指定数据框（注意，文本字符串用英文单引号或双引号引起来）。

```
for df in mapping.ListDataFrames(mxd):
  if df.name == 'Crime':
```

（6）调用 ListLayers()函数，传入 3 个参数，分别为对地图文档的引用（mxd）、限制搜索的通配符（Burg*）和进一步限制搜索的数据框（df）。ListLayers()函数应缩进在上一步写入的 if 语句下。

```
layers = mapping.ListLayers(mxd,'Burg*',df)
```

（7）使用 for 循环，输出地图文档中每个图层的名称。

```
for layer in layers:
    print(layer.name)
```

（8）完整的代码如图 2-1 所示。也可以查看 C:\ArcpyBook\code\Ch2\RestrictLayers.py 解决方案文件。

```
import arcpy.mapping as mapping
mxd = mapping.MapDocument("CURRENT")
for df in mapping.ListDataFrames(mxd):
    if df.name == 'Crime':
        layers = mapping.ListLayers(mxd, 'Burg*', df)
        for layer in layers:
            print(layer.name)
```

图 2-1　限制图层列表的完整代码

（9）运行脚本，输出结果如下所示。

```
Burglaries in 2009
```

2.5.3　工作原理

ListDataFrames()函数是 arcpy.mapping 模块提供的另一种列表函数，该函数返回地图文档中所有数据框的列表。使用该函数循环遍历每个返回的数据框，查找名为 Crime 的数据框。如果找到这个数据框，就调用 ListLayers()函数。该函数的第 2 个参数是值为“Burg*”的通配符参数，通配符参数是可选参数，它的值由任意长度的字符和一个可选字符（*）组成；第 3 个参数则是对 Crime 数据框的引用。

在本节中，首先在 Crime 数据框中搜索名称以“Burg”开头的所有图层，然后输出搜索到的所有与限制条件相匹配的图层。请注意两点：一是本节案例中执行的处理仅仅是输出图层的名称，但是在大多数情况下，需要使用更多的工具或函数来执行其他地理处理；

二是简短的列表可以加快脚本运行的速度，也可以使脚本更整齐。

2.6 缩放至所选要素

创建选择集是 ArcMap 中常见的操作，选择集通常由属性查询或空间查询来创建，也可以由用户手动选择要素或其他方式来实现。为了更好地显示选择集，用户经常需要将视图缩放至所选要素的范围。Python 有几种方法可以程序化地实现这一功能。本节将介绍如何在数据框和单独的图层中缩放至所选要素。

2.6.1 准备工作

`DataFrame.zoomToSelectedFeatures()`方法可以缩放至所有选择要素的范围，这些要素来自数据框的所有图层。在本质上，这个方法执行的操作与在 ArcMap 的菜单栏上单击“Selection | Zoom to Selected Features”所执行的操作是一样的。其中一个区别是，如果没有选中的要素，`DataFrame.zoomToSelectedFeatures()`方法会缩放至所有图层的全部范围（相当于全图显示）。

在一个单独图层中缩放至所选要素的范围，需要使用 `Layer` 对象。`Layer` 对象包含的 `getSelectedExtent()`方法，可以缩放至所选记录的范围。它同时返回一个 `Extent` 对象，该对象可以作为参数传递给 `DataFrame.panToExtent()`方法。

2.6.2 操作方法

下面按步骤介绍如何获取和设置 ArcMap 中活动的数据框和活动的视图。

（1）在 ArcMap 中打开 `C:\ArcpyBook\Ch2\Crime_Ch2.mxd`。

（2）查看 ArcMap 的“Table Of Contents”窗口，确保 `Crime` 是活动的数据框。

（3）单击“Table Of Contents”窗口中的“List By Selection”按钮。

（4）单击“Bexar County Boundaries”图层名称右边的“toggle”按钮，如图 2-2 所示，设置图层为“unselectable”（不可选）状态。

（5）单击“Table Of Contents”窗口中的“List By Source”按钮。使用“Select Features”工具，用鼠标光标在 Northside ISD 区域的边界内拖曳出一个矩形框，矩形框包围一部分盗窃点集，即可选中一个特定学校区域的边界和一些盗窃点，如图 2-3 所示。

（6）单击 ArcMap“标准”工具条上的“Python”按钮。

图 2-2 “TableOfContents”窗口

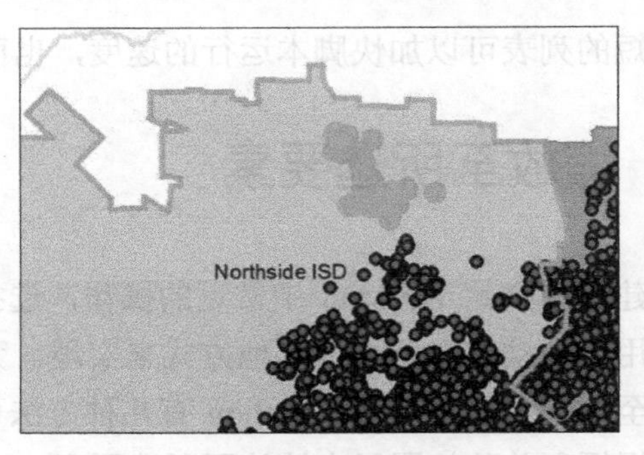

图 2-3　选中盗窃点集和区域边界

（7）导入 arcpy.mapping 模块。

```
import arcpy.mapping as mapping
```

（8）引用当前活动的地图文档（Crime_Ch2.mxd），把该引用赋值给变量。

```
mxd = mapping.MapDocument("CURRENT")
```

（9）获取活动的数据框（Crime），缩放至所选要素。

```
mxd.activeDataFrame.zoomToSelectedFeatures()
```

（10）如果没有选择要素，调用 zoomToSelectedFeatures()方法会缩放至数据框中所有要素的范围。单击“Selection | Clear Selected Features”，清除所选要素。此时，再执行相同的代码，比较清除操作前后 zoomToSelectedFeatures()方法的执行结果。

```
mxd.activeDataFrame.zoomToSelectedFeatures()
```

（11）现在即将执行的步骤是缩放至特定图层上所选要素的范围。使用“Select Features”工具，在 Northside ISD 区域的边界内拖曳出一个矩形框，矩形框包围一部分盗窃点集。

（12）首先，获取对 Crime 数据框的引用。调用 ListDataFrames()函数，传入 Crime 通配符参数，用来返回一个包含单独项的 Python 列表。使用[0]取出列表中的第一项元素，也就是这个返回的列表中唯一的一项元素。

```
df = mapping.ListDataFrames(mxd, "Crime")[0]
```

（13）其次，获取对 Burglaries 图层的引用，该图层包含所选要素。下面的代码使用通配符（*）搜索 Crime 数据框中的“Burglaries in 2009”图层。ListLayers()函数返回一个 Python 列表，使用[0]取出列表中的第一项元素，即一个名称中包含

Burglaries 字符的图层。

```
layer = mapping.ListLayers(mxd,"Burglaries*",df)[0]
```

（14）最后，通过获取图层中所选要素的范围来设置数据框的范围。

```
df.extent = layer.getSelectedExtent()
```

（15）缩放至所选要素的完整代码如下所示，也可以查看 C:\ArcpyBook\code\Ch2\ZoomSelectedExtent.py 解决方案文件来检查代码。

```
import arcpy.mapping as mapping
mxd = mapping.MapDocument("CURRENT")
df = mapping.ListDataFrames(mxd, "Crime")[0]
layer = mapping.ListLayers(mxd,"Burglaries*",df)[0]
df.extent = layer.getSelectedExtent
```

2.6.3 工作原理

本节介绍了如何缩放至一个数据框的所有图层或特定图层中所选要素的范围。

缩放至一个数据框的所有图层中所选要素的范围，只需要引用当前活动的数据框，并调用 zoomToSelectedFeatures()方法即可。

缩放至一个数据框的特定图层中所选要素的范围，需要编写的代码更复杂一些。首先，在导入 arcpy.mapping 模块后，获取对地图文档和 Crime 数据框的引用。然后，使用 ListLayers()函数，传入对数据框的引用参数和通配符参数，搜索名称以 Burglaries 开头的图层。ListLayers()函数返回一个 Python 列表。因为本节使用的数据中只有一个图层符合通配符的搜索条件，所以取出列表中的第一个图层，并将其赋值给 layer 变量。最后，使用 layer.getSelectedExtent()方法设置数据框的范围。

2.7 改变地图范围

很多时候我们需要改变地图的范围，常见的情况有以下两种：一是在自动生成地图的过程中，二是在需要创建不同区域或要素的地图时。arcpy 提供了一些可以改变地图范围的方法，本节将使用定义表达式来改变地图范围。

2.7.1 准备工作

DataFrame 类的 extent 属性可以用来设置地图的范围，它经常同 Layer.

definitionQuery 属性一起使用来定义图层的定义查询属性（即定义表达式）。本节将介绍如何使用这些类（DataFrame、Layer）与属性（DataFrame.extent 和 Layer.definitionQuery）来改变地图范围。

2.7.2 操作方法

下面按步骤介绍如何使用定义表达式改变地图范围。

（1）在 ArcMap 中打开 C:\ArcpyBook\Ch2\Crime_Ch2.mxd。

（2）单击 ArcMap“标准”工具条上的“Python”按钮。

（3）导入 arcpy.mapping 模块。

```
import arcpy.mapping as mapping
```

（4）引用当前活动的地图文档（Crime_Ch2.mxd），把该引用赋值给变量。

```
mxd = mapping.MapDocument("CURRENT")
```

（5）创建 for 循环来遍历地图文档中的所有数据框。

```
for df in mapping.ListDataFrames(mxd):
```

（6）查找 Crime 数据框和该数据框内的指定图层，这个图层将用于定义查询。

```
if df.name == 'Crime':
  layers = mapping.ListLayers(mxd,'Crime Density by
  School District',df)
```

（7）创建 for 循环来遍历图层。尽管 layers 列表中只有一项元素，但是这里也使用循环来遍历。在 for 循环中，创建一个定义表达式，并设置新的数据框范围。

```
for layer in layers:
  query = '"NAME" = \'Lackland ISD\''
  layer.definitionQuery = query
  df.extent = layer.getExtent()
```

（8）完整的脚本如图 2-4 所示，也可以查看 C:\ArcpyBook\code\Ch2\ChangeMapExtent.py 解决方案文件来检查代码。

（9）保存并运行脚本。此时数据视图的范围已经更新，因此只显示与定义表达式相匹配的要素，如图 2-5 所示。

```
import arcpy.mapping as mapping
mxd = mapping.MapDocument("CURRENT")
for df in mapping.ListDataFrames(mxd):
    if df.name == 'Crime':
        layers = mapping.ListLayers(mxd,'Crime Density by School District',df)
        for layer in layers:
            query = '"NAME" = \'Lackland ISD\''
            layer.definitionQuery = query
            df.extent = layer.getExtent()
```

图 2-4 改变地图范围的完整代码

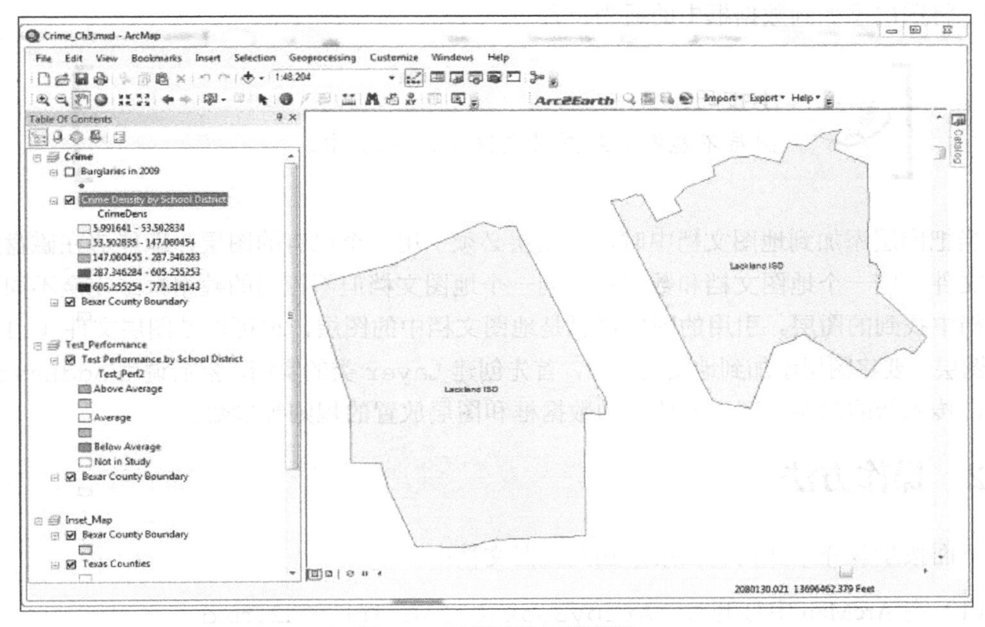

图 2-5 更新后的视图范围

2.7.3 工作原理

本节使用图层的定义查询属性来更新地图范围。首先，在脚本结尾处创建 `query` 变量来存放定义表达式，设置定义表达式，查找名为 Lackland ISD 的学校区域。然后，将 `query` 变量存储的字符串赋值给 `definitionQuery` 属性。最后，设置 `df.extent` 属性为 `layer.getExtent()` 方法返回的值。

2.8 添加图层到地图文档

在很多情况下都需要把图层添加到地图文档中。制图模块提供了 `AddLayer()` 函数来实现这一功能。本节将介绍如何使用 AddLayer()函数把图层添加到地图文档中。

2.8.1 准备工作

arcpy.mapping 模块提供了在已有的地图文档中添加图层或图层组的功能。使用 ArcMap 的自动排序功能，可以自动将一个图层添加到数据框中并显示出来。这个功能本质上与 ArcMap 中的“Add Data”按钮实现的功能是一样的，即根据几何类型和图层权重的规则，将图层添加到数据框中的适当位置。

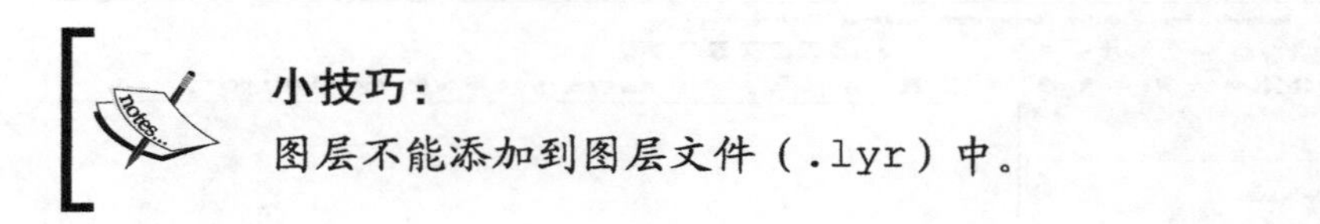

小技巧：
图层不能添加到图层文件（.lyr）中。

当把图层添加到地图文档中时，该图层必须引用一个已有的图层，即能够在磁盘上的图层文件、同一个地图文档和数据框、同一个地图文档但不相同的数据框或完全不同的地图文档中找到的图层。引用的图层可以是地图文档中的图层，也可以是图层文件（.lyr）中的图层。要将图层添加到地图文档中，首先创建 Layer 类的实例，然后调用 AddLayer()函数，传入新的图层、图层要放置的数据框和图层放置的规则等参数。

2.8.2 操作方法

下面按步骤介绍如何将图层添加到地图文档中。

（1）在 ArcMap 中打开 C:\ArcpyBook\Ch2\Crime_Ch2.mxd。

（2）单击 ArcMap“标准”工具条上的“Python”按钮。

（3）导入 arcpy.mapping 模块。

```
import arcpy.mapping as mapping
```

（4）引用当前活动的地图文档（Crime_Ch2.mxd），把该引用赋值给变量。

```
mxd = mapping.MapDocument("CURRENT")
```

（5）获取对 Crime 数据框的引用，它是 ListDataFrames()函数返回的数据框列表中的第 1 个数据框。在代码的末尾指定[0]值，用来获取 ListDataFrames()函数返回的数据框列表中的第 1 个数据框。因为列表的索引是从 0 开始的，所以需要使用索引值 0 来检索列表的第 1 个数据框。

```
df = mapping.ListDataFrames(mxd)[0]
```

（6）创建 Layer 对象，该对象引用一个图层文件（.lyr）。

```
layer =
mapping.Layer(r"C:\ArcpyBook\data\School_Districts.lyr")
```

（7）将图层添加到数据框中。

```
mapping.AddLayer(df,layer,"AUTO_ARRANGE")
```

（8）可以通过查看 C:\ArcpyBook\code\Ch2\ AddLayersMapDocument.py 解决方案文件来检查代码。运行脚本，School_Districts.lyr 文件即可加载在数据框中，如图 2-6 所示。

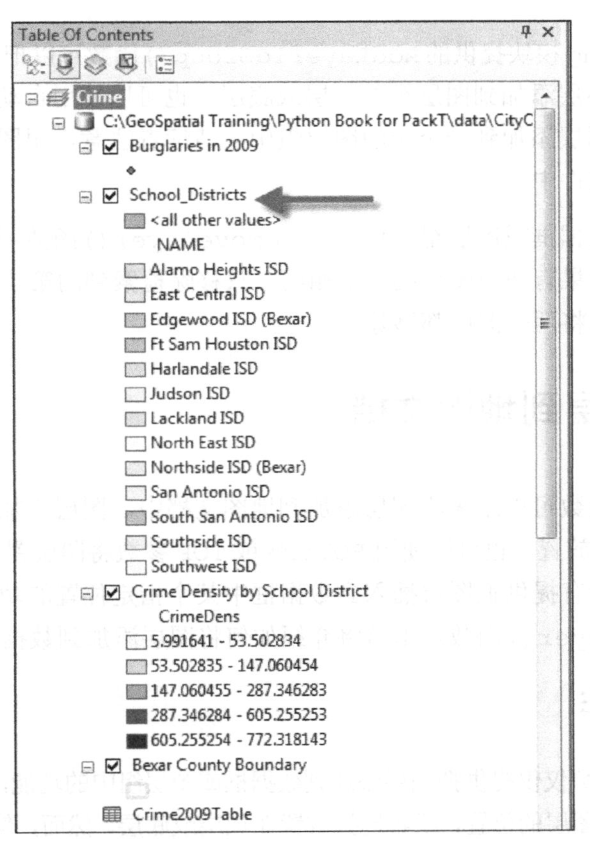

图 2-6　将“School_Districts”图层添加到地图文档中

2.8.3 工作原理

首先，导入 arcpy.mapping 模块，并获取对当前活动地图文档的引用。接着，创建一个新变量 df 来存储对 Crime 数据框的引用，该引用是通过 ListDataFrames() 函数返回数据框列表并使用[0]访问列表中的第 1 项元素（Crime 数据框）来获取的。然后，创建一个 Layer 类的实例 layer，layer 变量引用存储在磁盘上的名为 School_Districts.lyr 的图层文件。最后，调用 AddLayer()函数，传入 3 个参数：图层要添加到的数据框（df）、引用的图层（layer）和自动排序方式（auto-arrange）。对于第 3 个可选参数，可以使用 AUTO_ARRANGE（默认值）自动地放置图层在数据框中的位置，也可以使用 BOTTOM 或 TOP，指定图层放置在数据框或图层组的底层或顶层。

2.8.4 拓展

arcpy.mapping 模块提供的 AddLayerToGroup()函数可以把图层添加到图层组中。使用该函数可以将图层添加到图层组的顶层或底层，也可以使用自动排序方式来放置图层的位置，还可以将图层添加到一个空的图层组中。请读者注意，跟图层对象一样，图层组也不能添加到图层文件中。

图层也可以从数据框或图层组中移出。RemoveLayer()函数用来移除指定数据框中的图层或图层组。如果有两个图层的名字相同，只移除检索到的第 1 个图层。只有在脚本中设置迭代，才可以将两个图层都移除。

2.9 插入图层到地图文档

AddLayer()函数可以用来将图层添加到地图文档中，图层添加到数据框中的位置可以使用自动排序方式放置，也可以使用 BOTTOM 或 TOP 参数将图层置于顶层或底层。但是，AddLayer()函数没有提供把图层插入到数据框中某个指定位置的功能。要实现该功能，可以使用 InsertLayer()函数。本节将介绍如何将图层添加到数据框中的指定位置。

2.9.1 准备工作

AddLayer()函数仅仅提供把图层添加到数据框或图层组中的功能，并且只可以使用自动排序方式自动地放置图层的位置，或者选择放置在顶层或底层。然而，使用 InsertLayer()函数可以准确地指定图层添加到数据框或图层组中的位置。InsertLayer()函数使用一个参考图层来指定位置，新图层将会添加在指定参考图层的上方或下方。因为 `InsertLayer()`函数需要使用参考图层，所以不能对空数据框使用该函数。如图 2-7 所示，“District_Crime_Join”是参考图层，“School_Districts”是将要添加的图层，使用 `InsertLayer()`函数可以把“School_Districts”图层添加到“District_Crime_Join”图层的上方或下方。

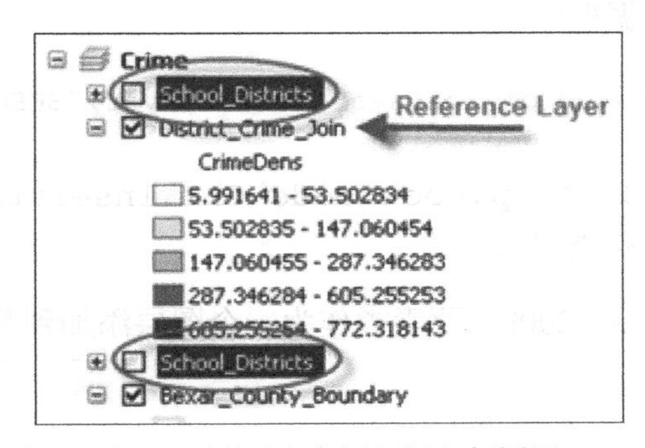

图 2-7 利用参考图层插入新图层

2.9.2 操作方法

下面按步骤介绍如何使用 `InsertLayer()`函数把图层插入到数据框中。

（1）在 ArcMap 中打开 `C:\ArcpyBook\Ch2\Crime_Ch2.mxd`。

（2）单击 ArcMap“标准”工具条上的“Python”按钮。

（3）导入 `arcpy.mapping` 模块。

```
import arcpy.mapping as mapping
```

（4）引用当前活动的地图文档（`Crime_Ch2.mxd`），把该引用赋值给变量。

```
mxd = mapping.MapDocument("CURRENT")
```

（5）获取对 `Crime` 数据框的引用。

```
df = mapping.ListDataFrames(mxd, "Crime")[0]
```

（6）定义参考图层。

```
refLayer = mapping.ListLayers(mxd, "Burglaries*", df)[0]
```

（7）定义相对于参考图层的插入图层。

```
insertLayer =
mapping.Layer(r"C:\ArcpyBook\data\CityOfSanAntonio.gdb\
Crimes2009")
```

（8）将图层插入到数据框中。

```
mapping.InsertLayer(df,refLayer,insertLayer,"BEFORE")
```

（9）可以通过查看 C:\ArcpyBook\code\Ch2\InsertLayerMapDocument.py 解决方案文件来检查代码。

（10）运行代码。“Crimes2009”要素类作为一个图层添加到数据框中，如图 2-8 所示。

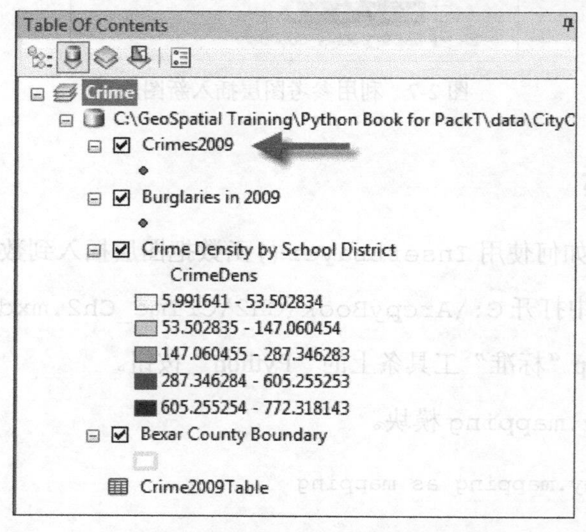

图 2-8 插入“Crimes2009”图层

2.9.3 工作原理

首先，导入 arcpy.mapping 模块，获取对当前的地图文档文件和 Crime 数据框的引用。接着，定义参考图层，通过调用 ListLayers()函数，传入“Burglaries*”通配符参数和 Crime 数据框参数来限制返回的图层列表，使图层列表中只包含“Burglaries in 2009”图层这一项元素；使用 0 索引值来检索 Python 列表中的第 1 个图层，并把该图层赋值给图层对象（refLayer）。然后，定义插入图层，引用 CityOfSanAntonio 地理数据库中的“Crimes2009”要素类，将其赋值给新的图层对象（insertLayer）。最后，调用

InsertLayer()函数，传入数据框、参考图层、插入图层和 BEFORE（表明插入的图层置于参考图层的上方）4 个参数。结果如图 2-9 所示。

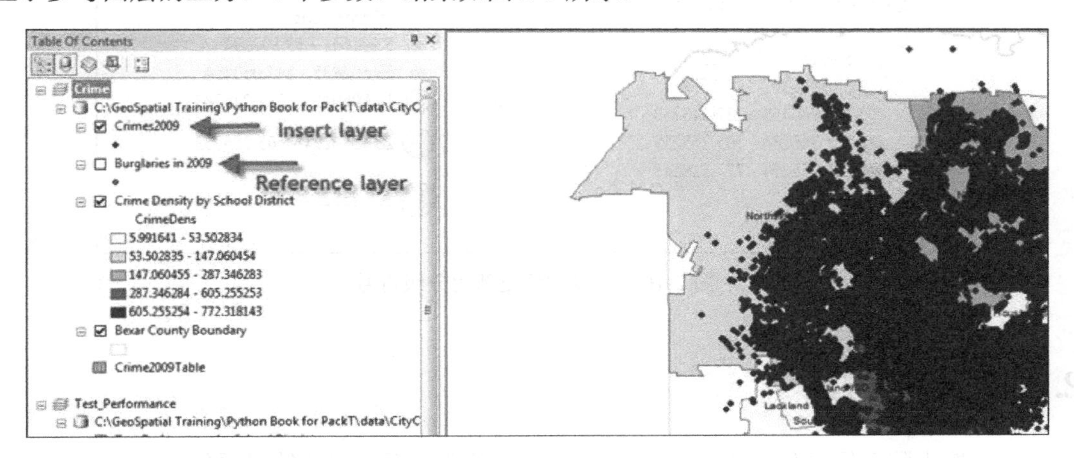

图 2-9　将图层插入到地图文档中

2.9.4　拓展

图层在数据框或图层组中的位置是可以改变的。MoveLayer()函数提供了在数据框或图层组中移动图层位置的功能，但是图层的移动只能在同一个数据框内，而不能把一个数据框中的图层移动到另一个数据框中。同 InsertLayer()函数一样，MoveLayer()函数需要引用参考图层来改变图层的位置。

2.10　更新图层的符号系统

有时候需要改变地图文档中图层的符号系统，可以通过使用 UpdateLayer()函数来实现，该函数还可以改变图层的各种属性。本节将介绍如何使用 UpdateLayer()函数更新图层的符号系统。

2.10.1　准备工作

arcpy.mapping 模块的 UpdateLayer()函数具有更新图层符号系统的功能。例如，可以将图层的符号系统由分级颜色更新为分级符号，如图 2-10 所示。UpdateLayer()也可以用来更新各种图层属性，但在默认情况下是更新符号系统。因为 UpdateLayer()是一个多功能的函数，既能改变符号系统，也能改变其他图层属性，所以读者需要掌握 UpdateLayer()函数的各个参数。

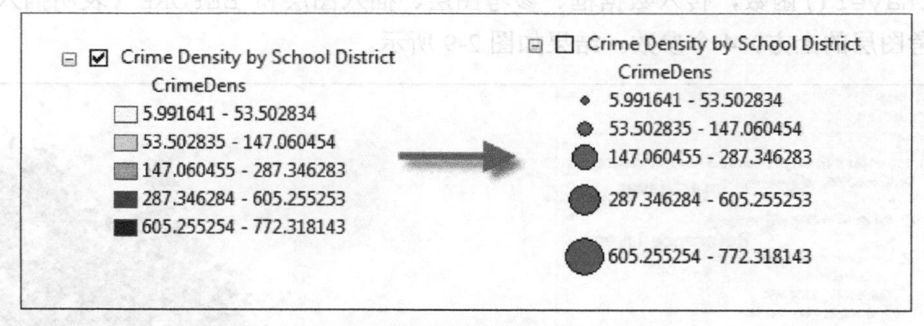

图 2-10 分级颜色更新为分级符号

2.10.2 操作方法

下面按步骤介绍如何使用 `UpdateLayer()` 函数更新图层的符号系统。

（1）在 **ArcMap** 中打开 `C:\ArcpyBook\Ch2\Crime_Ch2.mxd`。

（2）单击 **ArcMap**“标准”工具条上的“**Python**”按钮。

（3）导入 `arcpy.mapping` 模块。

```
import arcpy.mapping as mapping
```

（4）引用当前活动的地图文档（`Crime_Ch2.mxd`），把该引用赋值给变量。

```
mxd = mapping.MapDocument("CURRENT")
```

（5）获取对 `Crime` 数据框的引用。

```
df = mapping.ListDataFrames(mxd, "Crime")[0]
```

（6）定义将要更新的图层。

```
updateLayer = mapping.ListLayers(mxd,"Crime Density by
School District",df)[0]
```

（7）定义用于更新符号系统的源图层。

```
sourceLayer =
mapping.Layer(r"C:\ArcpyBook\data\CrimeDensityGradSym.lyr")
```

（8）调用 `UpdateLayer()` 函数来更新符号系统。

```
mapping.UpdateLayer(df,updateLayer,sourceLayer,True)
```

（9）可以通过查看 `C:\ArcpyBook\code\Ch2\ UpdateLayerSymbology.py` 解决方案文件来检查代码。

（10）运行脚本。可以发现“Crime Density by School District”图层的符号已由分级颜色变为分级符号，如图 2-11 所示。

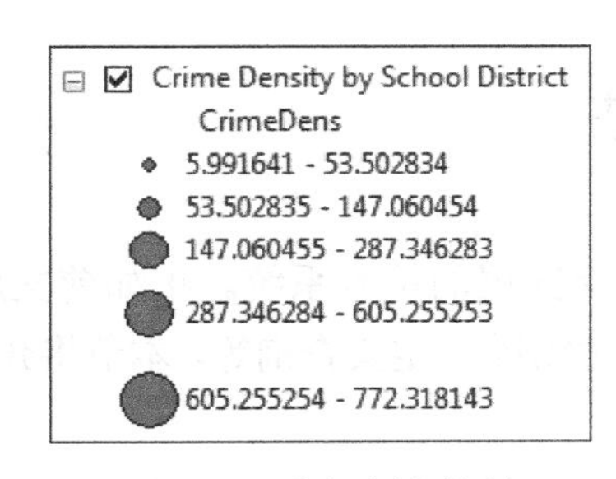

图 2-11 分级颜色符号

2.10.3 工作原理

在本节中，使用 `UpdateLayer()` 函数来更新图层的符号系统，但是没有进行属性的更新，更新属性的方法将在下节介绍。`UpdateLayer()` 函数需要传入几个参数，包括数据框、将要更新的图层和源图层。在代码中，`updateLayer` 变量是将要更新的图层，它存储对“Crime Density by School District”图层的引用。`sourceLayer` 变量是源图层，它是包含分级符号的图层文件（`CrimeDensityGradSym.lyr`），用于更新图层的符号系统。

要更新图层的符号系统，首先必须确保更新图层和源图层有相同的几何图形（点、线、面）。根据渲染器的要求，还需要检查属性定义是否相同。例如，分级颜色和分级符号都基于一个特定的属性。在本节中，两个图层的几何类型均为面要素，且属性表中都含有记录犯罪密度信息的 `CrimeDens` 字段。

引用了这两个图层后，就调用 `UpdateLayer()` 函数，传入数据框（df）、更新图层（`updateLayer`）、源图层（`sourceLayer`）和用来表明仅更新符号系统的参数（`True`）。第 4 个参数 `True` 值，表明仅更新图层的符号系统，而不更新属性。

```
mapping.UpdateLayer(df,updateLayer,sourceLayer,True)
```

2.10.4 拓展

UpdateLayer()函数也提供移除一个图层并把另一个图层添加到该位置的功能，这两个图层可以完全不相关，因此不需要像定义图层符号系统一样，确保两个图层的几何类型和属性字段是相同的。这一功能在本质上与先调用 RemoveLayer()函数再调用 AddLayer()函数执行的操作是一样的。设置 symbology_only 参数的值为 False，可以实现该功能。

2.11 更新图层属性

在上节中，介绍了如何更新图层的符号系统。正如前文所述，UpdateLayer()可以用来更新图层的各种属性，如字段别名、定义查询等。本节将介绍如何使用 UpdateLayer()函数来改变图层的各种属性。

2.11.1 准备工作

UpdateLayer()函数可以用来更新有限数量的图层属性。所有可在“图层属性”对话框中找到的属性都可使用 UpdateLayer()函数进行修改，包括字段别名、符号系统、定义查询和标注字段等。一种常见的情况是，有一个图层被添加到多个地图文档中，而 GIS 分析人员需要在全部地图文档中改变所有该图层实例的某个特定属性。要实现这一功能，需要在 ArcMap 中修改特定的图层属性并将该图层保存为图层文件，然后把保存的图层文件作为源图层，用来更新 update_layer 图层的属性。在本节中，首先使用 ArcMap 改变图层属性，保存图层文件（.lyr），然后使用 Python 编写脚本，调用 UpdateLayer()函数，把保存的图层属性应用到将要更新的图层中。

2.11.2 操作方法

下面按步骤介绍如何使用 UpdateLayer()函数更新图层属性。

（1）在 ArcMap 中打开 C:\ArcpyBook\Ch2\Crime_Ch2.mxd。在本节中，将要使用“Burglaries in 2009”要素类，如图 2-12 所示。

（2）在数据框中双击“Burglaries in 2009”要素类，打开“Layer Properties”窗口，如图 2-13 所示。每个选项卡表示一个属性，可以在选项卡中设置相应的图层属性参数。

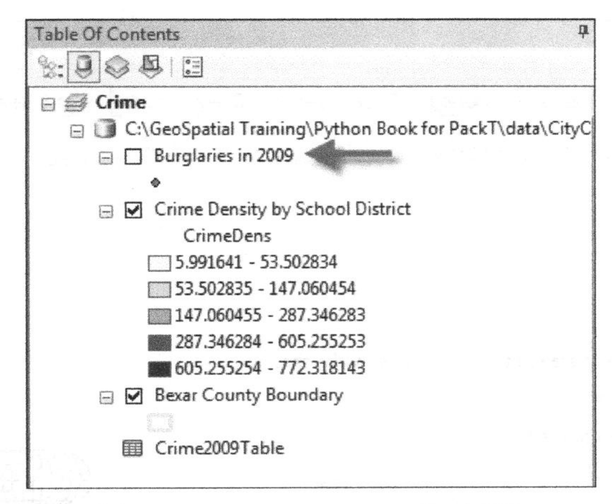

图 2-12 “Burglaries in 2009”要素类

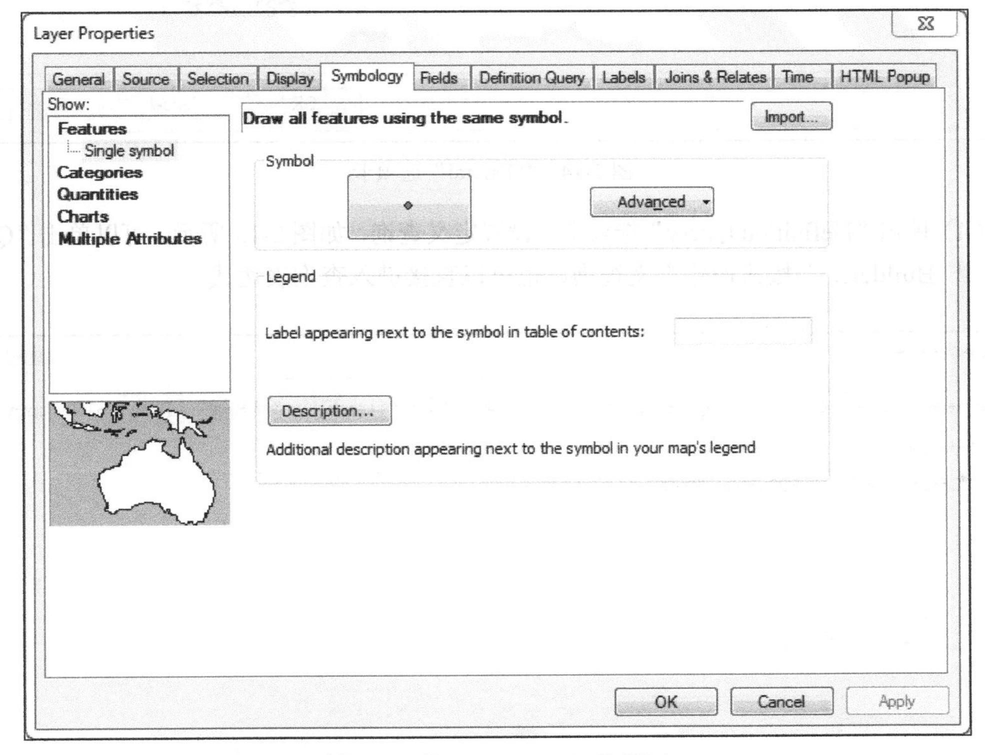

图 2-13 “Layer Properties”窗口

（3）单击“General”选项卡，在“Layer Name”文本框中输入文本，更改图层的名称为“Burglaries – No Forced Entry”，如图 2-14 所示。

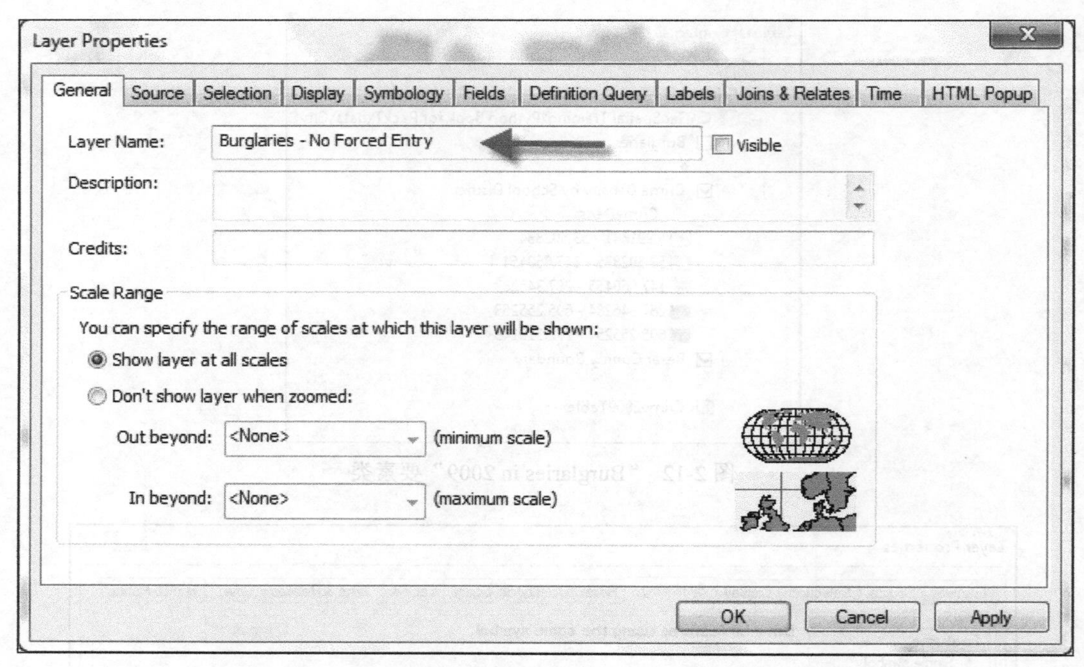

图 2-14 “General”选项卡

（4）单击“Definition Query”选项卡，设置定义查询，如图 2-15 所示。可以单击“Query Builder…”按钮构建定义查询，也可以直接键入查询表达式。

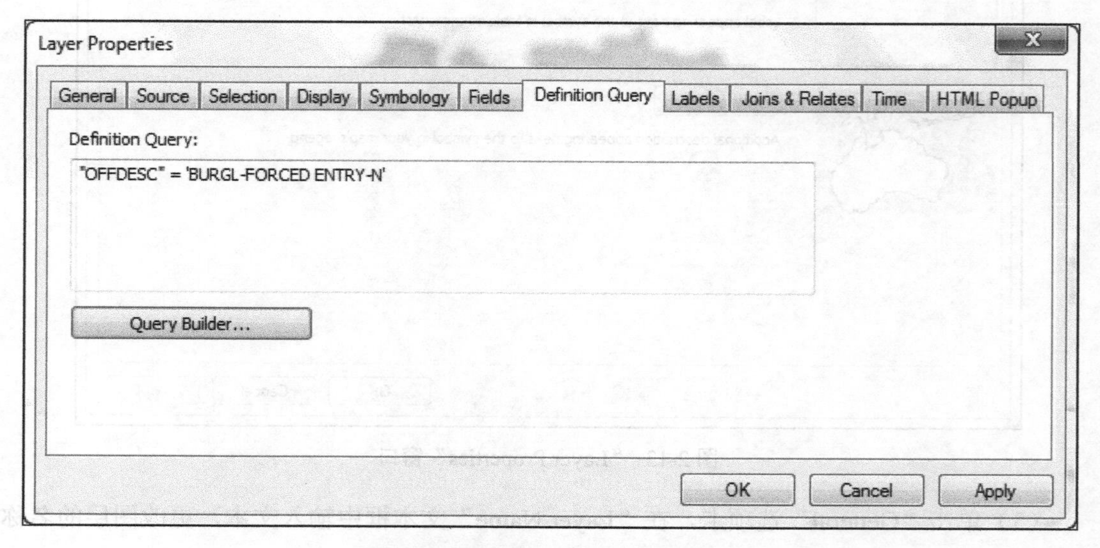

图 2-15“Definition Query”选项卡

（5）更改 `OFFDESC` 字段的别名为 `Offense Description`，如图 2-16 所示。

（6）在“Layer Properties”窗口单击“Fields”选项卡，如图 2-16 所示，已勾选的字段是可见字段，取消勾选可以使相应字段变为不可见状态。

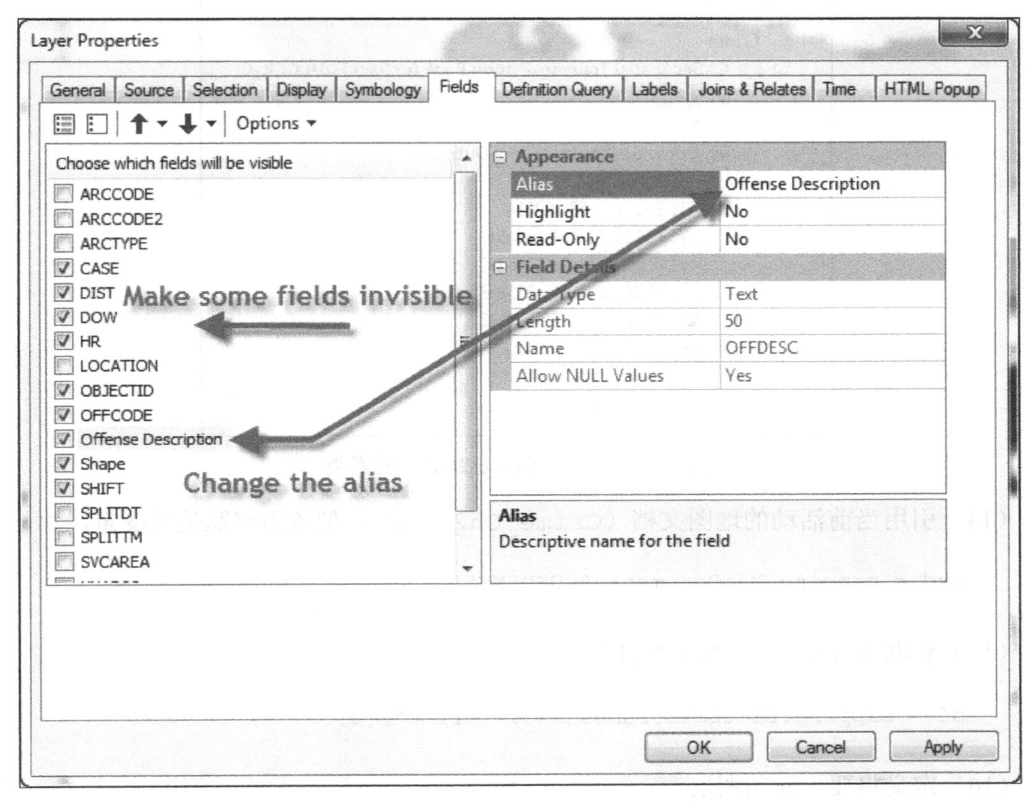

图 2-16 “Fields”选项卡

（7）单击“OK”按钮关闭“Layer Properties”窗口。

（8）在数据框中右击“Burglaries – No Forced Entry”图层，选择“Save as Layer File”。

（9）保存文件为 `C:\ArcpyBook\data\BurglariesNoForcedEntry.lyr`。

（10）右击“Burglaries – No Forced Entry”图层，选择“Remove”。

（11）在 ArcMap 中单击“Add Data”按钮，从 `CityOfSanAntonio` 地理数据库添加 `Crimes2009` 要素类。该要素类将添加到数据框中，如图 2-17 所示。

（12）在 ArcMap 中打开“Python”窗口。

（13）导入 `arcpy.mapping` 模块。

```
import arcpy.mapping as mapping
```

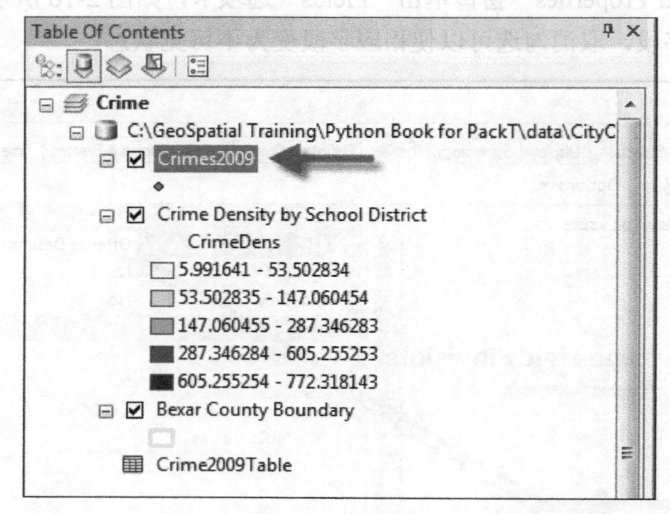

图 2-17 添加“Crimes2009”要素类

（14）引用当前活动的地图文档（Crime_Ch2.mxd），把该引用赋值给变量。

```
mxd = mapping.MapDocument("CURRENT")
```

（15）获取对 Crime 数据框的引用。

```
df = mapping.ListDataFrames(mxd, "Crime")[0]
```

（16）定义将要更新的图层。

```
updateLayer = mapping.ListLayers(mxd,"Crimes2009",df)[0]
```

（17）定义用于更新属性的源图层。

```
sourceLayer =
mapping.Layer(r"C:\ArcpyBook\data\
BurglariesNoForcedEntry.lyr")
```

（18）调用 UpdateLayer()函数更新符号系统。

```
mapping.UpdateLayer(df,updateLayer,sourceLayer,False)
```

（19）可以通过查看 C:\ArcpyBook\code\Ch2\ UpdateLayerProperties.py

解决方案文件来检查代码。

（20）运行脚本。

（21）“Crimes2009”图层中与 `BurglariesNoForcedEntry.lyr` 文件相关联的属性将进行更新，如图 2-18 所示。可以打开图层查看定义查询，还可以打开“Layer Properties”窗口，查看“Crimes2009”要素类已改变的图层属性。

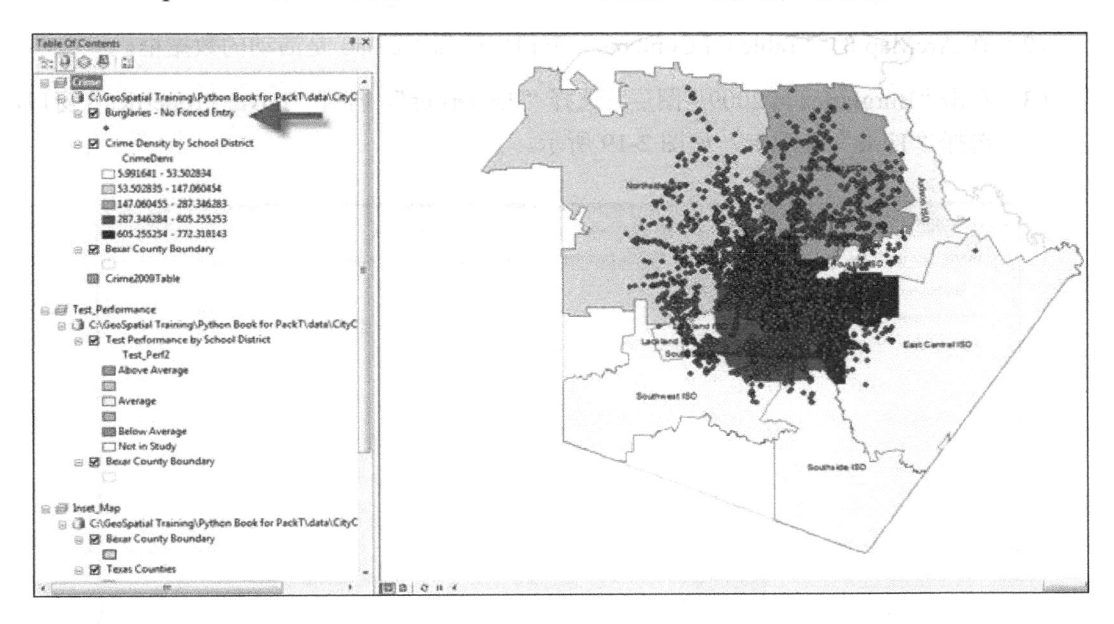

图 2-18 更新后的“Crimes2009”图层

2.12 操作数据框中启用时间的图层

本节将介绍如何启用图层的时间属性，然后编写脚本，循环遍历图层的时间范围并导出 PDF 地图，用来展示以 7 天为间隔的犯罪数据。

2.12.1 准备工作

`DataFrameTime` 对象可执行时间管理操作，用来管理数据框中启用时间的图层。`DataFrameTime` 对象是引用 `DataFrame.time` 属性返回的结果，它可以检索当前时间（`currentTime`）、结束时间（`endTime`）、开始时间（`startTime`）、时间步长间隔（`timeStepInterval`）以及其他使用“TimeSliderOptions”对话框建立的属性，然后在地图文档中保存属性。数据框中的图层必须启用了时间属性才能实现这些功能。

2.12.2　操作方法

下面按步骤介绍如何操作启用时间的图层。

（1）在 ArcMap 中打开 `C:\ArcpyBook\Ch2\Crime_Ch2.mxd`。

（2）在 ArcMap 的"Table Of Contents"窗口中确保 `Crime` 是活动的数据框。

（3）右击"Burglaries in 2009"图层，选择"Properties"，打开"Layer Properties"窗口，选择"Time"选项卡，如图 2-19 所示。

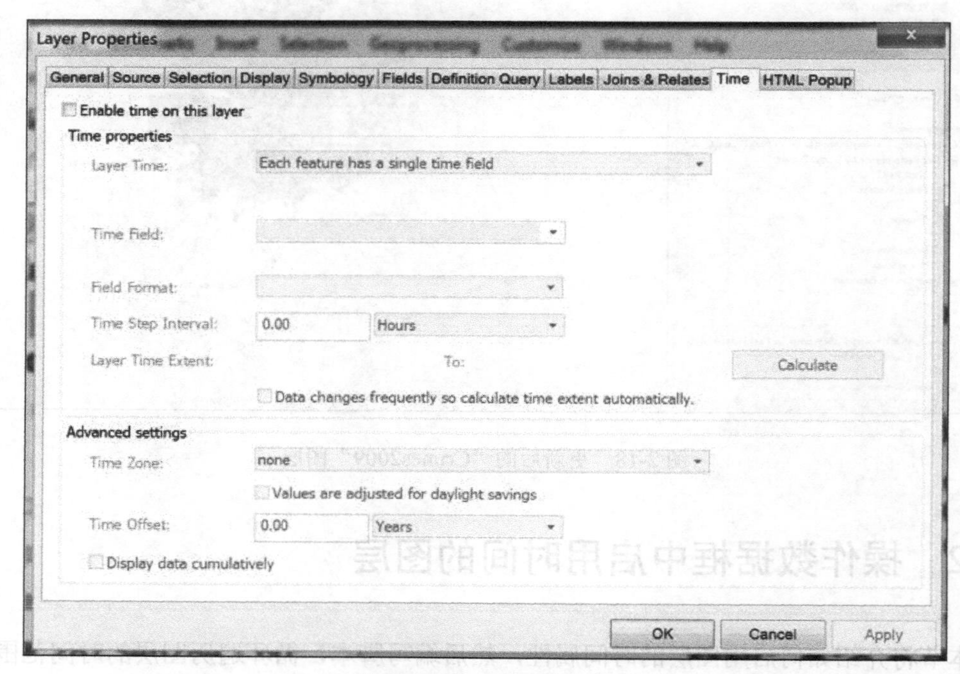

图 2-19 "Time"选项卡

单击勾选"Enable time on this layer"复选框，启用该图层的时间属性。

（4）在"Time properties"下的"Layer Time:"选项中选择"Each feature has a single time field"；在"Time Field:"选项中选择"SPLITDT"字段；在"Time Step Interval:"选项中设置为"7.00 Days"。如图 2-20 所示。

单击"Calculate"按钮，计算"Layer Time Extent"，如图 2-21 所示。

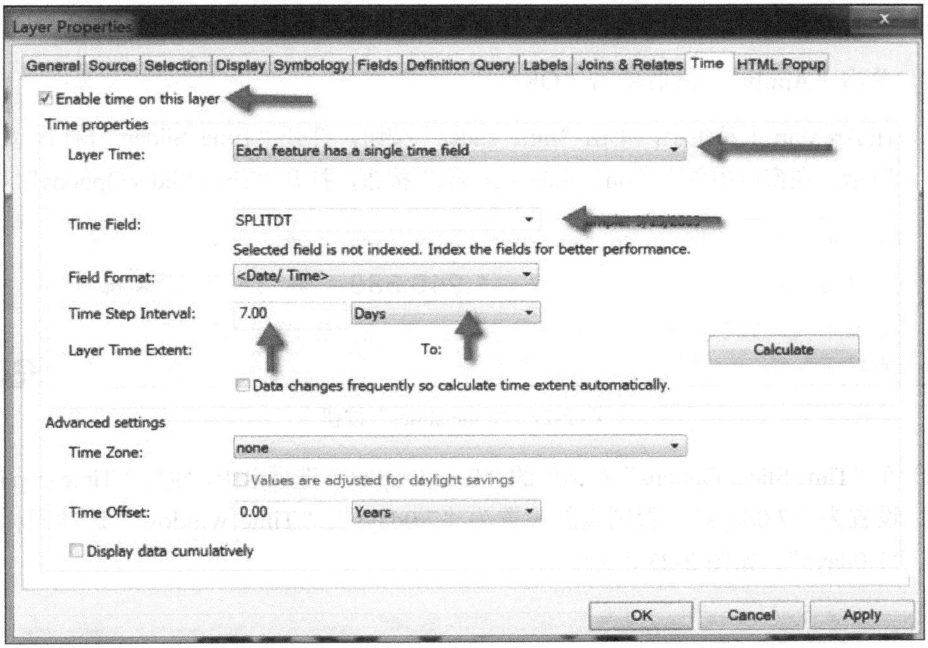

Layer Properties

General | Source | Selection | Display | Symbology | Fields | Definition Query | Labels | Joins & Relates | Time | HTML Popup

Enable time on this layer

Time properties

Layer Time: Each feature has a single time field

Time Field: SPLITDT

Selected field is not indexed. Index the fields for better performance.

Field Format: <Date/ Time>

Time Step Interval: 7.00 Days

Layer Time Extent: To: Calculate

Data changes frequently so calculate time extent automatically.

Advanced settings

Time Zone: none

Values are adjusted for daylight savings

Time Offset: 0.00 Years

Display data cumulatively

OK Cancel Apply

图 2-20 设置时间属性

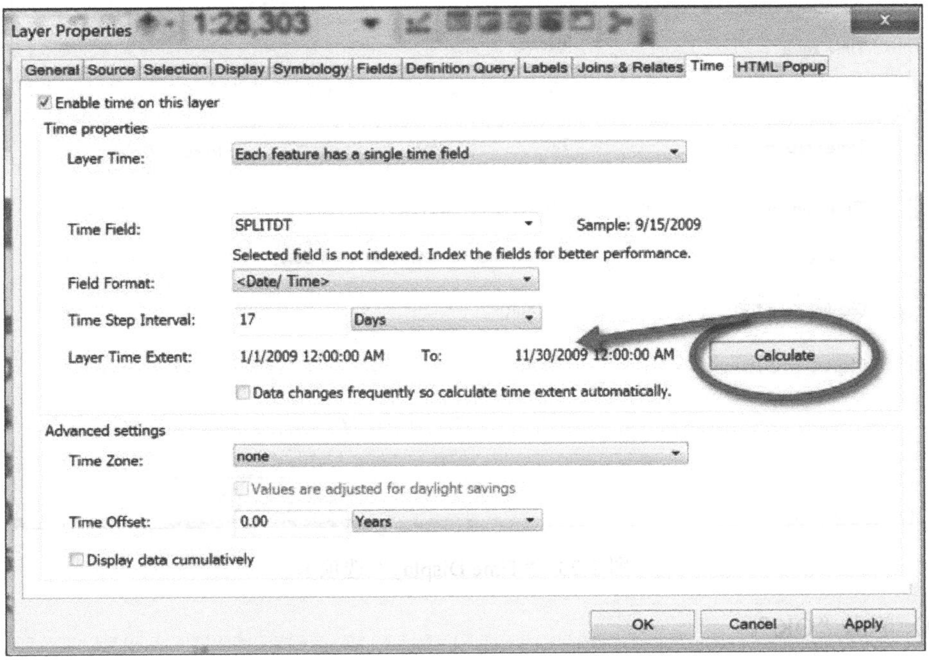

Layer Properties 1:28,303

General | Source | Selection | Display | Symbology | Fields | Definition Query | Labels | Joins & Relates | Time | HTML Popup

Enable time on this layer

Time properties

Layer Time: Each feature has a single time field

Time Field: SPLITDT Sample: 9/15/2009

Selected field is not indexed. Index the fields for better performance.

Field Format: <Date/ Time>

Time Step Interval: 17 Days

Layer Time Extent: 1/1/2009 12:00:00 AM To: 11/30/2009 12:00:00 AM Calculate

Data changes frequently so calculate time extent automatically.

Advanced settings

Time Zone: none

Values are adjusted for daylight savings

Time Offset: 0.00 Years

Display data cumulatively

OK Cancel Apply

图 2-21 计算“Layer Time Extent”属性

（5）检查“Time Step Interval:”字段，有可能需要重置为“7Days”。

（6）单击“Apply”，然后单击“OK”。

（7）在 ArcMap 工具条上，单击“time slider”按钮，打开“Time Slider”窗口，如图 2-22 所示。在窗口中单击“time slider options”按钮，打开“Time Slider Options”对话框。

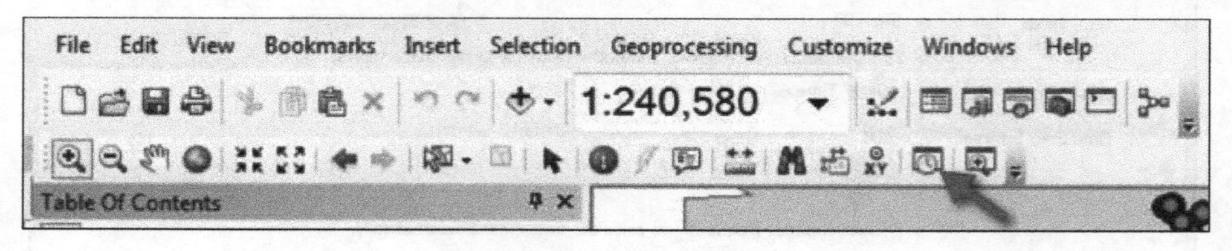

图 2-22 “time slider”按钮

（8）在“Time Slider Options”对话框的“Time Display”选项卡中，确定“Time step interval”设置为“7.0days”，否则重新设置为“7.0days”。“Time window”选项同样设置为“7.0days”。如图 2-23 所示。

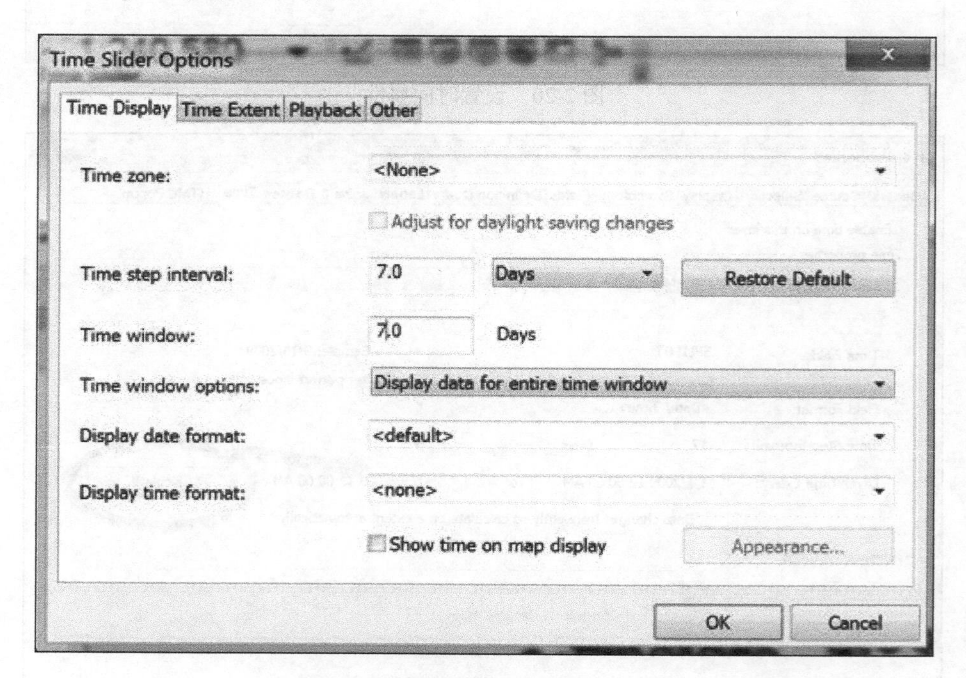

图 2-23 “Time Display”选项卡

（9）单击“OK”。

（10）保存地图文档。必须在地图文档中保存启用时间的数据，否则编写的代码无法执行。

（11）打开“Python”窗口。

（12）导入 arcpy.mapping 模块。

```
import arcpy.mapping as mapping
```

（13）引用当前活动的地图文档（Crime_Ch2.mxd），把该引用赋值给变量。

```
mxd = mapping.MapDocument("CURRENT")
```

（14）检索 Crime 数据框。

```
df = mapping.ListDataFrames(mxd, "Crime")[0]
```

（15）生成 DataFrameTime 对象。

```
dft = df.time
```

（16）设置 DataFrameTime.currentTime 属性为 DataFrameTime.startTime 属性。

```
dft.currentTime = dft.startTime
```

（17）在 while 循环内，创建一个变量存储 PDF 文件名称，将地图文档的数据框导出为 PDF，输出导出的 PDF 文件名，重置 currentTime 属性。while 循环体的完整代码如下所示。

```
while dft.currentTime <= dft.endTime:
       fileName = str(dft.currentTime).split(" ")[0] +
       ".pdf"

       mapping.ExportToPDF(mxd,os.path.join(r"C:\ArcpyBook\Ch2",
       fileName), df)
       print("Exported " + fileName)
       dft.currentTime = dft.currentTime +
dft.timeStepInterval
```

（18）完整的脚本如图 2-24 所示。可以通过查看 C:\ArcpyBook\code\Ch2\TimeEnabledLayers.py 解决方案文件来检查代码。

```
import arcpy.mapping as mapping, os
mxd = mapping.MapDocument("CURRENT")
df = mapping.ListDataFrames(mxd, "Crime")[0]
dft = df.time
dft.currentTime = dft.startTime

while dft.currentTime <= dft.endTime:
    fileName = str(dft.currentTime).split(" ")[0] + ".pdf"
    mapping.ExportToPDF(mxd,os.path.join(r"C:\ArcpyBook\Ch2", fileName))
    print("Exported " + fileName)
    dft.currentTime = dft.currentTime + dft.timeStepInterval
```

图2-24　操作启用时间的图层的完整代码

2.12.3　工作原理

DataFrameTime对象可以在数据框中执行时间管理操作。在本节中使用的DataFrameTime属性包括currentTime、startTime、endTime和timeStepInterval等。首先，设置currentTime属性为startTime属性。startTime属性的初始值等于计算出的“Layer Time Extent”属性的起始时间。然后，设置while循环，只要currentTime属性不大于endTime属性，则继续循环。在循环体内，创建fileName变量存储currentTime属性值与“.pdf”组成的字符串。调用ExportToPDF()函数，传入路径和文件名参数，还可以将布局视图导出为PDF文件。最后，由timeStepInterval属性更新currentTime属性，timeStepInterval属性在属性对话框的“Time Step Interval”属性中设置为“7.0 days”。

第3章 查找和修复丢失的数据链接

本章将介绍以下内容。

- 查找地图文档和图层文件中丢失的数据源。
- 使用 MapDocument.findAndReplaceWorkspacePaths()方法修复丢失的数据源。
- 使用 MapDocument.replaceWorkspaces()方法修复丢失的数据源。
- 使用 replaceDataSource()方法修复单个图层和表对象。
- 查找文件夹中所有地图文档内丢失的数据源。

3.1 引言

当对 GIS 的数据源进行移动、格式转换或删除等操作时，往往会导致地图文档或图层文件中的数据源丢失链接，这时候将无法显示地图数据。只有修复了丢失的数据源，才可以继续使用它们。在多个地图文档中逐一手动修复数据源是一个非常繁琐的过程，用户需要打开每个受影响的地图文档，执行重复的修复工作。如果使用 arcpy.mapping 模块编写脚本，则无需打开地图文档就可以自动查找和修复丢失的数据源。查找丢失的数据源仅需要使用 ListBrokenDataSources()函数，就可以返回地图文档或图层文件中所有丢失的数据源列表。通常情况下，应在脚本的开头调用该函数来循环遍历图层列表并修复数据源。用户可以选择修复单个图层丢失的数据源，也可以修复同一工作空间中所有图层丢失的数据源。

3.2 查找地图文档和图层文件中丢失的数据源

数据源的丢失是地图文档文件中常见的问题，可以使用 arcpy.mapping 模块识别那些已经移动、删除或进行了格式转换的数据源。

3.2.1 准备工作

在ArcMap中，图层名称前的红色叹号表示该图层的数据链接已经丢失，如图3-1所示。arcpy.mapping 模块中的 ListBrokenDataSources() 函数，可以返回一个图层列表，列表中的对象是地图文档或图层文件中已经丢失了数据链接的图层。

图3-1　丢失链接的图层

3.2.2 操作步骤

下面按步骤介绍如何查找地图文档中丢失的数据源。

（1）在ArcMap中打开 C:\ArcpyBook\Ch3\Crime_BrokenDataLinks.mxd，可以看到每个数据源都丢失了链接，如图3-2所示。因为本例的数据已经移动到了另一个文件夹中，如果删除数据或转换了数据格式，也可以看到与图3-2相同的情况。例如，将个人地理数据库转换至文件地理数据库，也会导致数据源丢失链接。

（2）关闭ArcMap。

（3）打开IDLE，新建一个脚本窗口。

（4）导入 arcpy.mapping 模块。

```
import arcpy.mapping as mapping
```

（5）引用 Crime_BrokenDataLinks.mxd 地图文档文件。

```
mxd =
mapping.MapDocument(
r"C:\ArcpyBook\Ch3\Crime_BrokenDataLinks.mxd")
```

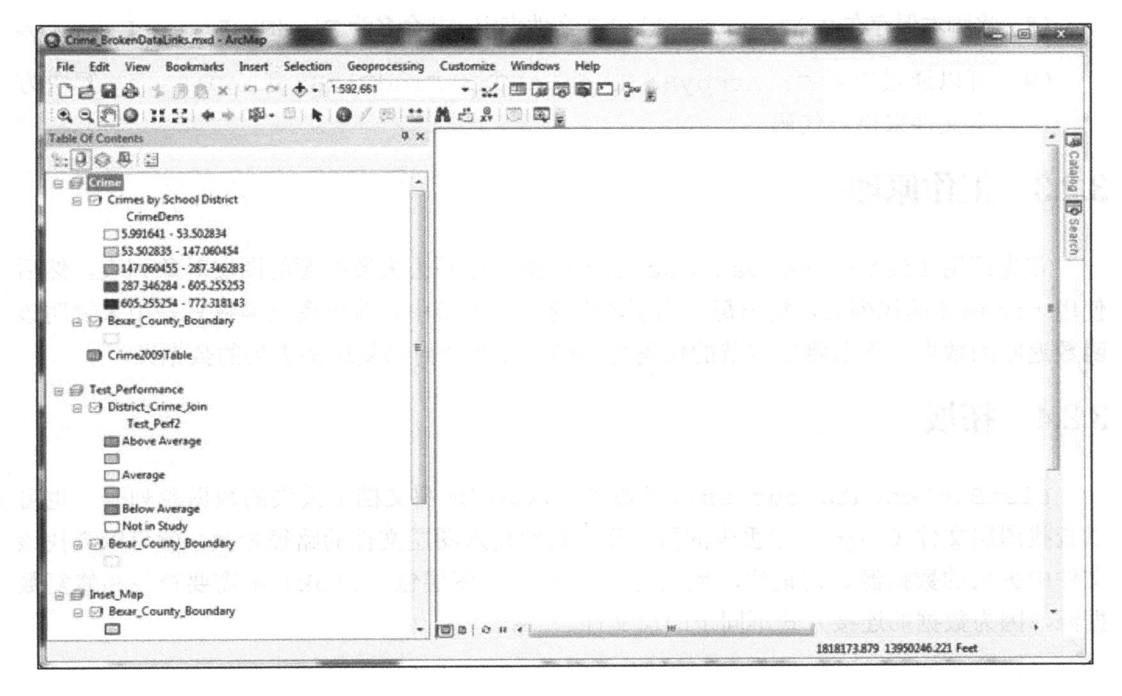

图 3-2 数据源丢失链接

（6）获取丢失了数据源的图层列表。

```
listBrokenDS = mapping.ListBrokenDataSources(mxd)
```

（7）迭代列表，输出图层名称。

```
for layer in listBrokenDS:
     print(layer.name)
```

输出的结果如下所示。

```
District_Crime_Join
Bexar_County_Boundary
District_Crime_Join
Bexar_County_Boundary
Bexar_County_Boundary
Texas_Counties_LowRes
School_Districts
Crime_surf
Bexar_County_Boundary
Crime2009Table
```

（8）将脚本保存在 C:\ArcpyBook\Ch3 文件夹中，并命名为 FindFixBrokenData.py。

（9）可以通过查看 C:\ArcpyBook\code\Ch3\FindFixBrokenData.py 解决方案文件来检查代码。

3.2.3 工作原理

首先调用 ListBrokenDataSources() 函数返回丢失数据源的图层对象列表，然后使用 for 循环迭代列表，输出每个图层的名称。在本节中，输出图层名称只是用来说明该函数返回的数据。下节将以本节的代码为基础，介绍如何修复这些丢失的数据源。

3.2.4 拓展

ListBrokenDataSources() 函数既可以返回地图文档中丢失的数据源列表，也可以查找图层文件（.lyr）中丢失的数据源。只要传入图层文件的路径参数，就可以查找该文件中丢失的数据源。请记住，地图包（.mpk）或图层包（.lpk）不需要查找和修复数据源，因为数据的连接方式不同于图层文件。

3.3 使用 MapDocument.findAndReplaceWorkspacePaths() 方法修复丢失的数据源

MapDocument.findAndReplaceWorkspacePaths() 方法用于执行全局查找，并替换地图文档中图层和表的工作空间路径。它还可以同时替换多种工作空间类型的路径，例如可以同时替换个人地理数据库和文件地理数据库两种工作空间类型。

3.3.1 准备工作

在介绍如何使用 MapDocument.findAndReplaceWorkspacePaths() 方法修复数据集之前，首先介绍一些术语的定义。因为在讨论如何更新和修复数据源时，这些术语的使用非常频繁，所以必须理解这些术语在特定环境下的含义。工作空间是一种数据容器，它可以是一个文件夹（就 shapefile 而言）、个人地理数据库、文件地理数据库或 ArcSDE 连接等。工作空间确定了该工作空间的系统路径。对于文件地理数据库来说，工作空间的系统路径包括该地理数据库的名称。数据集是工作空间中的要素类或表。数据源是工作空间和数据集的组合。请注意，不要混淆数据集和要素数据集的概念。数据集是数据的通用术语，而要素数据集是地理数据库中的对象。地理数据库是要素类或其他数据集的容器。

arcpy.mapping 模块中有 3 个与修复丢失的数据源有关的类：MapDocument、Layer 和 TableView。每个类都有修复数据源的方法。本节将介绍如何使用 MapDocument 类中的 findAndReplaceWorkspacePaths()方法来执行全局查找并替换地图文档中的图层和表。

3.3.2 操作步骤

下面按步骤介绍如何使用 findAndReplaceWorkspacePaths()方法修复地图文档中的图层和表。

（1）在 ArcMap 中打开 C:\ArcpyBook\Ch3\Crime_BrokenDataLinks.mxd。

（2）右击任一图层，选择“Properties”。

（3）单击“Source”选项卡，可以看到图层的位置为 ArcpyBook\Ch3\Data\OldData\CityOfSanAntonio.gdb。这是一个文件地理数据库，文件位置已经不存在，因为该文件地理数据库已经移动到 C:\ArcpyBook\data 文件夹中。

（4）打开 IDLE，新建一个脚本窗口。

（5）导入 arcpy.mapping 模块。

```
import arcpy.mapping as mapping
```

（6）引用 Crime_BrokenDataLinks.mxd 地图文档文件。

```
mxd =
mapping.MapDocument(
r"C:\ArcpyBook\Ch3\Crime_BrokenDataLinks.mxd")
```

（7）使用 MapDocument.findAndReplaceWorkspacePaths()方法来修复地图文档中数据源的路径。在 MapDocument.findAndReplaceWorkspacePaths()方法中，第 1 个参数是原路径，第 2 个参数是新路径。

```
mxd.findAndReplaceWorkspacePaths(r"
C:\ArcpyBook\Ch3\Data\OldData\CityOfSanAntonio.gdb", r"
C:\ArcpyBook\Data\CityOfSanAntonio.gdb")
```

（8）结果保存到新的.mxd 文件中。

```
mxd.saveACopy(r"C:\ArcpyBook\Ch3\Crime_DataLinksFixed.mxd")
```

（9）脚本保存为 C:\ArcpyBook\Ch3\MapDocumentFindReplaceWorkspace

Path.py。

（10）可以通过查看 C:\ArcpyBook\code\Ch3\MapDocumentFindReplace Workspace Path.py 解决方案文件来检查代码。

（11）运行脚本。

（12）在 ArcMap 中，打开 C:\ArcpyBook\Ch3\Crime_DataLinksFixed.mxd 文件，可以看到所有丢失的数据源已经被修复，如图 3-3 所示。

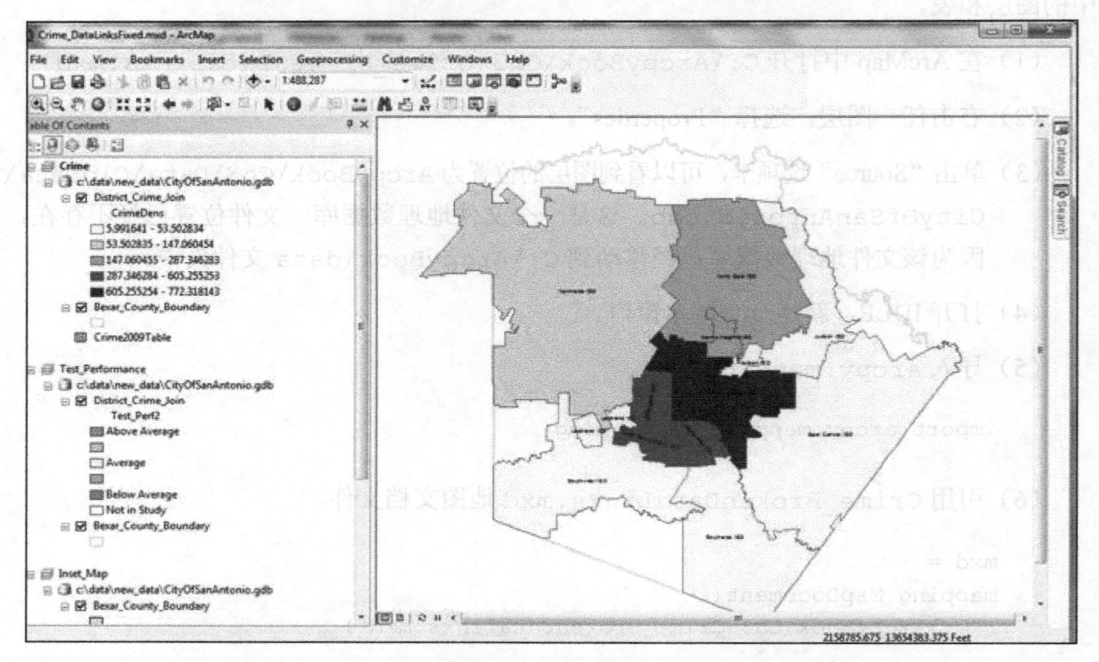

图 3-3　修复丢失的源文件

3.3.3　工作原理

MapDocument.findAndReplaceWorkspacePaths()方法执行全局查找并替换地图文档中的图层和表的工作空间路径，它可以一次替换多种工作空间类型的路径。

3.3.4　拓展

Layer 和 TableView 对象也有 findAndReplaceWorkspacePaths()方法，可以执行相同的操作。不同之处在于，Layer 和 TableView 对象中的 findAndReplace WorkspacePaths()方法只能用来修复单个丢失的数据源，不能进行全局查找并替换地图文档中所有丢失的数据源。

3.4 使用 MapDocument.replaceWorkspaces()方法修复丢失的数据源

在常规的 GIS 操作过程中，转换数据工作空间的类型是常见的操作。例如，许多部门需要将数据源从原始的个人地理数据库转换至新的文件地理数据库，或者转换至企业级的 ArcSDE 地理数据库。使用 MapDocument.replaceWorkspaces()方法可以将数据集自动更新到不同类型的工作空间中。

3.4.1 准备工作

MapDocument.replaceWorkspaces()方法与 MapDocument.findAndReplaceWorkspacePaths()方法类似，但是前者还允许用户从一种工作空间类型转换至另一种工作空间类型。例如，由文件地理数据库转换至个人地理数据库。然而，此方法一次只能替换一种工作空间。本节将使用 MapDocument.replaceWorkspaces()方法把数据源由文件地理数据库转换至个人地理数据库。

3.4.2 操作步骤

下面按步骤介绍如何使用 MapDocument.replaceWorkspaces()方法修复丢失的数据源。

（1）在 ArcMap 中打开 C:\ArcpyBook\Ch3\Crime_DataLinksFixed.mxd。

（2）可以注意到，所有图层和表都已经从文件地理数据库（CityOfSanAntonio.gdb）加载到 ArcMap 中，如图 3-4 所示。

（3）打开 IDLE，新建一个脚本窗口。

（4）导入 arcpy.mapping 模块。

```
import arcpy.mapping as mapping
```

（5）引用 Crime_DataLinksFixed.mxd 地图文档文件。

```
mxd =
mapping.MapDocument(r
"C:\ArcpyBook\Ch3\Crime_DataLinksFixed.mxd")
```

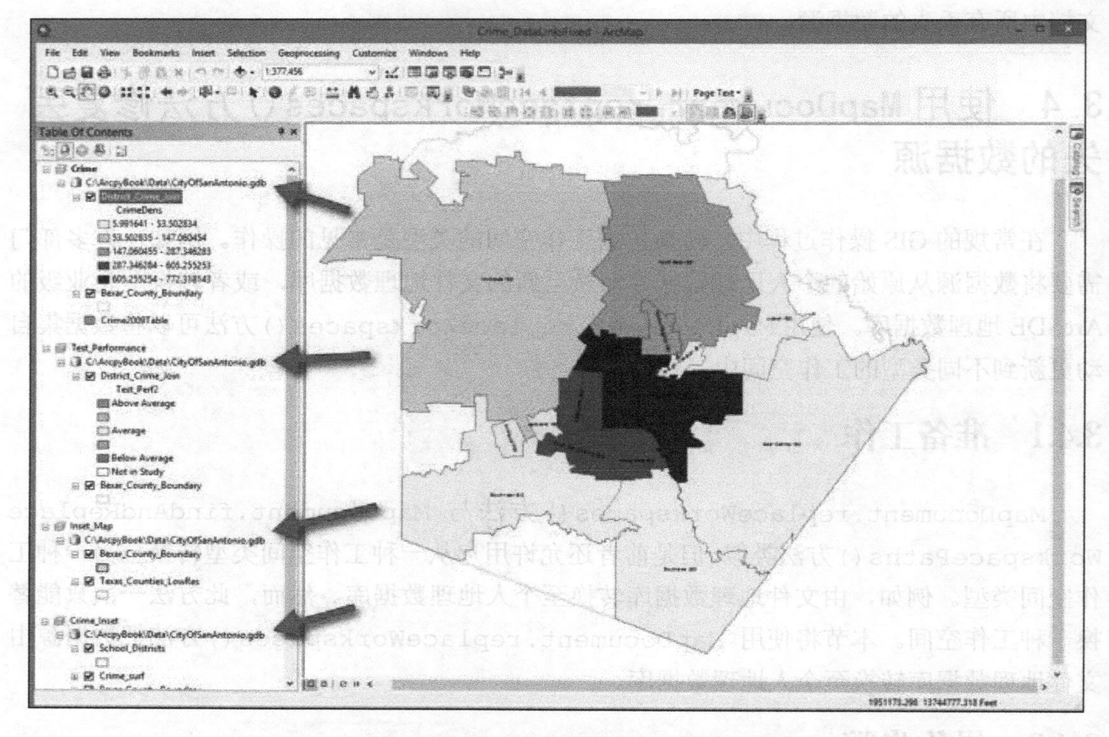

图3-4 从文件地理数据库中加载的图层和表

（6）调用 replaceWorkspaces()方法，传入对原始地理数据库（文件地理数据库）和新地理数据库（个人地理数据库）的引用参数，以及数据库的类型参数。

```
mxd.replaceWorkspaces(r"C:\ArcpyBook
\data\CityOfSanAntonio.gdb",
"FILEGDB_WORKSPACE",r"C:\ArcpyBook
\new_data\CityOfSanAntonio_Personal.mdb","ACCESS_WORKSPACE"
)
```

（7）保存地图文档文件副本。

```
mxd.saveACopy(r
"C:\ArcpyBook\Ch3\Crime_DataLinksUpdated.mxd")
```

（8）保存脚本文件为 C:\ArcpyBook\Ch3\MapDocumentReplaceWorkspaces.py。

（9）可以通过查看 C:\ArcpyBook\code\Ch3\MapDocumentReplaceWorkspaces.py 解决方案文件来检查代码。

（10）运行脚本。

（11）在 ArcMap 中，打开 C:\ArcpyBook\Ch3\Crime_DataLinksUpdated.mxd 文件。如图 3-5 所示，此时所有的数据源都引用个人地理数据库（注意扩展名为.mdb）。

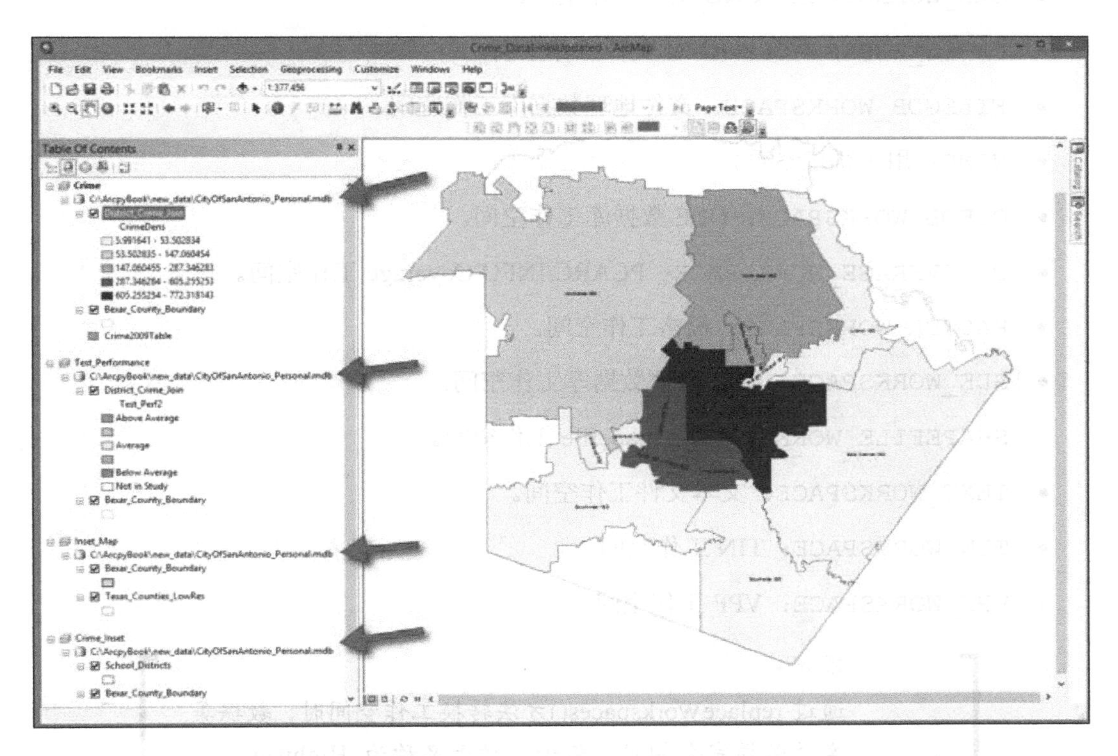

图 3-5 引用的个人地理数据库

3.4.3 工作原理

MapDocument.replaceWorkspaces()方法的参数包括：原始工作空间路径、原始工作空间类型、新工作空间路径和新工作空间类型。工作空间的路径很容易理解，但是有必要讨论一下工作空间的类型。表示工作空间类型的参数是以字符串关键字的形式传递给该方法的。本例中，原始的工作空间类型是 FILEGDB_WORKSPACE，表明工作空间是文件地理数据库；新的工作空间类型是 ACCESS_WORKSPACE，表明工作空间是个人地理数据库，个人地理数据库是以 Microsoft Access 文件的形式存储的。可以存储 GIS 数据的工作空间有许多不同的类型，但是必须确保提供的工作空间类型与相应的数据集相匹配。例如，操作 shapefile 文件的工作空间类型是 SHAPEFILE_WORKSPACE。有效的工作空间类型如下所示。

- ACCESS_WORKSPACE：个人地理数据库或 Access 工作空间。
- ARCINFO_WORKSPACE：ArcInfo coverage 工作空间。
- CAD_WORKSPACE：CAD 文件工作空间。
- EXCEL_WORKSPACE：Excel 文件工作空间。
- FILEGDB_WORKSPACE：文件地理数据库工作空间。
- NONE：用于跳过参数。
- OLEDB_WORKSPACE：OLE 数据库工作空间。
- PCCOVERAGE_WORKSPACE：PCARC/INFO Coverage 工作空间。
- RASTER_WORKSPACE：栅格工作空间。
- SDE_WORKSPACE：SDE 地理数据库工作空间。
- SHAPEFILE_WORKSPACE：shapefile 工作空间。
- TEXT_WORKSPACE：文本文件工作空间。
- TIN_WORKSPACE：TIN 工作空间。
- VPF_WORKSPACE：VPF 工作空间。

提示：

通过 replaceWorkspaces()方法转换工作空间时，数据集名称必须完全相同。例如，对于名称为 Highways.shp 的 shapefile 文件，只有在文件地理数据库中数据集的名称也为 Highways 时，才可以将其重定向至该文件地理数据库工作空间。如果数据集名称不同，则需要调用 Layer 或 TableView 对象的 replaceDataSource()方法。

3.5　使用 replaceDataSource()方法修复单个图层和表对象

本章前两节使用 MapDocument 对象的不同方法来修复丢失的数据链接。尽管 Layer 和 TableView 对象也有修复丢失的数据链接的方法，但是它们只能修复单个对象，不能修复地图文档中的所有数据集。本节将介绍 Layer 和 TableView 对象的修复丢失链接的方法。

3.5.1 准备工作

Layer 和 TableView 类都有 replaceDataSource()方法，该方法可以改变单个图层或表的工作空间路径、工作空间类型和数据集名称。本节将介绍如何通过编写脚本来改变单个图层的工作空间路径和工作空间类型。replaceDataSource()方法可用于处理 Layer 和 TableView 类。Layer 对象可以是地图文档（.mxd）或图层文件（.lyr）中的图层，而 TableView 对象只能是地图文档中的可独立操作的表，因为图层文件（.lyr）中不能包含 TableView 对象。

3.5.2 操作步骤

下面按步骤介绍如何使用 replaceDataSource()方法修复地图文档中的单个 Layer 和 TableView 对象。

在 ArcMap 中打开 C:\ArcpyBook\Ch3\Crime_DataLinksLayer.mxd。如图 3-6 所示，Crime 数据框包含“Burglary”图层，该图层是 CityOfSanAntonio 文件地理数据库中的要素类。以下步骤将使用具有相同数据的 shapefile 图层来替换该要素类图层。

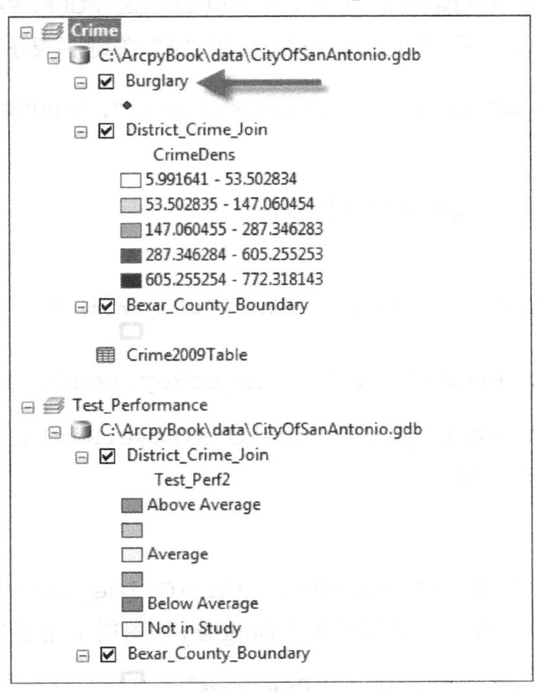

图 3-6 Burglary 图层

（1）打开 IDLE，新建一个脚本窗口。

（2）导入 arcpy.mapping 模块。

```
import arcpy.mapping as mapping
```

（3）引用 Crime_DataLinksLayer.mxd 地图文档文件。

```
mxd = mapping.MapDocument(r"C:\ArcpyBook\Ch3\
Crime_DataLinksLayer.mxd")
```

（4）获取对 Crime 数据框的引用。

```
df = mapping.ListDataFrames(mxd,"Crime")[0]
```

（5）查找 Burglary 图层，将它存储到变量中。

```
lyr = mapping.ListLayers(mxd,"Burglary",df)[0]
```

（6）调用 Layer 对象的 replaceDataSource()方法，传入 shapefile 文件的路径、工作空间类型参数和数据集名称。其中，“SHAPEFILE_WORKSPACE”关键字表示要替换成 shapefile 工作空间，“Burglaries_2009”关键字表示 shapefile 文件的名称。

```
lyr.replaceDataSource(r"C:\ArcpyBook\data","SHAPEFILE_WORKSPACE","Bur
glaries_2009")
```

（7）将结果保存到新的地图文档文件中。

```
mxd.saveACopy(
r"C:\ArcpyBook\Ch3\Crime_DataLinksNewLayer.mxd")
```

（8）保存脚本为 C:\ArcpyBook\Ch3\LayerReplaceDataSource.py。

（9）可以通过查看 C:\ArcpyBook\code\Ch3\LayerReplaceDataSource.py 解决方案文件来检查代码。

（10）运行脚本。

（11）在 ArcMap 中打开 C:\ArcpyBook\Ch3\Crime_DataLinksNewLayer.mxd 文件，如图 3-7 所示，可以看到“Burglary”图层引用了新的工作空间。

（12）右击“Burglary”图层，选择“Properties”。

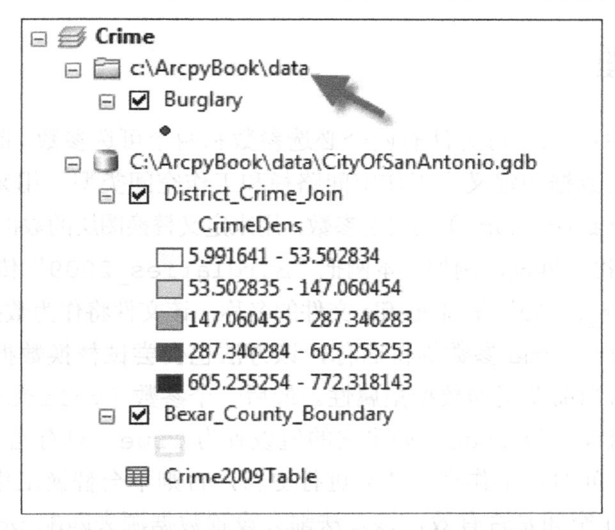

图 3-7 引用新的工作空间的“Burglary”图层

（13）单击“Source”选项卡，查看新的工作空间路径、工作空间类型和数据集名称。如图 3-8 所示。

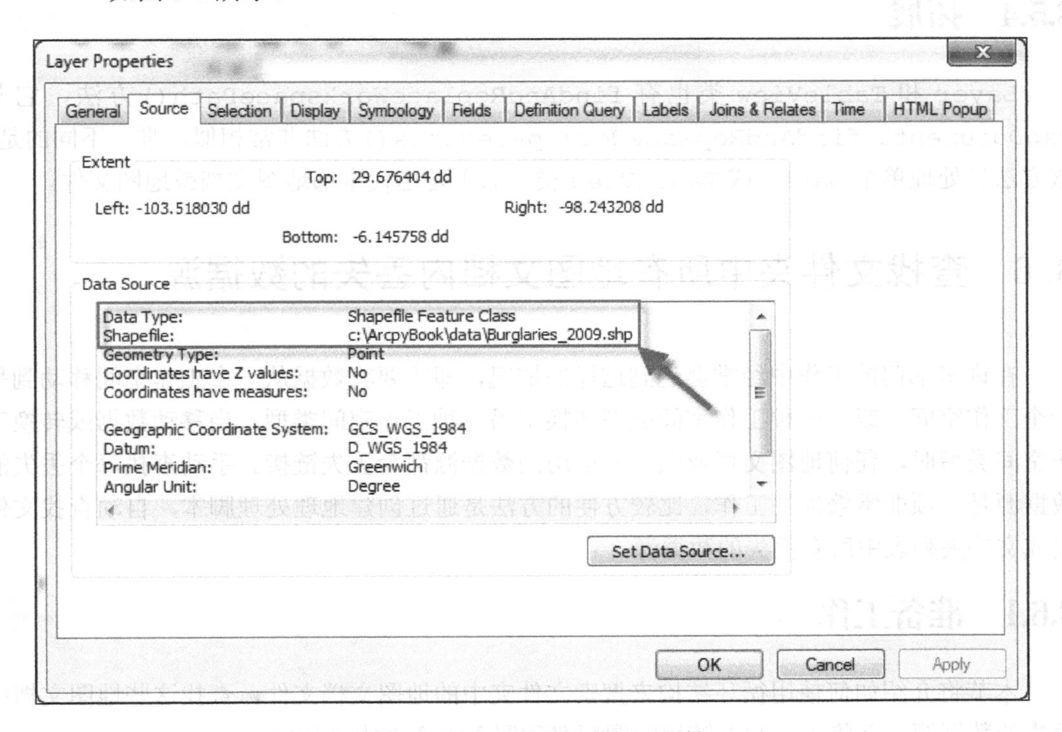

图 3-8 替换后的图层数据源属性

3.5.3 工作原理

replaceDataSource()方法有两个必选参数和两个可选参数。前两个参数是必选参数，分别为图层新的数据源定义了工作空间路径和工作空间类型，用来替换原始的工作空间。第3个参数（dataset_name）是可选参数，用来定义替换图层的数据集名称，该数据集名称与输入的参数必须准确匹配。例如，本例把“Burglaries_2009”传给dataset_name参数，“Burglaries_2009”是shapefile文件的名称，该文件将作为数据框中的替换图层。如果没有给dataset_name参数提供名称，该方法也会尝试替换数据集，即通过查找名称相同的表文件作为当前图层的数据集属性。最后一个参数（validate）也是可选参数，默认情况下，它的值设置为True。如果它的值设置为True，只有当workspace_path的值是有效的工作空间时，工作空间才会进行更新，否则不会替换工作空间。如果值设置为False，无论工作空间是否有效，该方法都会设置数据源去匹配workspace_path。如果匹配无效，就会导致数据链接丢失；但是如果想要创建或修改地图文档，使地图文档中的图层暂时没有链接的数据源，则可以设置为False。

3.5.4 拓展

Layer和TableView类也有findAndReplaceWorkspacePath()方法，它与MapDocument. findAndReplaceWorkspacePaths()方法非常相似。唯一不同的是，该方法只处理单个Layer或TableView类，而不是迭代全部地图文档或地图文件。

3.6 查找文件夹中所有地图文档内丢失的数据源

在许多部门的工作中经常会遇到这样的情况，即需要将数据从一个工作空间移动到另一个工作空间，或从一种工作空间类型转换至另一种工作空间类型。当移动数据或转换工作空间类型时，任何地图文档或图层中引用的数据源都会丢失链接。手动查找每个丢失的数据源是一项非常繁琐的工作，比较方便的方法是通过创建地理处理脚本，自动查找文件夹或文件夹列表中所有丢失的数据源。

3.6.1 准备工作

本节将介绍如何使用循环结构来搜索文件夹中的地图文档文件，查找这些地图文档中丢失的数据源，并将丢失数据链接的图层名称写入一个文本文件中。

3.6.2 操作步骤

下面按步骤介绍如何在文件夹中的所有地图文档内查找丢失的数据源。

（1）打开 IDLE，新建一个脚本窗口。

（2）导入 arcpy 模块和 os 模块。

```
import arcpy.mapping as mapping, os
```

（3）打开文本文件，用来写入丢失链接的图层名称。

```
f = open('BrokenDataList.txt', 'w')
```

（4）创建 for 循环并使用 os.walk()方法来遍历目录树，os.walk()方法的参数为 C:\ArcpyBook 文件夹的路径。

```
for root,dirs,files in os.walk("C:\ArcpyBook"):
```

（5）在 for 循环内部，创建第 2 个 for 循环，用来循环遍历所有返回的文件，在第 2 个循环内创建一个新的 filename 变量。请记住，第 2 个 for 循环要缩进在第 1 个 for 循环内。

```
for name in files:
    filename = os.path.join(root, name)
```

（6）如下所示的第 1 行代码，用来判断文件的扩展名，确定文件是否为地图文档文件。如果是地图文档文件，则使用该路径新建一个地图文档对象实例，将地图文档名称写入文本文件中。接着获取丢失的数据源列表，循环遍历列表中每个丢失的数据源，将数据源名称也写入到文本文件中。

```
if ".mxd" in filename:
     mxd = mapping.MapDocument(filename)
     f.write("MXD: " + filename + "\n")
     brknList = mapping.ListBrokenDataSources(mxd)
     for brknItem in brknList:
          print "Broken data item: " + brknItem.name + " in " +
          filename
          f.write("\t" + brknItem.name + "\n")
```

（7）添加 print 语句，用来表明工作完成，然后关闭文本文件。

```
print("All done")
f.close()
```

（8）完整的脚本如图 3-9 所示。

```
import arcpy.mapping as mapping, os
f = open('BrokenDataList.txt', 'w')
for root, dirs, files in os.walk("c:\ArcpyBook"):
    for name in files:
        filename = os.path.join(root, name)
        if ".mxd" in filename:
            mxd = mapping.MapDocument(filename)
            f.write("MXD: " + filename + "\n")
            brknList = mapping.ListBrokenDataSources(mxd)
            for brknItem in brknList:
                print("Broken data item: " +  brknItem.name + " in " + filename)
                f.write("\t" + brknItem.name + "\n")
print("All done")
f.close()
```

图 3-9 查找文件夹中所有地图文档内丢失的数据源的完整脚本

（9）可以通过查看 C:\ArcpyBook\code\Ch3\ListBrokenDataSources.py 解决方案文件来检查代码。

（10）运行脚本，即可生成文件。

（11）打开文件查看结果，输出结果取决于定义的路径，本书实验数据的输出结果如图 3-10 所示。

```
MXD: Crime.mxd
MXD: Crime_BrokenDataLinks.mxd
    District_Crime_Join
    Bexar_County_Boundary
    District_Crime_Join
    Bexar_County_Boundary
    Bexar_County_Boundary
    Texas_Counties_LowRes
    School_Districts
    Crime_surf
    Bexar_County_Boundary
    Crime2009Table
MXD: TravisCounty.mxd
```

图 3-10 输出结果

3.6.3 工作原理

本节中的脚本将 Python 的 os 模块和 arcpy.mapping 模块的方法结合使用。首先，使用 os.walk()方法遍历目录树，并返回路径、目录（文件夹）列表和文件列表。文件列表中的每个目录以 C:\ArcpyBook 为根目录，根目录可以是任何目录。os.walk()方法返回一个三元元组（包含 3 项元素的元组），元组由根目录、包含在根目录内的目录列表和包含在根目录内的文件列表组成。然后，循环遍历文件列表，判断每个文件是否包含“.mxd”字符串，若包含该字符串，则表明是地图文档文件，将地图文档文件的名称写入文本文件中。最后，创建一个新的 MapDocument 对象实例，调用 ListBrokenDataSources()方法，在该方法的参数中引用地图文档，用来生成该地图文档中丢失的数据源列表，并将地图文档中丢失的数据源名称也写入文本文件中。

第 4 章
自动化地图制图和打印

本章将介绍以下内容。

- 创建布局元素的 Python 列表。
- 为布局元素指定唯一的名称。
- 使用 ListLayoutElements()函数限制返回的布局元素。
- 更新布局元素的属性。
- 获取可用的打印机的列表。
- 使用 PrintMap()函数打印地图。
- 导出地图为 PDF 文件。
- 导出地图为图像文件。
- 导出报表。
- 使用数据驱动页面和 ArcPy 制图模块构建地图册。
- 将地图文档发布为 ArcGIS Server 服务。

4.1 引言

ArcGIS 10 发布的 `arcpy.mapping` 模块提供了与自动化地图制图相关的功能。该模块可用于自动化地图制图、制作地图册、导出地图为图像文件或 PDF 文件，以及创建和管理 PDF 文件等。本章将介绍如何使用 `arcpy.mapping` 模块来自动化处理与地图制图和打印相关的各种地理处理任务。

4.2 创建布局元素的 Python 列表

通常情况下，编写自动化地图制图的地理处理脚本的第 1 步是生成可用的布局元素列表。例如，在打印或创建 PDF 文件之前需要更新地图的名称，该地图名称存储在 `TextElement` 对象中，此时需要先生成地图布局视图中 `TextElement` 对象的列表，然后再更改地图名称。其第 1 步就是生成 `TextElement` 对象的列表。

4.2.1 准备工作

ArcMap 中有两种视图：data view（数据视图）和 layout view（布局视图）。无论地图页面的大小和布局如何，数据视图都可用于显示地图的地理数据和表格数据、分析数据、符号化地理图层以及管理数据等。布局视图以打印页面的形式显示地图，可通过添加制图元素来创建高质量的地图，这些元素包括数据框、图层、图例、标题、指北针、比例尺和标题栏等。在 `arcpy.mapping` 模块中，每个布局元素都用布局元素类来表示。以下是一些布局元素类，如图 4-1 所示。

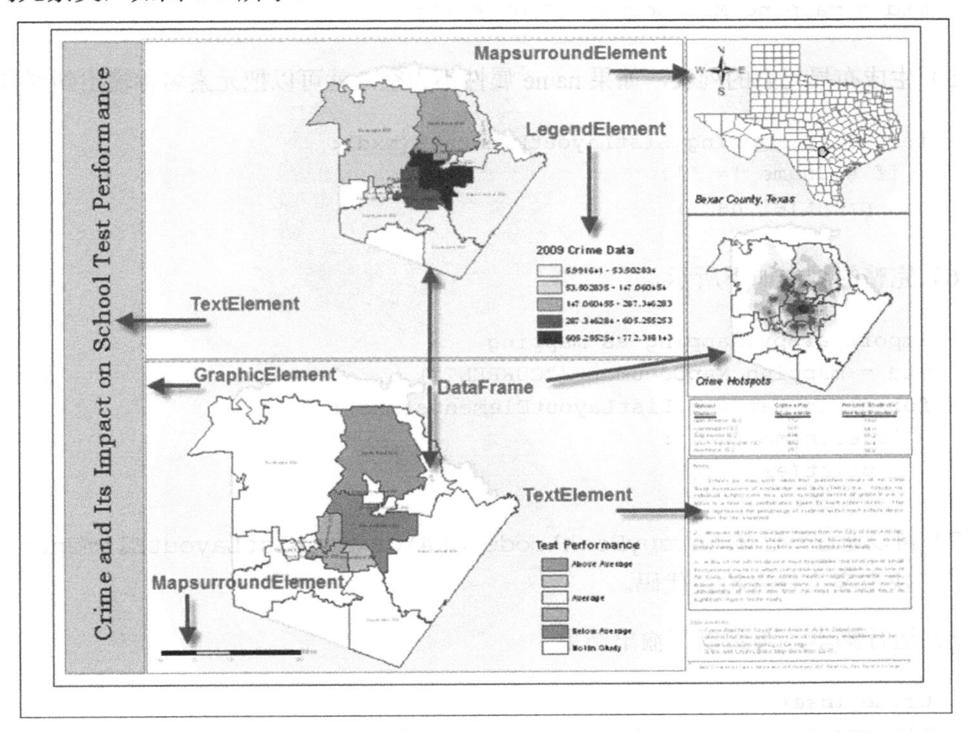

图 4-1 布局元素类

每个元素都有一个唯一的名称用于程序化地访问元素，这个唯一的名称是在ArcMap中定义的。arcpy.mapping 模块提供的 ListLayoutElements()函数可以返回所有布局元素的列表。本节将介绍如何使用 ListLayoutElements()函数生成地图布局元素的列表。

4.2.2 操作方法

下面按步骤介绍如何生成布局元素的列表。

（1）在 ArcMap 中打开 C:\ArcpyBook\Ch4\Crime_Ch4.mxd。

（2）打开“Python”窗口。

（3）导入 arcpy.mapping 模块。

```
import arcpy.mapping as mapping
```

（4）引用当前活动的地图文档（Crime_Ch4.mxd），把该引用赋值给变量。

```
mxd = mapping.MapDocument("CURRENT")
```

（5）生成布局元素的列表，如果 name 属性不为空，就可以把元素名称输出到屏幕上。

```
for el in mapping.ListLayoutElements(mxd):
  if el.name != '':
    print(el.name)
```

（6）完整的脚本如下所示。

```
import arcpy.mapping as mapping
mxd = mapping.MapDocument("CURRENT")
for el in mapping.ListLayoutElements(mxd):
  if el.name != '':
    print(el.name)
```

（7）可以通过查看 C:\ArcpyBook\code\Ch4\CreateListLayoutElements.py 解决方案文件来检查代码。

（8）运行脚本，得到以下输出结果。

```
Crime_Inset
Alternating Scale Bar
```

```
Legend Test Performance
Crime Legend
North Arrow
Inset_Map
Test_Performance
Crime
```

4.2.3 工作原理

ListLayoutElements()函数以各种布局类的形式返回布局元素的列表，列表元素可以是 GraphicElement、LegendElement、PictureElement、TextElement 或 MapSurroundElement 等对象实例。每个元素都可以有一个指定的名称，虽然没有必要为每个元素都指定唯一的名称，但是如果要在脚本中程序化地访问这些元素，就需要为其指定唯一的名称。使用脚本输出布局元素的名称之前，首先要确定元素已经有指定的名称，这样做是因为 ArcMap 中没有要求元素必须有指定的名称。

4.3 为布局元素指定唯一的名称

当需要用地理处理脚本访问并更改一个特定的元素时，使用 ArcMap 为所有的布局元素指定唯一的名称就显得尤为重要。例如，在更新企业标志的显示图标时，不需要在所有的地图文档文件中手动更改，而只需编写一个地理处理脚本，就可以用新图标程序化地更新所有地图文档文件中的原有图标。不过，为了实现该功能，需要为布局元素指定唯一的名称，这样才可以单独访问该布局元素。

4.3.1 准备工作

正如前文所述，每个布局元素都属于一种元素类型，且都可以有一个指定的名称。当在 Python 脚本中引用特定元素时，就需要用到该元素的名称，可以使用 ArcMap 为每个布局元素指定唯一的名称。本节将介绍如何使用 ArcMap 为布局元素指定名称。

4.3.2 操作方法

下面按步骤介绍如何使用 ArcMap 为每个布局元素指定唯一的名称。

（1）在 ArcMap 中打开 C:\ArcpyBook\Ch4\Crime_Ch4.mxd。

（2）切换到布局视图，如图 4-2 所示。

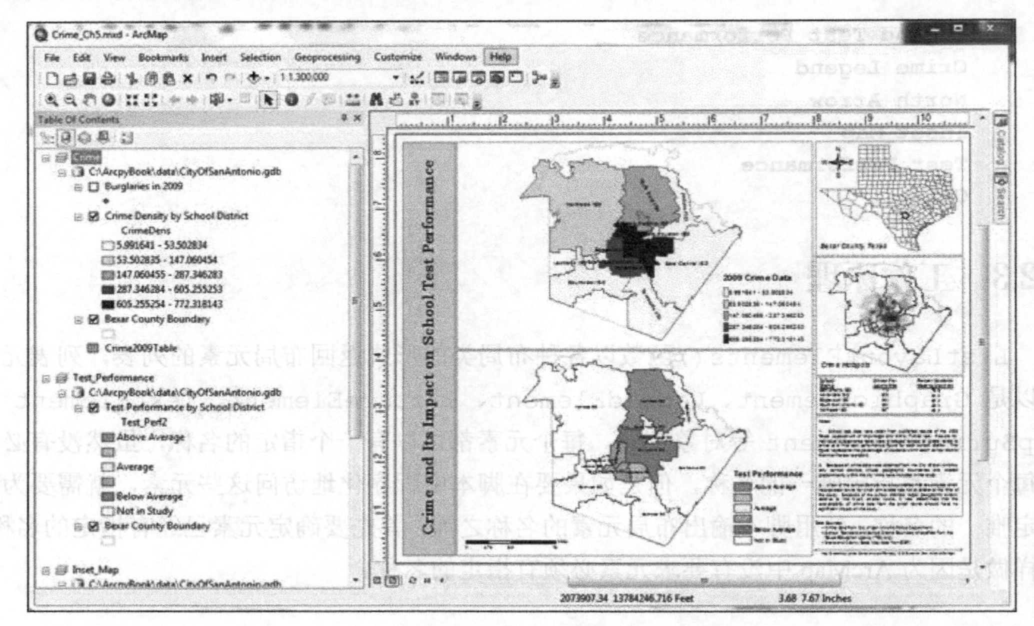

图 4-2　布局视图

（3）根据元素的类型为其指定不同的名称。单击 ArcMap 主窗口最上面的数据框，选中 Crime，如图 4-3 所示。

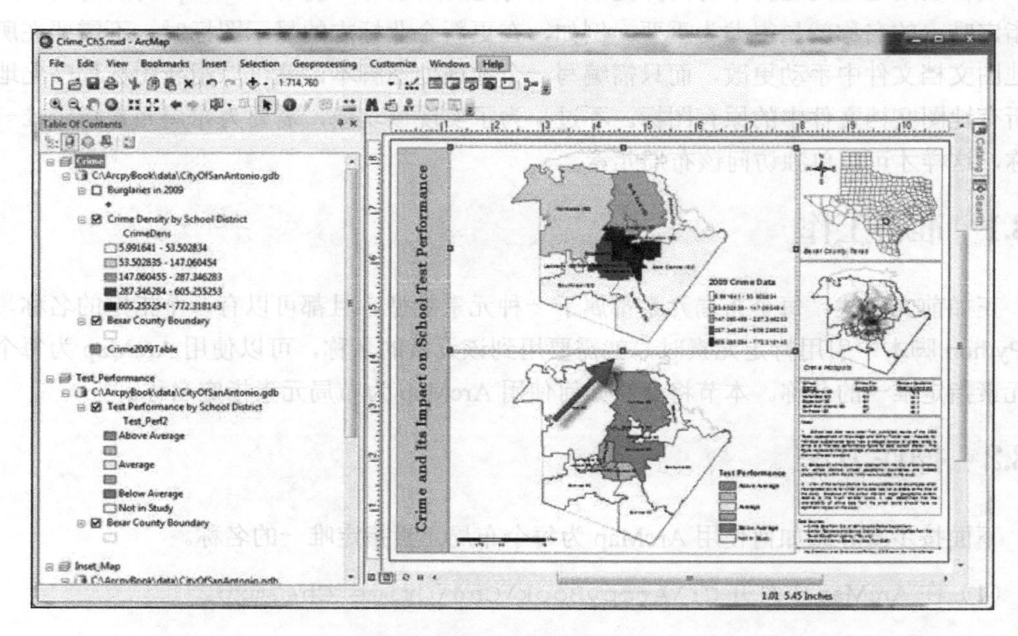

图 4-3　Crime 数据框的显示

（4）右击 Crime 数据框，选择“Properties”，打开“Data Frame Properties”窗口，如图 4-4 所示。在“Size and Position”选项卡下的“Element Name”属性中定义元素的唯一名称，这里将元素名称设置为“Crime”。

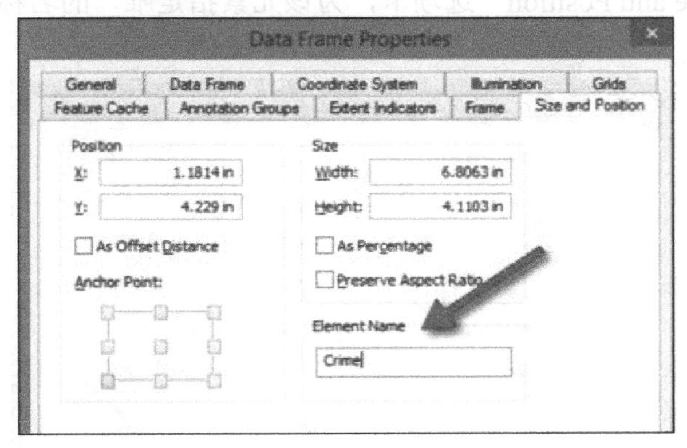

图 4-4 “Data Frame Properties”窗口

（5）关闭“Data Frame Properties”窗口。

（6）在 Crime 数据框的右下角选中 2009 Crime Data 图例并右击，选择“Properties”，打开属性窗口。

（7）选择“Size and Position”选项卡。

（8）如图 4-5 所示，将 Element Name 的值设置为“Crime Legend”。

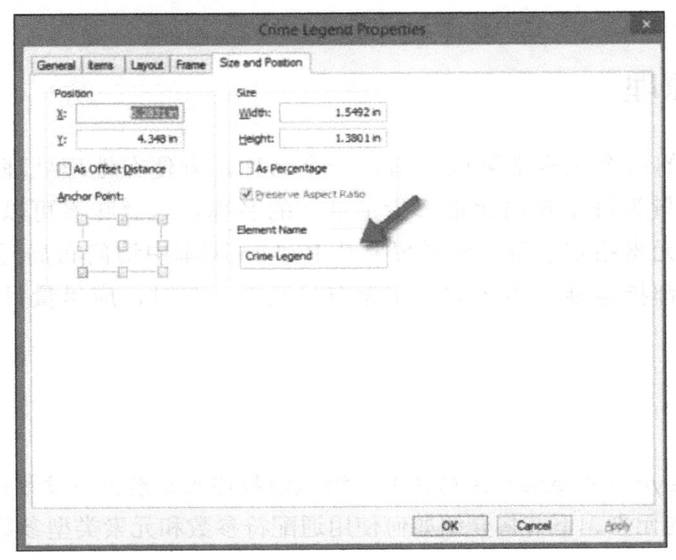

图 4-5 “Crime LegendProperties”窗口

（9）同样也可以为文本元素指定唯一的名称。选择主窗口最左侧的标题元素（Crime and Its Impact on School Test Performance）并右击，选择“Properties”。

（10）选择“Size and Position”选项卡，为该元素指定唯一的名称，如图4-6所示。

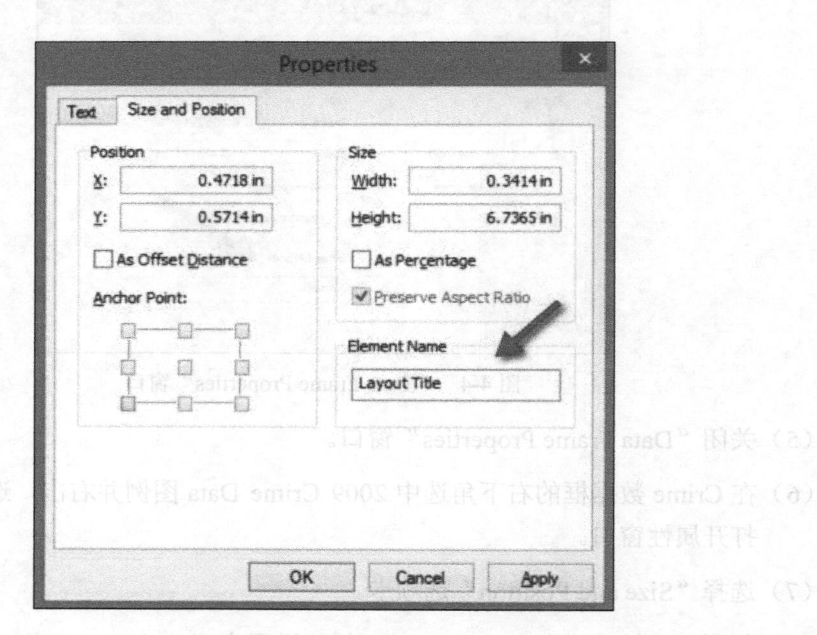

图4-6 文本元素属性窗口

4.3.3 工作原理

布局视图中的每个元素都可以被指定一个名称，方便在地理处理脚本中检索特定元素，所以应尽量为每个布局元素都指定唯一的名称。这意味着可以根据自己的需要决定是否为布局元素指定名称。如果想要从Python脚本中访问布局元素，最好的做法还是给每个元素都指定唯一的名称。在为布局元素命名时，应尽量只使用字母和下划线的组合。

4.3.4 拓展

调用`ListLayoutElements()`函数，给该函数传入元素类型参数和通配符参数，可以限制列表返回的元素。下节将介绍如何使用通配符参数和元素类型参数来限制返回的布局元素的列表。

4.4 使用ListLayoutElements()函数限制返回的布局元素

布局视图中包含大量的制图元素，但是对于一个特定的地理处理脚本而言，很多元素都是多余的。通过向 ListLayoutElements()函数中传入元素类型参数和通配符参数，可以限制返回的布局元素。元素类型参数用于定义要返回的布局元素类型，通配符参数使用名称中的部分字符来筛选元素。

4.4.1 准备工作

布局元素有多种不同的类型，如图形、图例、图片、文本和数据框等。当返回布局元素的列表时，可以限制（筛选）返回的元素类型。本节将编写一个脚本，通过使用元素类型参数和通配符参数来筛选返回的布局元素。

4.4.2 操作方法

下面按步骤介绍如何通过为 ListLayoutElements()函数传入可选参数来限制返回的布局元素列表，其中可选参数为元素类型参数和通配符参数。元素类型参数定义要返回的元素类型，通配符参数使用名称中的部分字符来筛选要返回的元素。

（1）在 ArcMap 中打开 C:\ArcpyBook\Ch4\Crime_Ch4.mxd。

（2）打开“Python”窗口。

（3）导入 arcpy.mapping 模块。

```
import arcpy.mapping as mapping
```

（4）引用当前活动的地图文档（Crime_Ch4.mxd），把该引用赋值给变量。

```
mxd = mapping.MapDocument("CURRENT")
```

（5）使用 ListLayoutElements()函数限制返回的元素，其中元素类型为图例元素，通配符参数为“*Crime*”，来指定返回元素名称中包含“Crime”。

```
for el in mapping.ListLayoutElements(mxd,"LEGEND_ELEMENT","*Crime*"):
  print(el.name)
```

（6）可以通过查看 C:\ArcpyBook\code\Ch4\RestrictLayoutElements.py 解决方案文件来检查代码。

（7）运行脚本，此时只返回一个布局元素，如下所示。

```
Crime Legend
```

4.4.3 工作原理

ListLayoutElements()函数是一个通用函数，其作用是在地图文档的布局页面上返回所有布局元素的列表。该函数有两种可选参数用于筛选列表，一种是元素类型参数，用于指定返回的布局元素类型；另一种是通配符参数，用于返回名称中包含指定文本字符的元素列表。这两个参数可结合使用。例如，在本节中指定只返回元素名称中含有“Crime”的图例元素对象，结果仅返回一个符合条件的布局元素。

提示：

ListLayoutElements()函数中可用的元素类型参数如下所示：DATAFRAME_ELEMENT、GRAPHIC_ELEMENT、LEGEND_ELEMENT、MAPSURROUND_ELEMENT、PICTURE_ELEMENT 和 TEXT_ELEMENT。

4.5 更新布局元素的属性

每个布局元素都有一组可以通过编程来更新的属性。例如，LegendElement 包含的属性允许改变页面上的图例位置、更新图例标题和访问图例项等。

4.5.1 准备工作

布局元素有多种不同的类型，如图形、图例、文本、地图整饰和图片等。在 arcpy.mapping 模块中，每种类型的元素都用一个类来表示。每个类都具有许多属性，可以通过编程来更改元素的属性。

DataFrame 类提供了访问地图文档文件中数据框的属性，它可与地图单元和页面布局单元一起使用，具体使用哪一个取决于当前正在使用的属性。页面布局属性的“positioning and sizing”选项卡中可用的属性包括 elementPositionX、elementPositionY、elementWidth 和 elementHeight 等。

对于可添加到页面布局的各种图形来说，GraphicElement 对象是它们的通用对象，这些图形包括元素组、插入表、图表、图廓线、点、线、面等。如果想通过 Python 脚本访问图形元素，需要确保为每个图形元素（以及与此有关的任何其他元素）设置 name 属性。

LegendElement 类提供了在页面布局中重新定位图例、调整图例的大小以及修改其标题、访问图例项和源数据框等操作。LegendElement 类只能与单个父数据框相关联。

MapsurroundElement 类包括指北针、比例尺和比例文本等。与 LegendElement 类似，它只能与单个父数据框相关联，该对象的属性用于在页面布局上重新定位元素。

PictureElement 类表示已插入到页面布局中的栅格图像或影像。这一对象能够获取和设置数据源，当需要在多个地图文档中更改图片（如图标）时，这一属性就会非常实用。例如，可以编写一个脚本来迭代所有的地图文档文件，用新的图标替换当前的图标。当然也可以重新定位或者调整图片的大小。

TextElement 类表示页面布局的文本，包括插入的文本、注释、矩形文本和标题等，但是不包括图例标题或者表格和图表的文本字符串部分。当需要在页面布局的多个位置或者多个地图文档中改变同一文本字符串时，其修改文本字符串的属性会特别有用，当然，它还可以重新定位文本。

页面布局中的每个元素都可以作为元素对象的一个实例返回。在这一节中，将使用 Legend 对象的 title 属性程序化地更改 Crime 图例的标题，并获取部分图例的图层列表。

4.5.2 操作方法

下面按步骤介绍如何更新布局元素的属性。

（1）在 ArcMap 中打开 C:\ArcpyBook\Ch4\Crime_Ch4.mxd。

（2）打开“Python”窗口。

（3）导入 arcpy.mapping 模块。

```
import arcpy.mapping as mapping
```

（4）引用当前活动的地图文档（Crime_Ch4.mxd），把该引用赋值给变量。

```
mxd = mapping.MapDocument("CURRENT")
```

（5）使用 ListLayoutElements()函数，传入定义元素类型的参数和通配符参数，返回名称中含有“Crime”的图例并将其存储在变量中。

```
elLeg = mapping.ListLayoutElements(mxd,
"LEGEND_ELEMENT","*Crime*")[0]
```

（6）使用 title 属性更新图例的标题。

```
elLeg.title = "Crimes by School District"
```

（7）获取部分图例的图层列表并输出其名称。

```
for item in elLeg.listLegendItemLayers():
  print(item.name)
```

（8）完整的脚本如下所示。

```
import arcpy.mapping as mapping
mxd = mapping.MapDocument("CURRENT")
elLeg = mapping.ListLayoutElements(mxd,
"LEGEND_ELEMENT","*Crime*")[0]
elLeg.title = "Crimes by School District"
for item in elLeg.listLegendItemLayers():
  print(item.name)
```

（9）可以通过查看 C:\ArcpyBook\code\Ch4\UpdateLayoutElementProperties.py 解决方案文件来检查代码。

（10）运行脚本，得到以下输出结果。

```
Burglaries in 2009
Crime Density by School District
```

（11）更改结果如图 4-7 所示。

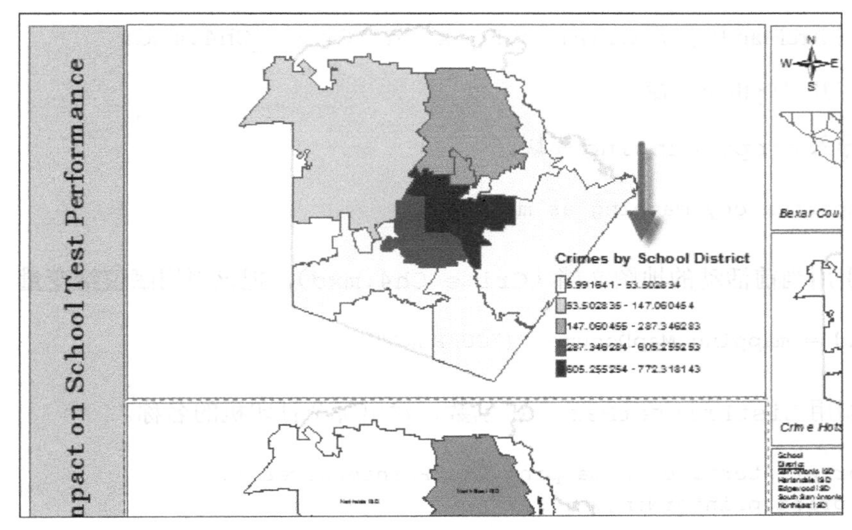

图 4-7 更改后的布局视图

4.5.3 工作原理

每个布局元素都有一组属性和方法。该示例使用了 Legend 对象的 title 属性。此外，Legend 对象的其他属性可用于设置图例的宽度、高度和位置等，而该对象的方法可用于调整列数、列出图例元素、移除和更新元素等。

4.6 获取可用的打印机的列表

arcpy 提供的另一列表函数是 ListPrinterNames()，它可以生成可用的打印机的列表。正如前面介绍的 ListLayoutElements() 函数一样，调用 ListPrinterNames() 函数通常也是多步骤脚本处理过程中的预备步骤。

4.6.1 准备工作

使用 PrintMap() 函数打印地图之前，通常需要先调用 ListPrinterNames() 函数，它会返回本地计算机的可用打印机的列表。然后通过迭代打印机列表找到指定的打印机，打印机名称将作为参数输入到 PrintMap() 函数中。

4.6.2 操作方法

下面按步骤介绍如何使用 ListPrinterNames() 函数返回可用打印机的列表。

（1）在 ArcMap 中打开 C:\ArcpyBook\Ch4\Crime_Ch4.mxd。

（2）打开“Python”窗口。

（3）导入 arcpy.mapping 模块。

```
import arcpy.mapping as mapping
```

（4）引用当前活动的地图文档（Crime_Ch4.mxd），把该引用赋值给变量。

```
mxd = mapping.MapDocument("CURRENT")
```

（5）调用 ListPrinterNames()函数，输出每个打印机的名称。

```
for printerName in mapping.ListPrinterNames():
  print(printerName)
```

（6）可以通过查看 C:\ArcpyBook\code\Ch4\GetListOfPrinters.py 解决方案文件来检查代码。

（7）运行脚本，输出结果为本地计算机的可用打印机列表，不同计算机的输出结果会有所不同，但是格式与如下输出结果类似。

```
HP Photosmart D110 series
HP Deskjet 3050 J610 series (Network)
HP Deskjet 3050 J610 series (Copy 1)
HP Deskjet 3050 J610 series
Dell 968 AIO Printer
```

4.6.3 工作原理

使用 ListPrinterNames()函数可以返回一个本地计算机中可用打印机的 Python 列表。然后可以使用 PrintMap()函数将打印任务发送给本地计算机可用的指定打印机，详见下面的 4.7 节。

4.7 使用 PrintMap()函数打印地图

使用 PrintMap()函数可以很容易地将地图布局发送到打印机。默认情况下，打印任务会发送到地图文档保存的默认打印机，但也可以通过自定义一个特定打印机来完成打印任务。

4.7.1 准备工作

arcpy.mapping 模块提供的 PrintMap()函数可以打印 ArcMap 中的页面布局或数据框。在调用 PrintMap()函数之前，通常需要先调用 ListPrinterNames()函数，返回本地计算机的可用打印机列表。然后迭代打印机列表找到指定的打印机，将打印机名称作为参数输入到 PrintMap()函数中。

PrintMap()函数可以打印地图文档中的特定数据框或页面布局。默认情况下，该函数使用地图文档保存的打印机或者地图文档的默认打印机。正如前文所述，也可以使用 ListPrinterNames()函数获取可用打印机的列表，然后选择其中的一个打印机，将其名称作为参数输入到 PrintMap()函数中。本节将介绍如何使用 PrintMap()函数打印特定数据框。

4.7.2 操作方法

下面按步骤介绍如何使用 PrintMap()函数打印 ArcMap 中的特定数据框。

（1）在 ArcMap 中打开 C:\ArcpyBook\Ch4\Crime_Ch4.mxd。

（2）打开“Python”窗口。

（3）导入 arcpy.mapping 模块。

```
import arcpy.mapping as mapping
```

（4）引用当前活动的地图文档（Crime_Ch4.mxd），把该引用赋值给变量。

```
mxd = mapping.MapDocument("CURRENT")
```

（5）查找 Test_Performance 数据框，如果找到则打印出来。

```
for df in mapping.ListDataFrames(mxd):
  if df.name == "Test_Performance":
    mapping.PrintMap(mxd,"",df)
```

（6）可以通过查看 C:\ArcpyBook\code\Ch4\PrintingWithPrintMap.py 解决方案文件来检查代码。

（7）运行脚本，该脚本会将数据框传输给默认打印机。

4.7.3 工作原理

PrintMap()函数中有一个必要参数和4个可选参数，其中必要参数是对地图文档的引用。第1个可选参数是打印机的名称。本例没有指定打印机，所以将使用地图文档保存的打印机，如果地图文档中没有保存打印机，则会使用系统默认的打印机。第2个可选参数是要打印的数据框，本例中打印的是Test_Performance数据框。另外两个可选参数是输出的打印文件和图像质量，在本例中没有设置这两个参数。

4.8 导出地图为PDF文件

有时候我们可能只想简单地创建能共享的PDF文件，而不是把地图或者布局视图发送到打印机。ArcPy制图模块提供的ExportToPDF()函数可以实现该功能。

4.8.1 准备工作

PDF是一种非常普遍的交换格式，可以在多种不同的平台上浏览和打印文件。ArcPy制图模块提供的ExportToPDF()函数可以将数据框或页面布局导出为PDF文件。默认情况下，ExportToPDF()函数导出页面布局，但是可以传入一个引用特定数据框的可选参数，即可打印数据框。本节将介绍如何将页面布局和特定的数据框导出为PDF文件。

4.8.2 操作方法

下面按步骤介绍如何将地图导出为PDF文件。

（1）在ArcMap中打开C:\ArcpyBook\Ch4\Crime_Ch4.mxd。

（2）打开“Python”窗口。

（3）导入arcpy.mapping模块。

```
import arcpy.mapping as mapping
```

（4）引用当前活动的地图文档（Crime_Ch4.mxd），把该引用赋值给变量。

```
mxd = mapping.MapDocument('CURRENT')
```

（5）使用ExportToPDF()函数导出页面布局。

```
mapping.ExportToPDF(mxd,r"C:\ArcpyBook\Ch4\Map_PageLayout.pdf")
```

（6）可以通过查看 C:\ArcpyBook\code\Ch4\ExportToPDF_Step1.py 解决方案文件来检查代码。

（7）运行脚本。

（8）在 C:\ArcpyBook\Ch4 中打开创建的 Map_PageLayout.pdf 文件，可以看到与图 4-8 类似的结果。

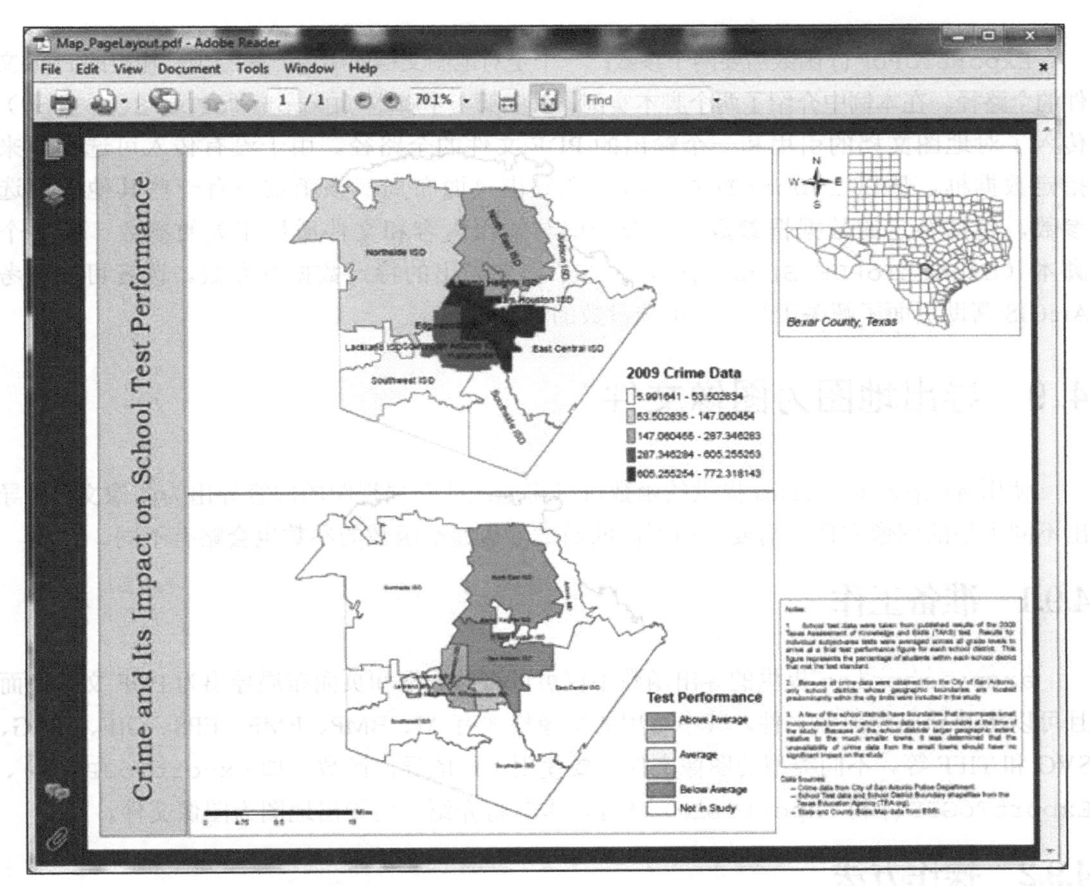

图 4-8 创建的 Map_PageLayout.pdf 文件

（9）现在，从已有的地图文档文件中打印一个特定的数据框。将脚本改成如图 4-9 所示的形式，可以通过查看 C:\ArcpyBook\code\Ch4\ExportToPDF_Step2.py 解决方案文件来检查代码。

```
import arcpy.mapping as mapping
mxd = mapping.MapDocument("CURRENT")
for df in mapping.ListDataFrames(mxd):
    if df.name == "Crime":
        df.referenceScale = df.scale
        mapping.ExportToPDF(mxd,r"c:\ArcpyBook\Ch4\DataFrameCrime.pdf",df)
```

图 4-9 导出数据框的脚本

（10）运行脚本，检查导出的 PDF 文件。

4.8.3 工作原理

ExportToPDF()函数需要两个参数：一个是对地图文档的引用，另一个是输出的 PDF 文件的全路径。在本例中介绍了两个脚本实例，其中第 1 个脚本（ExportToPDF_Step1.py）传入了对地图文档的引用和一个输出的 PDF 文件的全路径。由于没有传入可选参数来指定数据框，所以 ExportToPDF()函数导出页面布局。该函数还有一些其他的可选参数，包括特定的数据框参数，以及一些与输出内容和文件质量相关的参数。第 2 个脚本（ExportToPDF_Step2.py）传入了需要导出的特定数据框参数。读者可以参考 ArcGIS 帮助页面了解关于每一个可选参数的详细信息。

4.9 导出地图为图像文件

使用 arcpy.mapping 提供的函数可以将地图或布局视图的内容导出为图像文件。导出不同类型的图像文件，需要使用不同的函数，传递给函数的参数也会略有不同。

4.9.1 准备工作

arcpy.mapping 提供的导出函数不仅可以将数据框和页面布局导出为 PDF 文件，而且可以将其导出为图像文件，其中可用的图像格式有 AI、BMP、EMF、EPS、GIF、JPEG、SVG 和 TIFF 等。不同类型的图像文件需要使用不同的导出函数，如 ExportToJPEG()、ExportToGIF()和 ExportToBMP()等。本节将介绍如何导出地图为图像文件。

4.9.2 操作方法

下面按步骤介绍如何把数据视图和布局视图导出为图像文件。

（1）在 ArcMap 中打开 C:\ArcpyBook\Ch4\Crime_Ch4.mxd。

（2）打开“Python”窗口。

（3）导入 arcpy.mapping 模块。

```
import arcpy.mapping as mapping
```

（4）引用当前活动的地图文档（Crime_Ch4.mxd），把该引用赋值给变量。

```
mxd = mapping.MapDocument("CURRENT")
```

（5）获取地图文档中的数据框列表，找到名称为 Crime 的数据框。

```
for df in mapping.ListDataFrames(mxd):
    if df.name == "Crime":
```

（6）导出 Crime 数据框为 JPEG 图像。完整的脚本如图 4-10 所示。

```
import arcpy.mapping as mapping
mxd = mapping.MapDocument("CURRENT")
for df in mapping.ListDataFrames(mxd):
    if df.name == "Crime":
        mapping.ExportToJPEG(mxd,r"c:\ArcpyBook\Ch4\DataFrameCrime.jpg",df)
```

图 4-10 导出 Crime 数据框为 JPEG 图像的脚本

（7）可以通过查看 C:\ArcpyBook\code\Ch4\ ExportMapImageFile.py 解决方案文件来检查代码。

（8）运行脚本，检查输出的文件。

4.9.3 工作原理

ExportToJPEG()函数与 ExportToPDF()函数的使用方法非常相似，但是要记住，所有的导出函数使用的可选参数都不同。每一个 ExportTo<Type>函数的“Type”取决于创建图像文件时使用的参数。

4.10 导出报表

ArcGIS 中的报表提供了一种显示数据或分析信息的方式。报表中显示的信息直接来源于要素类中的属性表或独立表。报表中可以包含属性信息、地图、图片、图形和其他辅助信息等。ArcMap 中有可用于创建和修改报表的 Report Wizard （报表向导）和 Report Designer（报表设计器）。也可以将报表格式保存为一个模版文件，模板文件可基于数据的任意变化重复地生成新报表。使用报表模版和 arcpy.mapping 模块，可自动生成报表。

4.10.1 准备工作

ArcGIS 中的 Report Wizard（报表向导）可用于创建报表。ArcGIS 有两种原生报表文件格式：报表文档文件（RDF）和报表布局文件（RLF）。RDF 提供数据的静态报表，实际上是某时刻数据的快照。RLF 是由报表设计器创建的模板文件。报表模版文件可重复使用，它包含报表中的所有字段及其分组、排序和格式化方式等，此外还包含布局元素，如图形或地图等。重新运行报表时，报表将根据连接到模版的数据源重新生成。arcpy.mapping 中的 ExportReport()函数可以将数据源连接到模版文件，从而自动生成报表。本节将介绍如何使用 ExportReport()函数与 PDFDocument 类创建包含学区犯罪信息的报表，报表中包含属性信息和学区边界的地图。

4.10.2 操作方法

为了节省时间，已经预先创建了报表模板文件（RLF），文件名称为 CrimeReport.rlf，保存在 C:\ArcpyBook\Ch4 文件夹下。该模板文件每列属性的名称分别为 NAME（学区名称）、Count（犯罪次数）、Test_Perfo（测试成绩）和 CrimeDens（犯罪密度）。此外，模板中还预留了空白区域，用来添加学区边界的地图。

下面按步骤介绍如何使用 arcpy.mapping 中的 ExportReport()函数与 PDFDocument 类自动生成报表。

（1）使用 IDLE 或其他 Python 编辑器新建一个脚本，并保存为 C:\ArcpyBook\Ch4\CreateReport.py。

（2）导入 arcpy 和 os 模块，获取当前的工作目录。

```
import arcpy
import os
path = os.getcwd()
```

（3）创建输出的 PDF 文件。

```
#Create PDF and remove if it already exists
pdfPath = path + r"\CrimeReport.pdf"
if os.path.exists(pdfPath):
  os.remove(pdfPath)
pdfDoc = arcpy.mapping.PDFDocumentCreate(pdfPath)
```

（4）创建学区的列表。通过遍历这个列表可以为每个地区创建报表。

```
districtList = ["Harlandale", "East Central", "Edgewood",
                "Alamo Heights", "South San Antonio",
                "Southside", "Ft Sam Houston",
                "North East", "Northside", "Lackland",
                "Southwest", "Judson", "San Antonio"]
```

（5）引用地图文档、数据框和图层，并将其赋值给相应的变量。

```
mxd = arcpy.mapping.MapDocument(path + r"\Crime_Ch4.mxd")
df = arcpy.mapping.ListDataFrames(mxd)[0]
lyr = arcpy.mapping.ListLayers(mxd, "Crime Density by
School District")[0]
```

（6）使用 for 循环遍历学校区域，并在循环内部使用 whereClause 变量定义查询表达式来显示单个学区。

```
pageCount = 1
for district in districtList:
  #Generate image for each district
  whereClause = "\"NAME\" = '" + district + " ISD'"
  lyr.definitionQuery = whereClause
```

（7）选择显示的单个学区，将数据框的范围设置为学区范围，并清除选择集。

```
arcpy.SelectLayerByAttribute_management(lyr, "NEW_SELECTION", whereClause)
df.extent = lyr.getSelectedExtent()
arcpy.SelectLayerByAttribute_management(lyr, "CLEAR_SELECTION")
```

（8）导出数据框为 bitmap（.bmp）文件。

```
arcpy.mapping.ExportToBMP(mxd, path +
"\DistrictPicture.bmp", df) #single file
```

（9）调用 ExportReport()函数生成报表。

```
#Generate report
print("Generating report for: " + district + " ISD")
arcpy.mapping.ExportReport(report_source=lyr,
   report_layout_file=path +
r"\CrimeReport.rlf",output_file=path + r"\temp" +
str(pageCount) + ".pdf", starting_page_number=pageCount)
```

（10）追加报表为 PDF 文件。

```
#Append pages into final output
print("Appending page: " + str(pageCount))
pdfDoc.appendPages(path + r"\temp" + str(pageCount) +
".pdf")
```

（11）删除临时的 PDF 报表。

```
os.remove(path + r"\temp" + str(pageCount) + ".pdf")
pageCount = pageCount + 1
```

（12）保存 PDF 文档。

```
pdfDoc.saveAndClose()
```

（13）完整的脚本如图 4-11 所示。

```
import arcpy
import os
path = os.getcwd()

#Create PDF and remove if it already exists
pdfPath = path + r"\CrimeReport.pdf"
if os.path.exists(pdfPath):
    os.remove(pdfPath)
pdfDoc = arcpy.mapping.PDFDocumentCreate(pdfPath)

districtList = ["Harlandale", "East Central", "Edgewood", "Alamo Heights",
                "South San Antonio","Southside", "Ft Sam Houston","North East",
                "Northside", "Lackland", "Southwest", "Judson", "San Antonio"]

mxd = arcpy.mapping.MapDocument(path + r"\Crime_Ch4.mxd")
df = arcpy.mapping.ListDataFrames(mxd)[0]
lyr = arcpy.mapping.ListLayers(mxd, "Crime Density by School District")[0]

pageCount = 1
for district in districtList:
    #Generate image for each district
    whereClause = "\"NAME\" = '" + district + " ISD'"
    lyr.definitionQuery = whereClause
    arcpy.SelectLayerByAttribute_management(lyr, "NEW_SELECTION", whereClause)
    df.extent = lyr.getSelectedExtent()
    arcpy.SelectLayerByAttribute_management(lyr, "CLEAR_SELECTION")
    arcpy.mapping.ExportToBMP(mxd, path + "\DistrictPicture.bmp", df) #single file

    #Generate report
    print("Generating report for: " + district + " ISD")
    arcpy.mapping.ExportReport(report_source=lyr,
                               report_layout_file=path + r"\CrimeReport.rlf",
                               output_file=path + r"\temp" + str(pageCount) + ".pdf",
                               starting_page_number=pageCount)

    #Append pages into final output
    print("Appending page: " + str(pageCount))
    pdfDoc.appendPages(path + r"\temp" + str(pageCount) + ".pdf")
    os.remove(path + r"\temp" + str(pageCount) + ".pdf")
    pageCount = pageCount + 1

pdfDoc.saveAndClose()
del mxd
```

图 4-11 生成报表的脚本

（14）可以通过查看 C:\ArcpyBook\code\Ch4\CreateReport.py 解决方案文件来检查代码。

（15）保存并运行脚本。在 C:\ArcpyBook\Ch4 文件夹下创建了一个名为 CrimeReport.pdf 的文件。显示内容是报表页面，每一个学区各占一个页面。如图 4-12 所示。

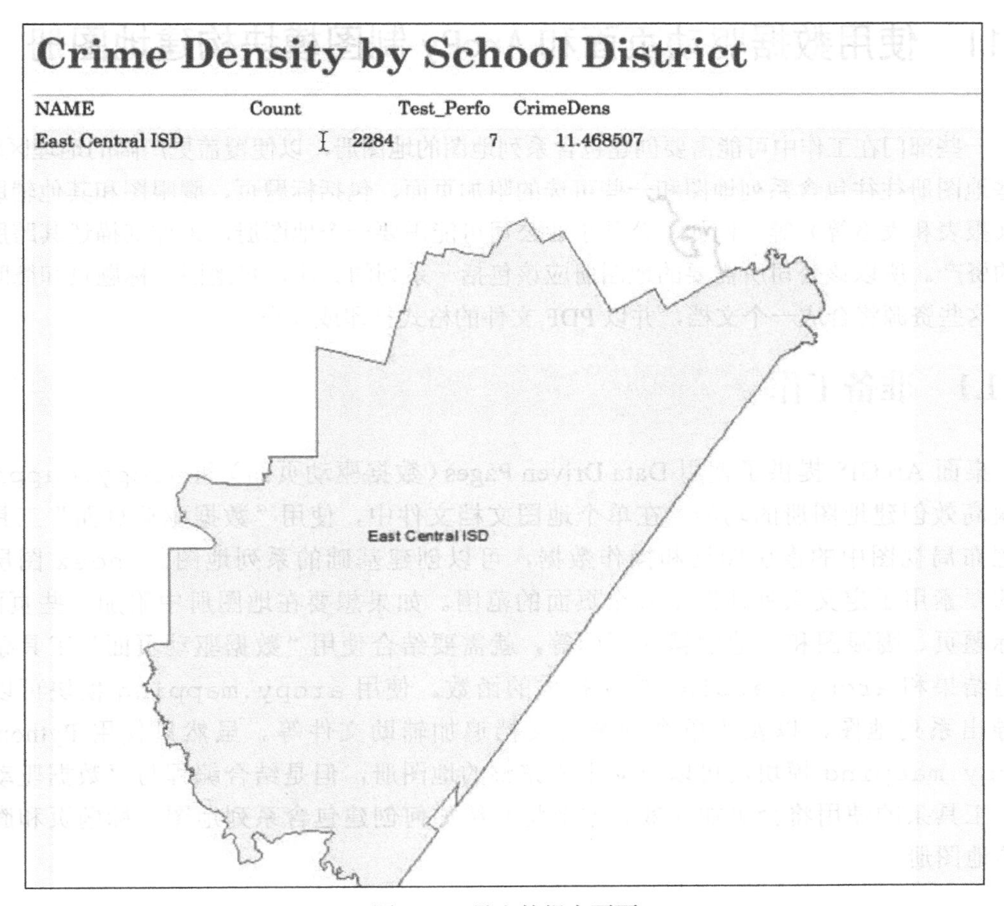

图 4-12　导出的报表页面

4.10.3　工作原理

本节使用了 arcpy.mapping 模块的一些函数和类，如 PDFDocument、ExportToReport() 和 ExportToBMP() 等。首先，使用 PDFDocumentCreate() 函数创建一个

PDFDocument 的实例，指向新建的 CrimeReport.pdf 文件的保存位置。接着，创建学区的列表，使用 for 循环遍历每个学区，在循环体内，设置图层的查询属性来选择特定区域，并将数据框的范围设置为返回的区域范围。然后，使用 ExportToBMP() 函数创建 bitmap（位图）文件，并使用 ExportReport() 函数生成报表。最后，将报表的每个页面都追加到 CrimeReport.pdf 文件中并保存 PDF 文件。

4.11 使用数据驱动页面和 ArcPy 制图模块构建地图册

一些部门在工作中可能需要创建包含系列地图的地图册，以便覆盖更广阔的地理区域。这些地图册往往包含系列地图和一些可选的附加页面，包括标题页、鹰眼图和其他辅助页面（报表和表格等）等。例如，公共事业公司可能需要一个地图册，来详细描述其跨服务区的资产。所以该公司所需要的地图册应该包括一系列的大比例尺地图、标题页和鹰眼图等。这些资源将合成一个文档，并以 PDF 文件的格式打印或发布。

4.11.1 准备工作

桌面 ArcGIS 提供了使用 Data Driven Pages（数据驱动页面）和 arcpy.mapping 模块高效创建地图册的功能。在单个地图文档文件中，使用“数据驱动页面”工具条设置布局视图中的索引图层和操作数据，可以创建基础的系列地图。index 图层包含的要素用于定义系列地图中每个页面的范围。如果想要在地图册中附加一些页面，如标题页、鹰眼图和其他的辅助页面等，就需要结合使用“数据驱动页面”工具条的输出结果和 arcpy.mapping 模块提供的函数。使用 arcpy.mapping 模块可以自动导出系列地图，以及为单个地图册文档追加辅助文件等。虽然只使用 Python 和 arcpy.mapping 模块就可以自动生成完整的地图册，但是结合编程与“数据驱动页面”工具条的使用将会更加高效。本节将介绍如何创建包含系列地图、标题页和鹰眼图的地图册。

4.11.2 操作方法

为了节省时间，我们已经预先建立了一个地图文档文件，其中不仅包含了一些数据，而且也启用了数据驱动页面，用来创建华盛顿州金县的地图册。该地图文档的名称为 Topographic.mxd，保存在 C:\ArcpyBook\Ch4 文件夹下。在桌面 ArcGIS 中打开 Topographic.mxd 来检查数据，该文档的数据驱动页面已经激活，此外，地图标题页面

（TitlePage.pdf）和鹰眼图（MapIndex.pdf）也已经创建完成，这些文件都保存在 C:\ArcpyBook\Ch4 文件夹下。

生成地图册的步骤比较复杂，本书不作详细介绍。如果想要了解大概过程，可以访问桌面 ArcGIS 的帮助系统，依次展开“Desktop | Mapping | Page layouts | Creating a Map Book”，参照该文件夹下的前 7 项，这其中包括使用 ArcGIS 将动态文本添加到地图册中来创建地图册的操作。

下面按步骤介绍如何使用数据驱动页面和 arcpy. mapping 模块来创建地图册。

（1）新建一个 IDLE 脚本，并将其保存为 C:\ArcpyBook\Ch4\DataDrivenPages_MapBook.py。

（2）导入 arcpy 和 os 模块。

```
import arcpy
import os
```

（3）创建一个输出目录变量。

```
# Create an output directory variable
outDir = r"C:\ArcpyBook\Ch4"
```

（4）在指定的输出目录中新建一个空的 PDF 文档。

```
# Create a new, empty pdf document in the specified output directory
finalpdf_filename = outDir + r"\MapBook.pdf"
if os.path.exists(finalpdf_filename):
  os.remove(finalpdf_filename)
finalPdf =
arcpy.mapping.PDFDocumentCreate(finalpdf_filename)
```

（5）添加标题页到 PDF 中。

```
# Add the title page to the pdf
print("Adding the title page  \n")
finalPdf.appendPages(outDir + r"\TitlePage.pdf")
```

（6）添加索引地图（鹰眼图）到 PDF 中。

```
# Add the index map to the pdf
print("Adding the index page   \n")
finalPdf.appendPages(outDir + r"\MapIndex.pdf")
```

（7）先将数据驱动页面导出到临时的 PDF 中，然后将其添加到最终的 PDF 中。

```
# Export the Data Driven Pages to a temporary pdf and then add it to the
# final pdf. Alternately, if your Data Driven Pages have already been
# exported, simply append that document to the final pdf.
mxdPath = outDir + r"\Topographic.mxd"
mxd = arcpy.mapping.MapDocument(mxdPath)
print("Creating the data driven pages \n")
ddp = mxd.dataDrivenPages
temp_filename = outDir + r"\tempDDP.pdf"

if os.path.exists(temp_filename):
  os.remove(temp_filename)
ddp.exportToPDF(temp_filename, "ALL")
print("Appending the map series \n")
finalPdf.appendPages(temp_filename)
```

（8）更新最终的 PDF 属性。

```
# Update the properties of the final pdf.
finalPdf.updateDocProperties(pdf_open_view="USE_THUMBS",
                             pdf_layout="SINGLE_PAGE")
```

（9）保存 PDF。

```
# Save your result
finalPdf.saveAndClose()
```

（10）删除临时的数据驱动页面文件。

```
# remove the temporary data driven pages file
if os.path.exists(temp_filename):
    os.remove(temp_filename)
```

（11）完整的脚本如图 4-13 所示。

```
import arcpy
import os

# Create an output directory variable
outDir = r"C:\ArcpyBook\Ch4"

# Create a new, empty pdf document in the specified output directory
finalpdf_filename = outDir + r"\MapBook.pdf"
if os.path.exists(finalpdf_filename):
  os.remove(finalpdf_filename)
finalPdf = arcpy.mapping.PDFDocumentCreate(finalpdf_filename)

# Add the title page to the pdf
print("Adding the title page  \n")
finalPdf.appendPages(outDir + r"\TitlePage.pdf")

# Add the index map to the pdf
print("Adding the index page  \n")
finalPdf.appendPages(outDir + r"\MapIndex.pdf")

# Export the Data Driven Pages to a temporary pdf and then add it to the
# final pdf. Alternately, if your Data Driven Pages have already been
# exported, simply append that document to the final pdf.
mxdPath = outDir + r"\Topographic.mxd"
mxd = arcpy.mapping.MapDocument(mxdPath)
print("Creating the data driven pages \n")
ddp = mxd.dataDrivenPages
temp_filename = outDir + r"\tempDDP.pdf"

if os.path.exists(temp_filename):
  os.remove(temp_filename)
ddp.exportToPDF(temp_filename, "ALL")
print("Appending the map series  \n")
finalPdf.appendPages(temp_filename)

# Update the properties of the final pdf
finalPdf.updateDocProperties(pdf_open_view="USE_THUMBS",
                             pdf_layout="SINGLE_PAGE")

# Save your result
finalPdf.saveAndClose()
```

图 4-13 创建地图册的脚本

（12）可以通过查看 C:\ArcpyBook\code\Ch4\DataDrivenPages_MapBook.py 解决方案文件来检查代码。

（13）保存并运行脚本。如果脚本运行成功，可以在 C:\ArcpyBook\Ch4 文件夹下找到一个名为 MapBook.pdf 的新文件，打开该文件，显示结果如图 4-14 所示。

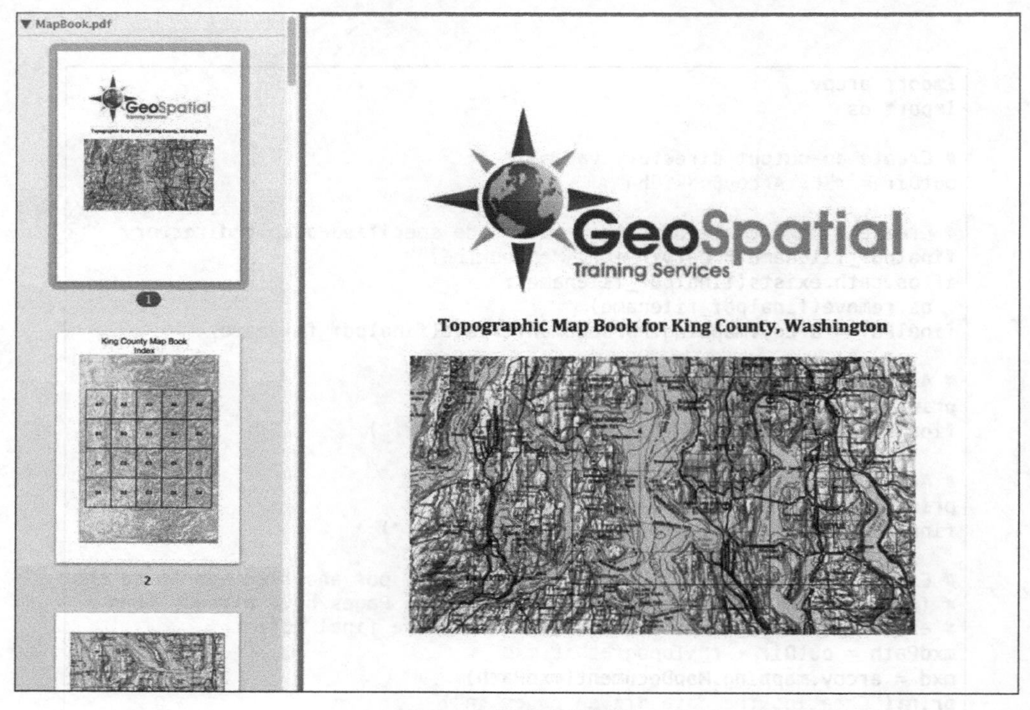

图 4-14　创建的地图册

4.11.3　工作原理

我们通常使用 arcpy.mapping 模块中的 PDFDocument 类来创建地图册。在本节中，首先使用 PDFDocumentCreate() 函数，并传入输出的 PDF 文件的全路径，创建一个 PDFDocument 的实例。其次，在 PDFDocument 实例中，两次调用 PDFDocument.appendPages() 方法，将已存在的标题页和地图索引文件插入到 PDF 中。接着，从地图文档文件中检索 dataDrivenPages 对象，将该对象的每一页导出到单独的 PDF 文档中。然后，将该文档追加到包含标题页和地图索引页的最终的 PDF 文件中。最后，使用“USE_THUMBS”和“SINGLE_PAGE”参数更新 PDFDocument 的属性，保存整个文件，并删除临时的数据驱动页面文档。

4.12　将地图文档发布为 ArcGIS Server 服务

使用 arcpy.mapping 模块可以将地图文档文件作为地图服务发布到 ArcGIS Server 中。ArcGIS Server 是在互联网上发布地图和数据的平台。使用 ArcGIS JavaScript API 可以从 ArcGIS Server 创建的服务中创建 web 和移动应用程序。要想了解更多关于 ArcGIS Server 的信息，可以登录 http://www.esri.com/software/arcgis/arcgisserver 来访问 esri ArcGIS Server。在地图文档文件中创建地图服务有几个步骤，首先，地图文档文件必须进行适用性和性能分析。其次，在发布到 ArcGIS Server 之前，要确保所有出现的错误已经全部解决。这一过程涉及的步骤包括调用 arcpy.mapping 模块的函数和使用 ArcToolbox 工具，其中 ArcToolbox 工具可以从脚本中调用。最后，在所有问题得到解决后，将生成的 Service Definition Draft（服务定义草稿）文件作为服务上传到 ArcGIS Sever 中。

4.12.1 准备工作

在 Python 中将地图文档发布到 ArcGIS Server 需要 3 步。第 1 步是调用 arcpy.mapping 中的 CreateMapSDDraft() 函数，将地图文档文件（.mxd）转换为服务定义草稿文件（.sddraft），该文件由一个地图文档、服务器信息和一组服务属性组合而成。其中服务器信息包括服务器连接、即将发布的服务类型、服务的元数据（项目信息）和数据参考（是否将数据复制到服务器），但是服务定义草稿文件中不包含数据（不能单独用于发布服务）。CreateMapSDDraft() 函数也会在发布服务过程中生成包含错误和警告的 Python 字典。

第 2 步是调用 StageService Tool（.sd，过渡服务工具），编译能成功发布 GIS 资源所需的所有必要信息。如果未将数据注册到服务器，将在过渡服务定义草稿时添加这些数据。第 3 步是使用 Upload Service Definition Tool（上传服务定义工具）上传服务定义文件，并将其作为 GIS 服务发布到指定的 GIS 服务器。该步骤获取服务定义文件，并将其复制到服务器中，提取所需信息并发布 GIS 资源。该过程的具体操作如图 4-15 所示。

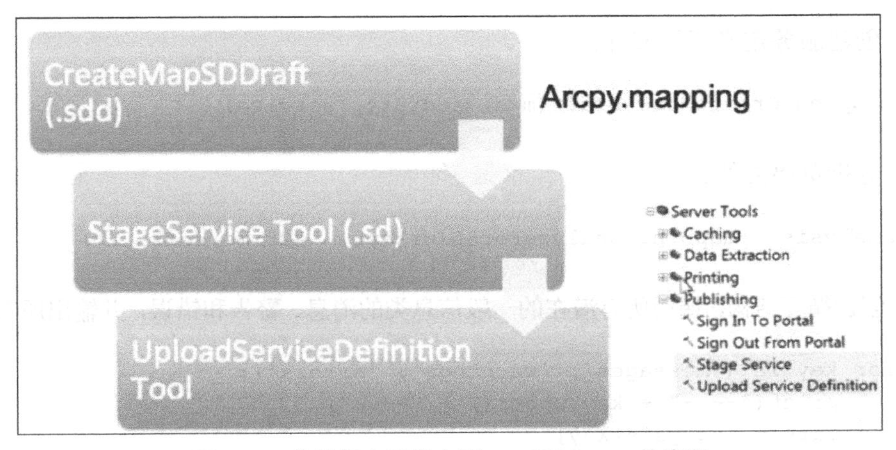

图 4-15 将地图文档发布到 ArcGIS Server 的流程

请注意，完成发布服务的操作需要具备两个条件：一是需要访问一个 ArcGIS Server 的实例，二是要有必要的发布服务的权限。本节将介绍如何发布地图文档到 ArcGIS Server 服务。

4.12.2 操作方法

下面按步骤介绍如何进行地图文档文件发布到 ArcGIS Server 的适用性分析，并将其发布为地图服务。

（1）新建一个 IDLE 脚本，将其保存为 C:\ArcpyBook\Ch4\PublishMapService.py。

（2）导入 arcpy.mapping 模块。

```
import arcpy.mapping as mapping
```

（3）设置当前的工作空间。

```
wrkspc = r'C:\ArcpyBook\Ch4'
```

（4）引用地图文档。

```
mxd = mapping.MapDocument(wrkspc + r"\Crime.mxd")
```

（5）定义服务名称和服务定义草稿文件。

```
service = 'Crime'
sddraft = wrkspc + service + '.sddraft'
```

（6）创建服务定义草稿文件。

```
mapping.CreateMapSDDraft(mxd, sddraft, service)
```

（7）分析草稿文件。

```
analysis = mapping.AnalyzeForSD(wrkspc + "Crime.sddraft")
```

（8）创建循环结构，遍历所有潜在的一般信息类的消息、警告和错误，并输出所有的信息。

```
for key in ('messages', 'warnings', 'errors'):
    print("----" + key.upper() + "----")
    vars = analysis[key]
    for ((message, code), layerlist) in vars.iteritems():
```

```
print "     ", message, " (CODE %i)" % code
print("     applies to:",)
for layer in layerlist:
    print(layer.name)
```

（9）完整的脚本如图 4-16 所示。

```
import arcpy.mapping as mapping
wrkspc = r'c:\ArcpyBook\ch4'
mxd = mapping.MapDocument(wrkspc + r"\Crime.mxd")
service = 'Crime'
sddraft = wrkspc + service + '.sddraft'
mapping.CreateMapSDDraft(mxd, sddraft, service)
analysis = mapping.AnalyzeForSD(wrkspc + "Crime.sddraft")
for key in ('messages', 'warnings', 'errors'):
    print("----" + key.upper() + "----")
    vars = analysis[key]
    for ((message, code), layerlist) in vars.iteritems():
        print "     ", message, " (CODE %i)" % code
        print("     applies to:")
        for layer in layerlist:
            print(layer.name)
```

图 4-16 转换为服务定义草稿文件的脚本

（10）可以通过查看 C:\ArcpyBook\code\Ch4\PublishMapService.py 解决方案文件来检查代码。

（11）保存并运行代码，查看输出结果，如下所示。

```
----MESSAGES----
    Layer draws at all scale ranges  (CODE 30003)
    applies to: District_Crime_Join
Bexar_County_Boundary
District_Crime_Join
Bexar_County_Boundary
Bexar_County_Boundary
Texas_Counties_LowRes
School_Districts
Crime_surf
Bexar_County_Boundary
----WARNINGS----
    Layer's data source has a different projection [GCS_WGS_1984] than
    the data frame's projection  (CODE 10001)
    applies to: District_Crime_Join
```

```
Bexar_County_Boundary
District_Crime_Join
Bexar_County_Boundary
Bexar_County_Boundary
Texas_Counties_LowRes
School_Districts
Crime_surf
Bexar_County_Boundary
     Missing Tags in Item Description  (CODE 24059)
     applies to:      Missing Summary in Item Description
  (CODE 24058)
     applies to:
----ERRORS----
     Data frame uses a background symbol that is not a solid
fill  (CODE 18)
```

技巧：

需要特别注意错误部分，在创建服务之前必须确保所有错误已经修复完成。警告会说明相关服务的性能问题，但是不能中止服务的发布。在本节中，输出的错误消息指出数据框使用了一个非实心填充的背景符号，这就需要在ArcGIS中加以纠正才能继续进行操作。

（12）在ArcMap中打开`C:\ArcpyBook\Ch4`文件夹下的`crime.mxd`，右击Crime数据框并选择“Properties”。

（13）选择“Frame”选项卡，如图4-17所示。

（14）将当前的符号“Background”更改为“none”，如图4-18所示。单击“OK”。

（15）在地图文档中对每个数据框重复执行该过程。

（16）更改符号背景属性后，重新运行编写的脚本，将不再出现任何的错误。此时，仍然会有一个警告需要修复，但是警告不会中止地图文档服务的发布。

（17）在所有的错误修复完成后，将`Crime.mxd`文件转换成`Crime.sd`文件。删除在第（8）步中增加的循环结构。

（18）添加下面的`if/else`代码块。请注意，这里将调用`UploadServiceDefinition`工具的代码行设为注释。如果已经访问了ArcGIS Server的实例，并且也有合适的权限和连接信息，就不需要注释该代码行，可以直接上传文件为地图服务。该工具的第 2 个参数是 con 变量，需要在 con 变量中为该实例添加连接参数。保存并运行脚本，查看运行结果。

```
if analysis['errors'] == {}:
    #execute StageService
    arcpy.StageService_server(sddraft,sd)
    #execute UploadServiceDefinition
    #arcpy.UploadServiceDefinition_server(sd, con)
else:
    #if the sddraft analysis contained errors, display them
    print(analysis['errors'])
```

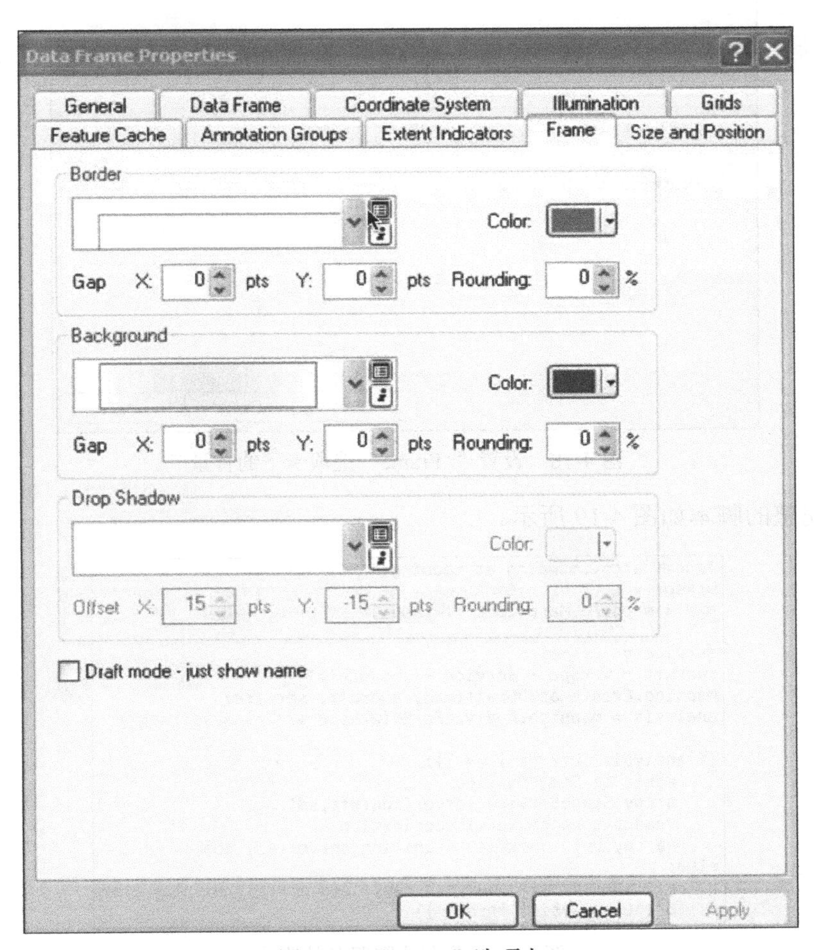

图 4-17 “Frame”选项卡

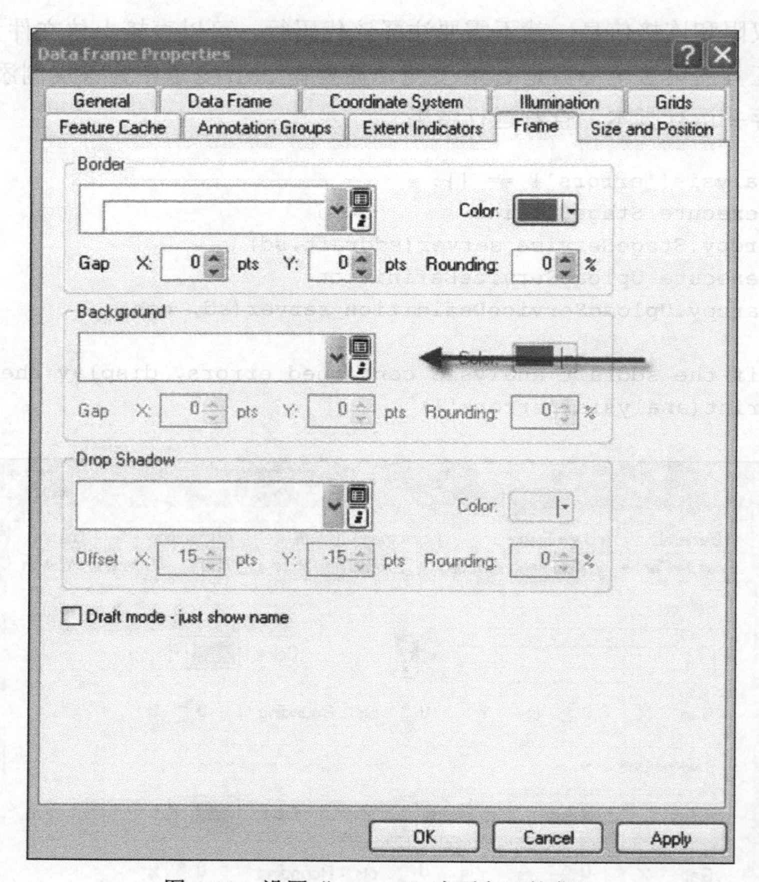

图 4-18　设置“ Frame”选项卡下的背景

（19）完整的脚本如图 4-19 所示。

```
import arcpy.mapping as mapping
wrkspc = r'c:\ArcpyBook\ch4'
mxd = mapping.MapDocument(wrkspc + r"\Crime.mxd")

service = 'Crime'
sddraft = wrkspc + service + '.sddraft'
mapping.CreateMapSDDraft(mxd, sddraft, service)
analysis = mapping.AnalyzeForSD(wrkspc + "Crime.sddraft")

if analysis['errors'] == {}:
    #execute StageService
    arcpy.StageService_server(sddraft,sd)
    #execute UploadServiceDefinition
    #arcpy.UploadServiceDefinition_server(sd, con)
else:
    #if the sddraft analysis contained errors, display them
    print(analysis['errors'])
```

图 4-19　发布地图服务的脚本

（20）可以通过查看 `C:\ArcpyBook\code\Ch4\PublishMapService2.py` 解决方案文件来检查代码。

（21）如果已经访问了 ArcGIS Server 的实例，并且也有必要的权限，就不需要注释 `UploadServiceDefinition` 工具，直接运行脚本。

4.12.3 工作原理

首先，使用 `CreateMapSDDraft()` 函数基于地图文档文件创建服务定义草稿文件。然后，调用了 `AnalyzeForSD()` 函数检查返回的所有潜在的一般信息类的消息、警告和错误。在创建地图服务之前所有识别的错误都必须修复完成。最后，如果不存在任何错误，使用 `StageService` 工具将服务定义草稿文件（`.sddraft`）转换为服务定义文件（`.sd`），将该服务定义文件（`.sd`）传入 `UploadServiceDefinition_server` 工具，发布到 ArcGISServer 中。

第5章
使用脚本执行地理处理工具

本章将介绍以下内容。

- 查找地理处理工具。
- 查看工具箱别名。
- 使用脚本执行地理处理工具。
- 将一个工具的输出作为另一个工具的输入。

5.1 引言

桌面 ArcGIS 包含 800 多种可在 Python 脚本中运行的地理处理工具。通过 Python 脚本来运行地理处理工具，可以处理复杂的工作和执行批处理任务。本章将介绍如何在 Python 脚本中使用地理处理工具。每种地理处理工具都有它唯一的特征，其执行结果会根据输入参数类型的不同而有所不同，当然，前提是输入的参数能够使工具成功运行。查看桌面 ArcGIS 的帮助系统可以了解输入参数的详细信息。地理处理工具执行的结果是创建一个或多个输出数据集，并且会在工具运行时生成一组消息，本章也将介绍如何使用这些消息。

5.2 查找地理处理工具

在地理处理脚本中使用某个工具之前，首先需要确保开发者和最终用户使用的桌面 ArcGIS 的许可级别能够访问到这个工具。另外，还必须确保扩展模块已获得授权并且已经激活。这些相关的信息都包含在桌面 ArcGIS 的帮助系统中。

5.2.1 准备工作

脚本中地理处理工具的可用性取决于 ArcGIS 的许可级别。桌面 ArcGIS 10.3 包括 3 个许可级别的产品，即基础版、标准版、高级版，它们以前分别称为 ArcView，ArcEditor，和 ArcInfo。因此，了解脚本中使用的工具所需的许可级别是非常重要的。除此之外，激活桌面 ArcGIS 的扩展模块，也是保证脚本中调用的相关地理处理工具能够执行的前提条件。查找桌面 ArcGIS 的工具有两个主要途径：一是使用搜索窗口，二是浏览 ArcToolbox 目录。本节将介绍如何使用搜索窗口查找脚本中可用的地理处理工具。

5.2.2 操作方法

（1）在 ArcMap 中打开 `C:\ArcpyBook\Ch5\Crime_Ch5.mxd`。

（2）单击“Geoprocessing”菜单，选择“Search For Tools”，打开“Search”窗口，如图 5-1 所示。默认情况下，搜索内容为“Tools”。

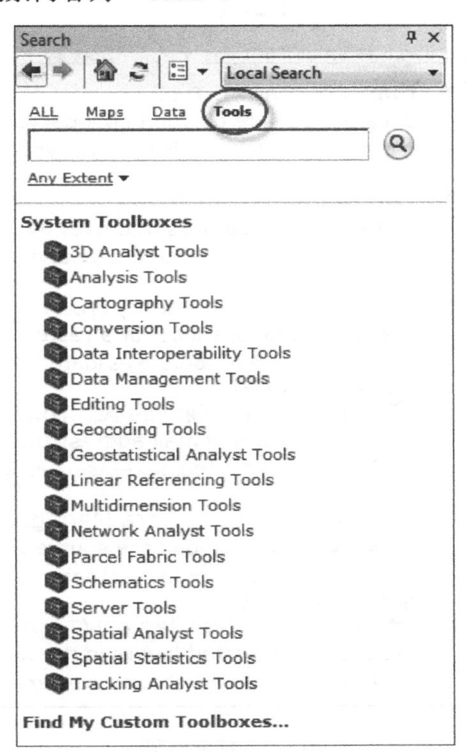

图 5-1 “Search”窗口

（3）在搜索文本框中输入“Clip”，当开始输入这个单词时，搜索文本框会根据用户输入的字母自动匹配搜索结果。输入“Clip”后，会搜索出3个可能的工具：clip(analysis)、clip(coverage)和clip(data_management)。像这种几个不同的地理处理工具具有相同名称的情况有很多。因此，为了定义工具的唯一性，工具名称中附加了一个工具箱别名。5.3节将详细介绍工具箱别名的相关知识。

（4）单击“Search”按钮，即可生成一个匹配的工具列表，列表与图5-2类似。在搜索结果中，锤子图标表示工具（Tool），卷轴图标表示Python脚本（Script），含有几个彩色方格的图标表示模型（Model）。

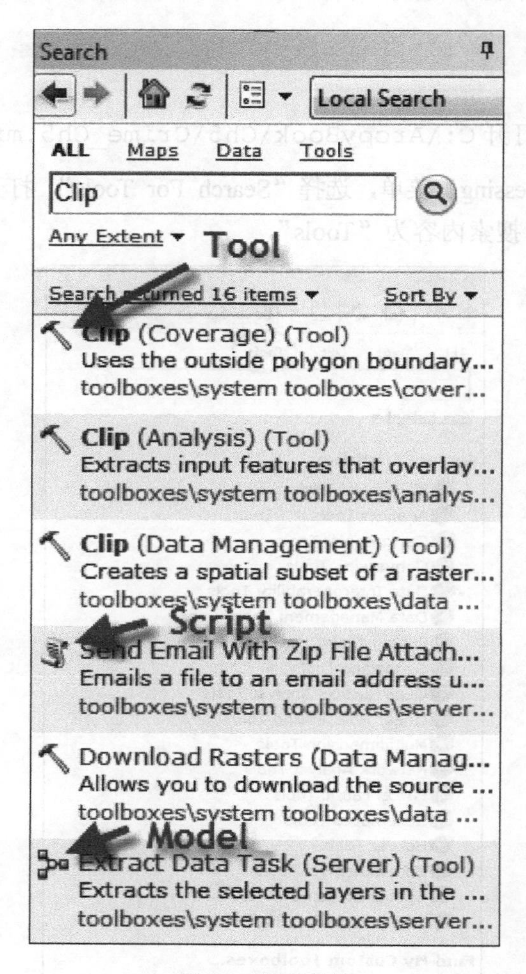

图5-2 搜索结果

（5）选择“Clip (Analysis)”工具，将打开“Clip (Analysis)”工具的窗口。对Python

程序员而言，工具窗口中的帮助内容是有限的，因此可能需要查看桌面 ArcGIS 帮助系统中关于该特定工具的详细描述。

（6）单击工具窗口底部的“Tool Help”按钮，如图 5-3 所示，即可打开 ArcGIS 帮助系统的“Clip (Analysis)”工具页面，以显示该特定工具的详细信息。

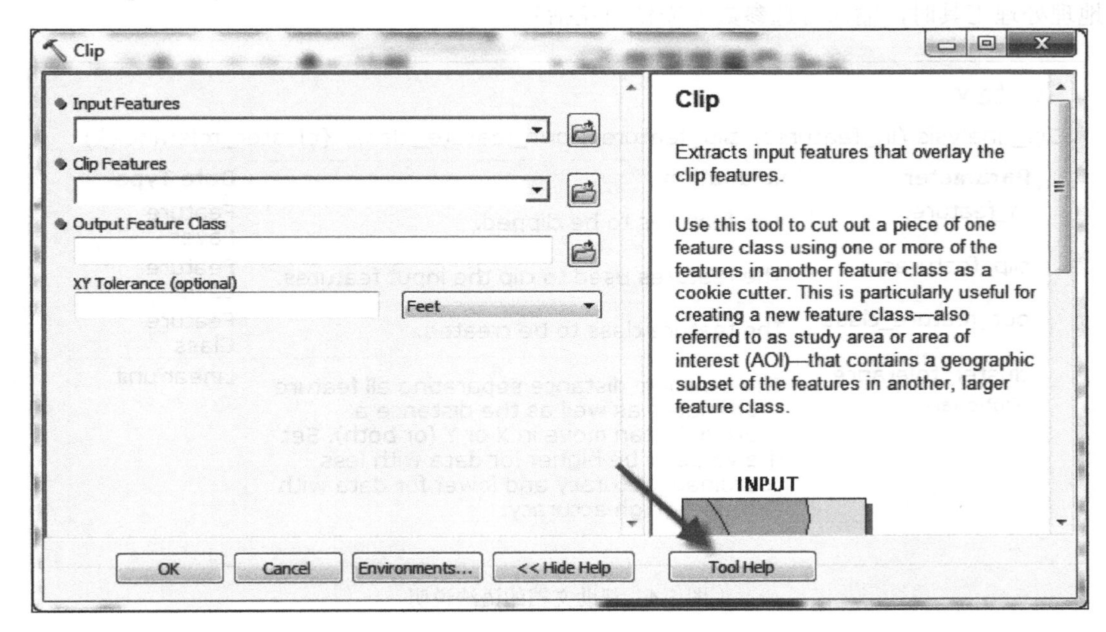

图 5-3 “Clip”工具

（7）将“Clip (Analysis)”工具帮助页面下拉到底部，可以看到这个工具相关的语法。

5.2.3 工作原理

帮助系统中对某个工具的介绍包括摘要、插图、用法、语法、代码实例、环境、相关主题和许可信息等多个条目。编写地理处理脚本的程序员主要参考语法、代码实例和许可信息这 3 个部分的内容，它们位于帮助页面靠近底部的位置。

> **小技巧：**
> 需要查看每个工具的帮助文档底部的许可信息部分，确保具有合适的许可级别来使用该工具。

语法部分包含使用 Python 脚本调用工具的相关信息，具体包括工具的名称、必选参数和可选参数等。所有参数都列在括号中。“`Clip`”工具的必选参数为 `in_features`、 clip_features 和 out_feature_class。在脚本中调用该工具时，必须输入全部的必选参数，才能正确执行工具。第 4 个参数“cluster_tolerance”是一个可选参数，可选参数在语法中使用花括号括起来，如图 5-4 所示。需要注意，帮助文档中的语法说明部分对可选参数使用花括号，仅仅是用来说明这个参数是一个可选参数，用户在脚本中调用地理处理工具时，输入可选参数无需使用花括号。

Syntax

Clip_analysis (in_features, clip_features, out_feature_class, {cluster_tolerance})

Parameter	Explanation	Data Type
in_features	The features to be clipped.	Feature Layer
clip_features	The features used to clip the input features.	Feature Layer
out_feature_class	The feature class to be created.	Feature Class
cluster_tolerance (Optional)	The minimum distance separating all feature coordinates as well as the distance a coordinate can move in X or Y (or both). Set the value to be higher for data with less coordinate accuracy and lower for data with extremely high accuracy.	Linear unit

图 5-4 帮助文档的语法说明

5.3 查看工具箱别名

ArcGIS 中所有的工具箱都有一个别名，将工具箱别名与工具名称组合，就可以唯一地确定桌面 ArcGIS 引用的工具。因为存在不同的工具具有相同名称的情况，所以别名的使用就显得非常必要。当在 Python 脚本中引用工具时，需要同时引用工具名称和工具箱别名，以唯一地确定所引用的工具。

5.3.1 准备工作

在 5.2 节我们讲解了“Clip”工具的查找方法，实际上有 3 个“Clip”工具，它们分别在 Analysis Tools 工具箱、Coverage Tools 工具箱和 Data Management Tools 工具箱中，不同工具箱中的“Clip”工具执行不同的功能。例如，Analysis Tools 工具箱中的“Clip”工具是使用一个输入要素来裁剪矢量要素，Data Management Tools 工具箱中的“Clip”工具则用来创建一个空间栅格的子集。正如前文所述，因为可能有多种工具具有相同的名称，所以可以通过组合工具的名称和工具所在工具箱的别名，唯一地确定一个特定的工具。本节将介绍如何查找工具箱的别名。

5.3.2 操作方法

（1）在 ArcMap 中打开 `C:\ArcpyBook\Ch5\Crime_Ch5.mxd`。

（2）如有必要，打开“ArcToolbox”窗口。

（3）找到“Analysis Tools”工具箱，如图 5-5 所示。

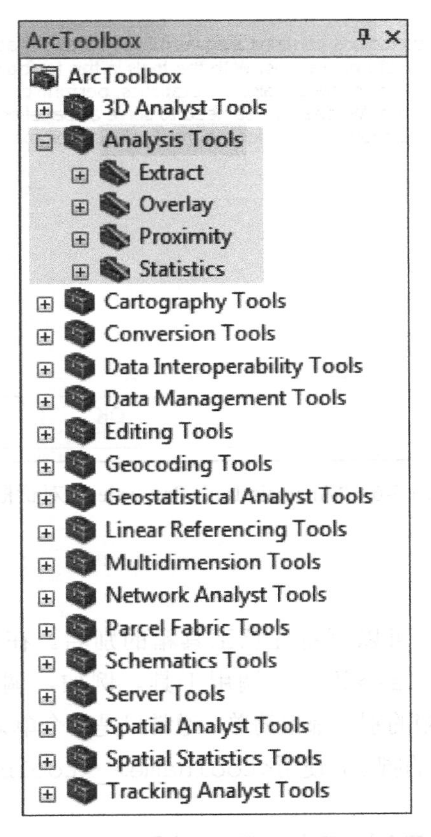

图 5-5 “Analysis Tools”工具箱

（4）右击“Analysis Tools”工具箱，选择“Properties”，弹出“Analysis Tools Properties”对话框，“Alias”文本框中显示工具箱的别名，如图 5-6 所示。

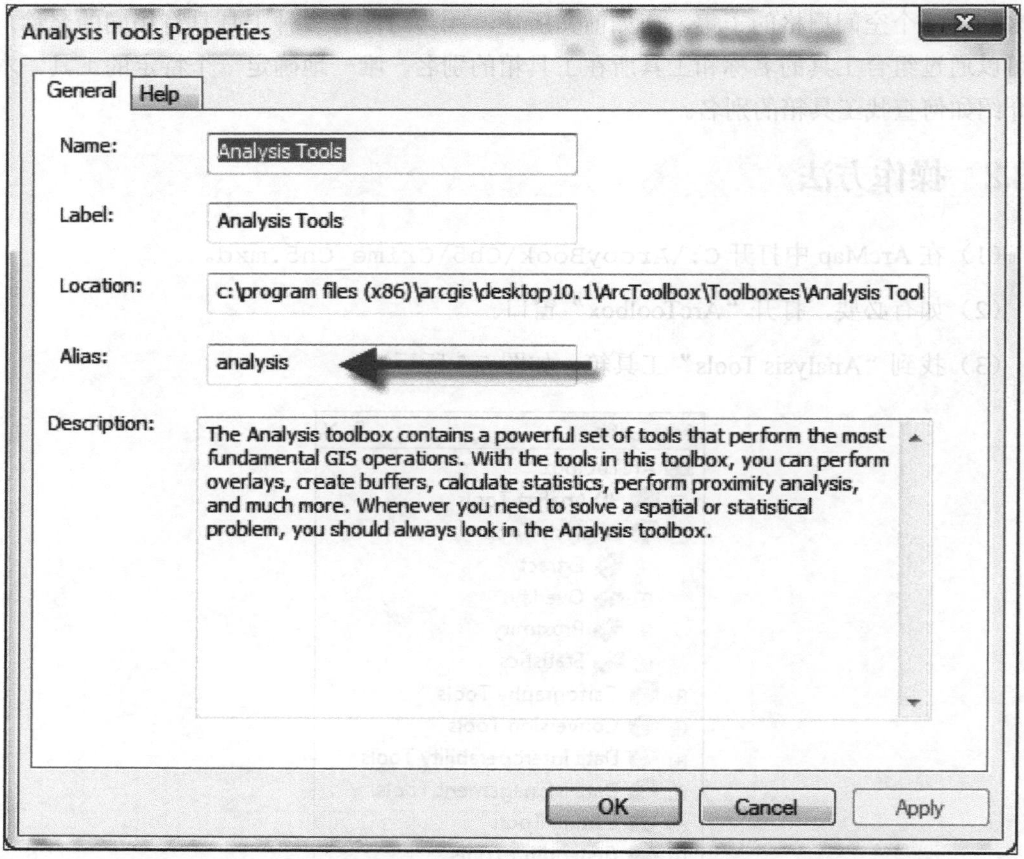

Analysis Tools Properties

General　Help

Name: Analysis Tools

Label: Analysis Tools

Location: c:\program files (x86)\arcgis\desktop10.1\ArcToolbox\Toolboxes\Analysis Tool

Alias: analysis

Description: The Analysis toolbox contains a powerful set of tools that perform the most fundamental GIS operations. With the tools in this toolbox, you can perform overlays, create buffers, calculate statistics, perform proximity analysis, and much more. Whenever you need to solve a spatial or statistical problem, you should always look in the Analysis toolbox.

OK　Cancel　Apply

图 5-6 “Analysis Tools Properties”对话框

5.3.3　工作原理

按照本节介绍的方法，可以查看任意工具箱的别名。在 Python 脚本中，可以参照 `<toolname>_<toolboxalias>`语法来调用工具。例如，调用“Buffer”工具的语法为 `buffer_analysis`。工具箱的别名都很简单，通常只是一个单词，并且不包括破折号或特殊字符。5.4 节将创建一个简单的脚本，使用`<toolname>_<toolboxalias>`语法来执行工具。

5.4　使用脚本执行地理处理工具

确定工具箱的别名，查看当前使用的桌面 ArcGIS 的许可级别，确保工具的可访问性之后，即可将该工具添加到脚本中执行地理处理任务。

5.4.1 准备工作

前两节介绍了查找可用的工具和引用指定工具的方法，接下来将根据这两种方法，使用地理处理脚本来执行工具。本节将介绍如何在脚本中执行工具。

5.4.2 操作方法

（1）在 ArcMap 中打开 `C:\ArcpyBook\Ch5\Crime_Ch5.mxd`。

（2）单击“Add Data”按钮，将 `EdgewoodSD.shp` 矢量文件从 `C:\ArcpyBook\Ch5` 文件夹添加到 ArcMap 内容列表窗口中。

（3）如有必要，可关闭“Crime Density by School District”和“Burglaries in 2009”图层，以便更好地浏览“EdgewoodSD”图层，该图层中只有一个表示 Edgewood 学区的面要素类。接下来将编写脚本，使用学区图层裁剪“Burglaries in 2009”要素。

（4）在 ArcMap 中打开“Python”窗口。

（5）导入 arcpy 模块。

```
import arcpy
```

（6）创建一个变量，引用要裁剪的输入要素类。

```
in_features =
"C:/ArcpyBook/data/CityOfSanAntonio.gdb/Burglary"
```

（7）创建一个变量，引用用于裁剪的图层。

```
clip_features = "C:/ArcpyBook/Ch5/EdgewoodSD.shp"
```

（8）创建一个变量，引用输出要素类。

```
out_feature_class = "C:/ArcpyBook/Ch5/ClpBurglary.shp"
```

（9）执行“Analysis Tools”工具箱中的“Clip”工具。

```
arcpy.Clip_analysis(in_features,clip_features,
out_feature_class)
```

（10）可以通过查看 `C:\ArcpyBook\code\Ch5\ExecuteGeoprocessingTools.py` 解决方案文件来检查代码。

（11）运行脚本。输出要素类已经添加到数据框中，该要素类为包含于 EdgewoodSD 学区内的盗窃点，如图 5-7 所示。

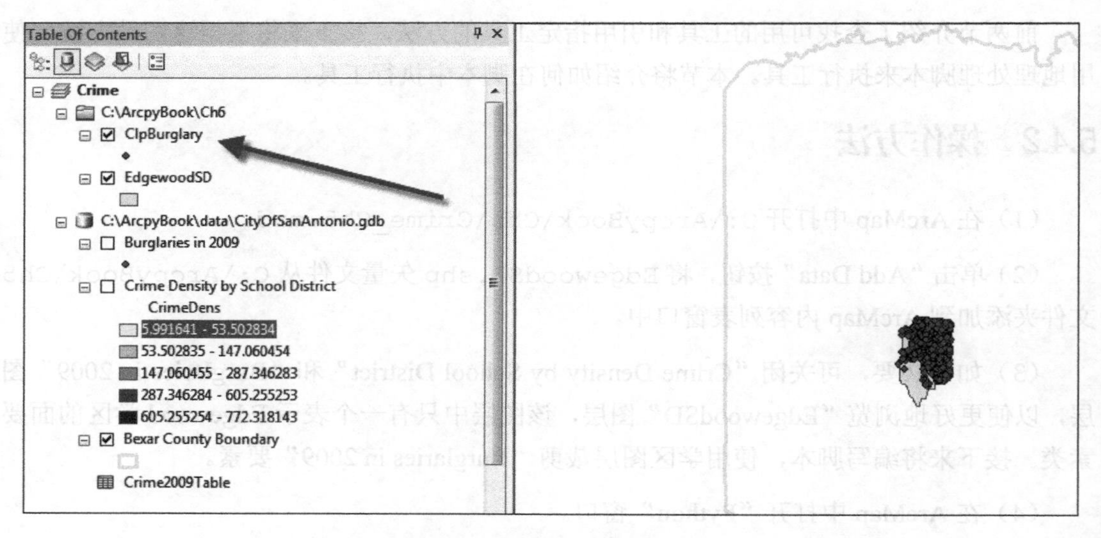

图 5-7 裁剪工具的输出结果

5.4.3 工作原理

本节中关键的代码是最后一行执行“Clip”工具的代码，即使用 `Clip_analysis()`函数来调用 AnalysisTools 工具箱（别名为 `analysis`）中的“Clip”工具。本例中该工具有 3 个参数，分别为输入要素类、裁剪要素类和输出要素类。需要特别说明的是，本例中每个数据集的路径都使用了硬编码的方式（即将可变变量用一个固定值来代替的方法），这当然不是一个好的编程习惯，但是本例只是为了说明如何执行一个工具。后面的章节将会介绍如何移除脚本中的硬编码，从而让脚本运行起来更加灵活。

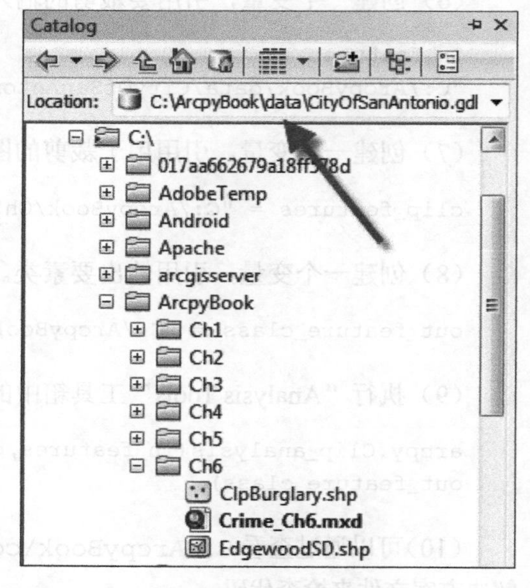

图 5-8 “Catalog”窗口

大部分工具都需要数据源的路径，该路径必须与 ArcCatalog 中的“Location”工具条上显示的路径名称一致，如图 5-8 所示。

地理处理工具使用 ArcCatalog 路径来查找地理数据，该路径是一个字符串，并且每个数据集的路径都是唯一的。路径可以是文件夹位置、数据库连接或 URL 等。因此，在编写 Python 脚本来引用数据时，使用 ArcCatalog 检查路径是必须的一环。对于 ArcSDE 的路径需要特别注意，因为许多 ArcSDE 用户没有使用规范的 ArcSDE 连接名称，这可能导致在运行模型或脚本时出错。

5.4.4 拓展

调用地理处理工具有两种方法：一是以 arcpy 函数的形式访问工具；二是以模块的函数访问工具。若工具可用 arcPy 函数访问，其语法格式与本节示例相同，调用语法为：

```
arcpy.Clip_analysis(in_features,clip_features,out_feature_class)
```

这种方法是在工具名称后跟一个下划线，然后是工具箱别名。

当以模块的函数调用工具时，模块名称为工具箱的别名。在本例中，“analysis”是工具箱的别名，所以它是模块名称，“Clip”是这个模块的函数，调用语法为：

```
arcpy.analysis.Clip(in_features,clip_features,out_feature_class)
```

具体使用哪一种方法取决于个人喜好，这两种方法都能执行相同的地理处理工具。

5.5 将一个工具的输出作为另一个工具的输入

在很多情况下都需要将一个工具的输出结果作为另一个工具的输入数据，称之为“工具链”。例如，对一个名为 stream 的图层进行缓冲区分析，然后分析落入缓冲区内的住房情况。在这个例子中，使用“Buffer”工具输出一个新图层，这个新图层将作为“Select Layer by Location”工具或其他叠加分析工具的输入图层。本节将介绍如何获得一个工具的输出结果，并将它作为另一个工具的输入数据的方法。

5.5.1 准备工作

“Buffer”工具通过对输入的要素图层指定缓冲距离，生成输出要素类。将输出要素类存储到一个变量中，该变量将作为另一个工具（如“Select Layer by Location”工具）的输入参数。本节将介绍如何将“Buffer”工具的输出结果作为“Select Layer by Location”工具的输入图层，以查找位于所有溪流半英里范围内的学校。

5.5.2 操作方法

下面按步骤介绍如何将一个工具的输出结果作为另一个工具的输入数据。

（1）在 ArcMap 中打开一个空地图文档（.mxd）。

（2）单击“Add Data”按钮，从 C:\ArcpyBook\data\TravisCounty 文件夹中添加 streams.shp 和 schools.shp 图层。

（3）单击“python”按钮。

（4）导入 arcpy 模块。

```
import arcpy
```

（5）设置工作空间。

```
arcpy.env.workspace = "C:/ArcpyBook/data/TravisCounty"
```

（6）使用 try 语句，添加溪流、溪流缓冲区图层、距离和学校等变量。

```
try:
  # Buffer areas of impact around major roads
  streams = "Streams.shp"
  streamsBuffer = "StreamsBuffer.shp"
  distance = "2640 Feet"
  schools2mile = "Schools.shp"
  schoolsLyrFile = 'Schools2Mile_lyr'
```

（7）执行“Buffer”工具，传入输入要素类、输出要素类、距离等必选参数，以及几个用于设置输出缓冲区结果的可选参数。

```
arcpy.Buffer_analysis(streams, streamsBuffer, distance,'FULL','ROUND','ALL')
```

（8）使用“MakeFeatureLayer”工具为学校创建一个临时图层。

```
arcpy.MakeFeatureLayer_management(schools2mile, schoolsLyrFile)
```

（9）使用“SelectLayerByLocation”工具，选择位于溪流半英里范围内的所有学校。

```
arcpy.SelectLayerByLocation_management(schoolsLyrFile, 'intersect', streamsBuffer)
```

（10）添加 except 语句来捕获异常。

```
except Exception as e:
  print(e.message)
```

（11）完整的脚本如图 5-9 所示。

```
import arcpy
arcpy.env.workspace = "c:/ArcpyBook/data/TravisCounty"
try:
    # Buffer areas of impact around major roads
    streams = "Streams.shp"
    streamsBuffer = "StreamsBuffer.shp"
    distance = "2640 Feet"
    schools2mile = "Schools.shp"
    schoolsLyrFile = 'Schools2Mile_lyr'

    arcpy.Buffer_analysis(streams, streamsBuffer, distance,'FULL','ROUND','ALL')

    # Make a layer
    arcpy.MakeFeatureLayer_management(schools2mile, schoolsLyrFile)
    arcpy.SelectLayerByLocation_management(schoolsLyrFile, 'intersect', streamsBuffer)
except Exception as e:
    print e.message
```

图 5-9 完整的脚本

（12）可以通过查看 C:\ArcpyBook\code\Ch5\ToolOutputUsedAsInput.py 解决方案文件来检查代码。

（13）运行脚本，结果如图 5-10 所示。

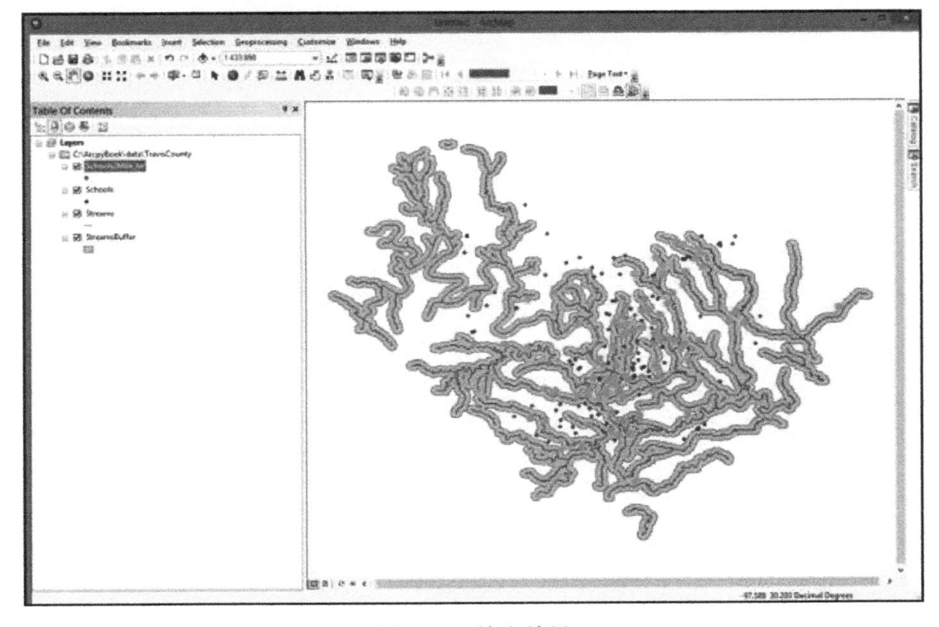

图 5-10 输出结果

5.5.3 工作原理

首先，使用“Buffer”工具生成一个名为StreamsBuffer.shp的输出要素类，并将其存储在名为streamsBuffer的变量中。然后调用“SelectLayerByLocation”工具，将streamsbuffer变量作为该工具的输入要素类（函数的第3个参数），先前创建的“Schools2Mile_lyr”图层文件作为输出图层（函数的第1个参数）。如果想要使用一个工具的输出结果，只需创建一个变量来存储该输出结果，就可以在其他工具中重复使用。

第6章 创建自定义地理处理工具

本章将介绍以下内容。

- 创建自定义地理处理工具。
- 创建 Python 工具箱。

6.1 引言

在使用 ArcGIS 时，除了可以访问 ArcGIS 提供的系统工具外，还可以创建自定义的工具。自定义工具与系统工具的工作方式相同，都可在 ModelBuilder、Python 窗口或独立的 Python 脚本中使用。许多部门都会建立自己的工具库来对数据进行地理处理操作。

6.2 创建自定义地理处理工具

我们除了能够在脚本中使用任何可用的工具外，还可以创建自己的自定义工具，它们也能从脚本中调用。自定义工具通常用来处理特定的地理处理任务，并且也容易共享。

6.2.1 准备工作

本节将介绍如何在 ArcToolbox 的自定义工具箱中创建自定义的地理处理脚本工具，并以添加一个 Python 脚本的方式来实现其功能。创建自定义脚本工具有许多优点，它使脚本成为地理处理框架中的一部分，也就是说脚本可以在一个模型、命令行或其他脚本中运行。另外，脚本可以访问 ArcMap 的环境设置和帮助文档。其他优点还包括：具有较好的易于使用的用户界面和错误检查功能等。错误检查功能提供了某些错误的提示对话框。

自定义的脚本工具必须添加到用户创建的自定义工具箱中，因为 ArcToolbox 提供的系统工具箱是只读工具箱，无法向其中添加新工具。

本节首先提供了一个预先编写好的 Python 脚本，用来从逗号分隔的文本文件中读取 wildfire 数据，并将这些信息写入一个名为 FireIncidents 的点要素类中。这些数据集的引用采用的都是硬编码方式，所以需要修改脚本以接受动态变量的输入。然后，将脚本添加到 ArcToolbox 的自定义工具箱中，为最终用户提供使用脚本的可视化界面。

6.2.2　操作方法

自定义的 Python 地理处理脚本可以添加到 ArcToolbox 的自定义工具箱中。Analysis、Data Management 等所有的系统工具箱都不允许添加脚本，但是可以通过创建一个新的自定义工具箱来添加脚本。

（1）在 ArcMap 中，打开一个空的地图文档文件，然后单击“ArcToolbox”打开“ArcToolbox”窗口。

（2）在 ArcToolbox 中的任意空白区域右击鼠标，选择“Add Toolbox”。

（3）在“Look in”中找到 C:\ArcpyBook\Ch6 文件夹。

（4）在“Add Toolbox”对话框中，单击“new toolbox”按钮，如图 6-1 所示，即可创建一个新的工具箱，默认名称为“Toolbox.tbx”，读者可将其重新命名。

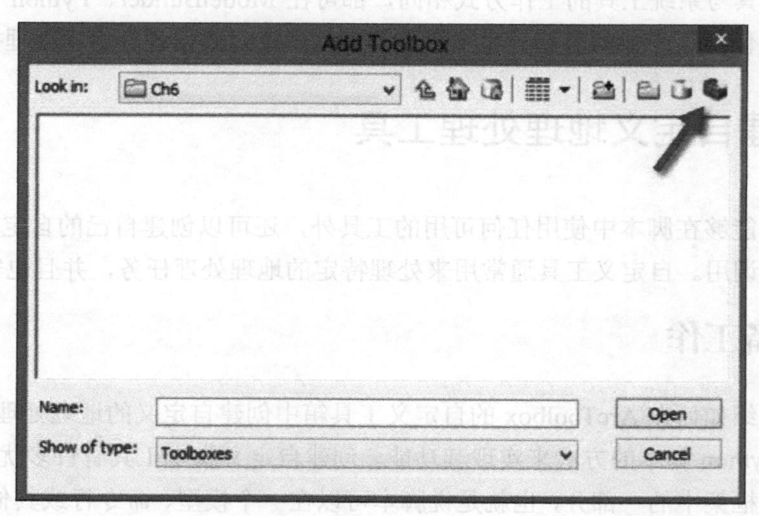

图 6-1　在“Add Toolbox”窗口中单击“new toolbox”按钮

（5）如图 6-2 所示，将工具箱命名为“`WildfireTools.tbx`”。

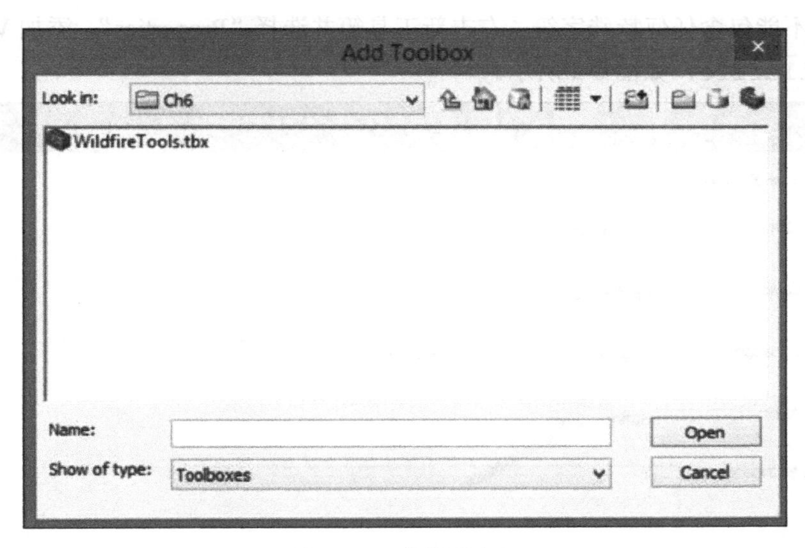

图 6-2 工具箱重命名

（6）选择 `WildfireTools.tbx` 并单击“Open”按钮打开工具箱，此时工具箱就会添加到 ArcToolbox 中，如图 6-3 所示。

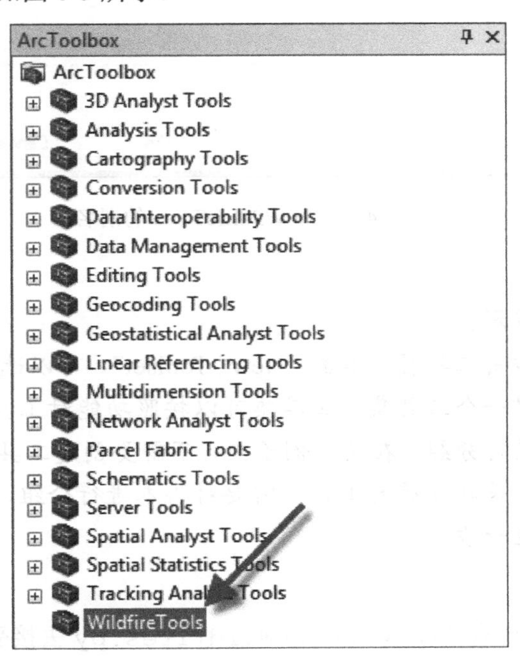

图 6-3 添加 WildfireTools 工具箱

（7）每个工具箱都应有一个名称和一个别名。别名用来定义自定义工具的唯一性，应尽量简短且不能包含任何特殊字符。右击新工具箱并选择“Properties”，添加 WildfireTools 的别名为 `wildfire`，如图 6-4 所示。

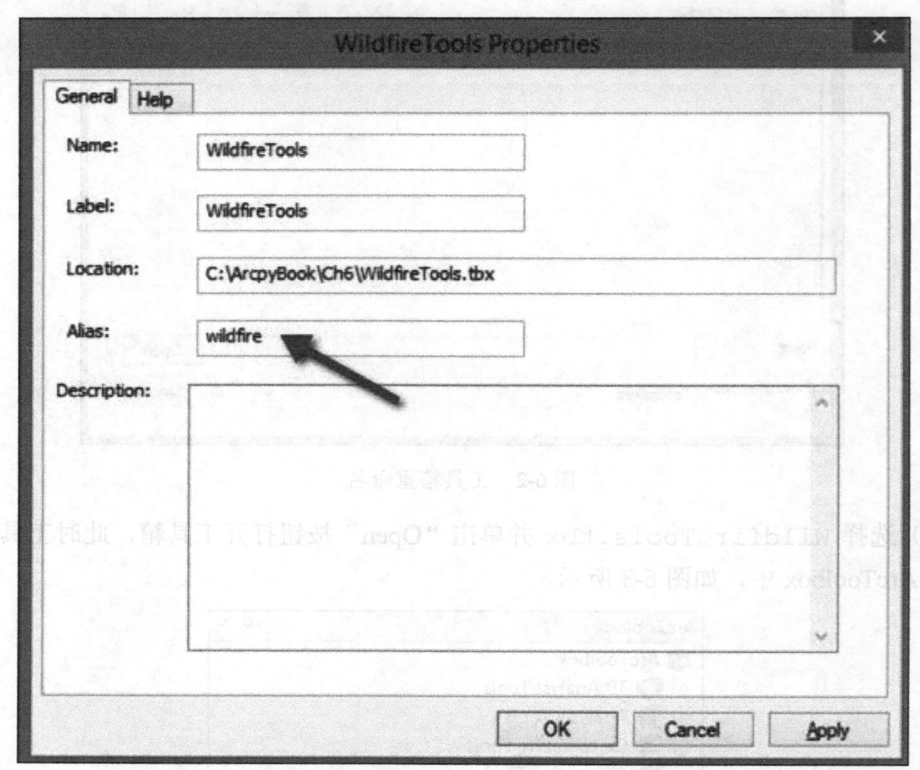

图 6-4 添加 WildfireTools 的别名

提示：

右击工具箱，单击“New | Toolset”，可以选择性地新建一个工具集，工具集可以按照功能对工具（脚本）进行分组。在这个例子中，不需要创建工具集，但是如果在以后的工作中需要对脚本进行分组，就要完成这一步。

（8）这一步将修改已有的脚本 `InsertWildfires.py` 去接受动态输入，动态输入是由使用工具的用户通过 ArcToolbox 界面提供的。在 IDLE 中打开 `C:\ArcpyBook\Ch6\`

InsertWildfires.py。

请注意，以下代码已经用硬编码的方式定义了工作空间和以逗号分隔的文本文件的路径，其中文本文件包含荒地火灾事故信息。

```
arcpy.env.workspace = "C:/ArcpyBook/data/Wildfires/WildlandFires.mdb"
f =
open("C:/ArcpyBook/data/Wildfires/NorthAmericaWildfires_2007275.
txt","r")
```

（9）删除 try 代码块中的前两行。

此外，原来的代码还对输出要素类的名称进行了硬编码。

```
with arcpy.da.InsertCursor("FireIncidents") as cur:
```

这种硬编码的方式限制了脚本的用途。如果移动或删除数据集，脚本将不能运行，而且，脚本在指定不同的输入和输出数据集方面也缺乏灵活性。在接下来的步骤中，我们将用可接受动态输入的方式来代替硬编码方式。

（10）使用 arcpy 中的 GetParameterAsText() 函数来接受用户的动态输入。将以下代码行添加到 try 代码块中。

```
try:
  #the output feature class name
  outputFC = arcpy.GetParameterAsText(0)

  # template featureclass that defines the attribute schema
  fClassTemplate = arcpy.GetParameterAsText(1)

  # open the file to read
  f = open(arcpy.GetParameterAsText(2),'r')



  arcpy.CreateFeatureclass_management
  (os.path.split(outputFC)[0], os.path.split(outputFC)[1],
  "point", fClassTemplate)
```

注意，以上代码调用了 Data Management Tools 工具箱中的 CreateFeatureClass 工具，传入 outputFC 变量和模板要素类（fClassTemplate），该工具可以创建空要素类来存放用户定义的输出要素类。

（11）更改已创建的 InsertCursor 对象的代码行。代码如下所示。

```
with arcpy.da.InsertCursor(outputFC) as cur:
```

（12）完整的脚本如下所示。

```
#Script to Import data to a feature class within a geodatabase
import arcpy, os
try:
    outputFC = arcpy.GetParameterAsText(0)
    fClassTemplate = arcpy.GetParameterAsText(1)
    f = open(arcpy.GetParameterAsText(2),'r')
    arcpy.CreateFeatureclass_management(os.path.split(outputFC)
    [0], os.path.split(outputFC)[1],"point",fClassTemplate)
    lstFires = f.readlines()
    with arcpy.da.InsertCursor(outputFC) as cur:
        cntr = 1
        for fire in lstFires:
            if 'Latitude' in fire:
                continue
            vals = fire.split(",")
            latitude = float(vals[0])
            longitude = float(vals[1])
            confid = int(vals[2])
            pnt = arcpy.Point(longitude, latitude)
            feat = cur.newRow()
            feat.shape = pnt
            feat.setValue("CONFIDENCEVALUE", confid)
            cur.insertRow(feat)
            arcpy.AddMessage("Record number" + str(cntr) +
            "written to feature class")
            cntr = cntr + 1
except:
    print arcpy.GetMessages()
finally:
    f.close()
```

（13）可以通过查看 C:\ArcpyBook\code\Ch6\InsertWildfires.py 解决方案文件来检查代码。

（14）下一步将为已经创建的 Wildfire Tools 工具箱添加脚本。

（15）在 ArcToolbox 中，右击 Wildfire Tools 自定义工具箱并选择“Add | Script”，打开“Add Script”对话框，如图 6-5 所示。可为脚本添加名称、标签和描述等信息，其中 Name

字段不能含有任何空格或特殊字符，Label 字段是显示在脚本旁边的名称。在本例中，它的标签是“`Load Wildfires From Text`”。最后，添加一些描述性的信息，详细说明该脚本执行的操作。

（16）具体的“Name”“Label”和“Description”的内容如图 6-5 所示。

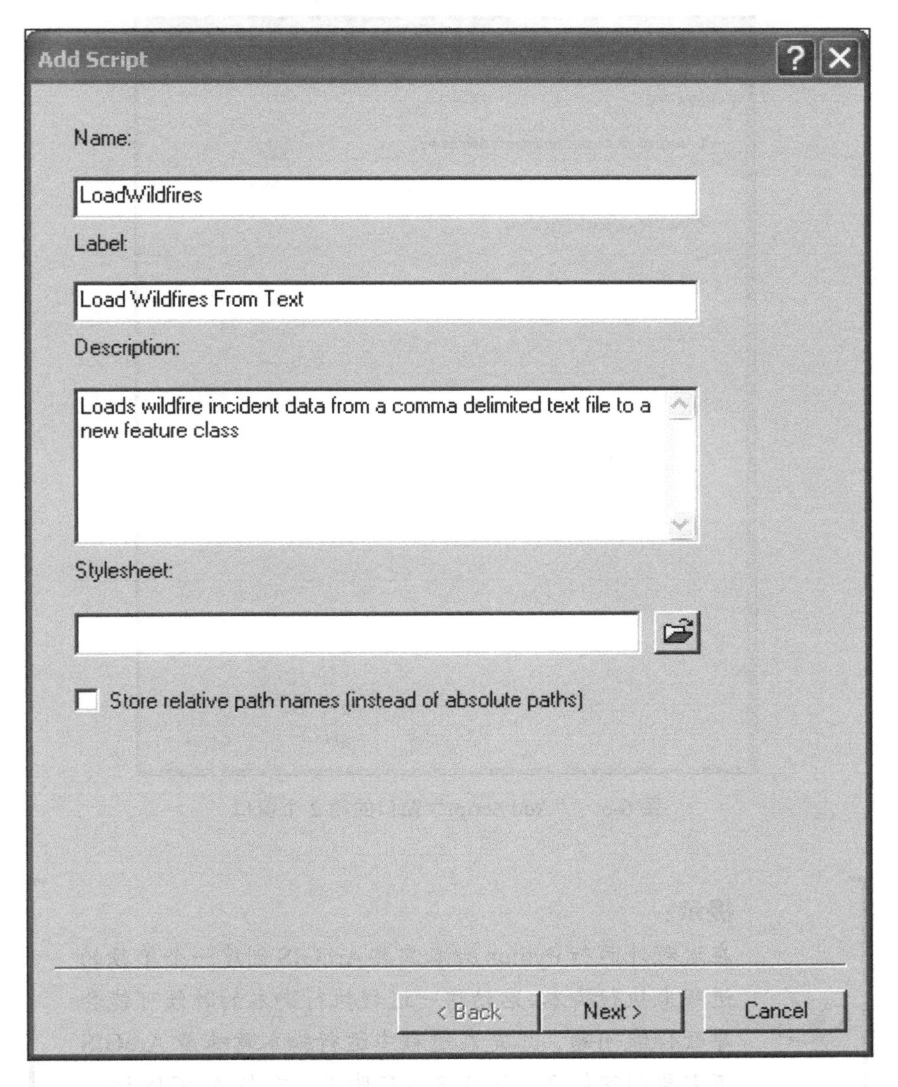

图 6-5 “Add Script”窗口的第 1 个窗口

（17）单击“Next”，显示“Add Script”的下一个输入对话框。

（18）在这个对话框中，指定要连接的工具脚本。打开 `C:\ArcpyBook\Ch6\InsertWildfires.py`，添加 `InsertWildfires.py` 脚本。

（19）要确保“Run Python script in process”（在进程中运行 Python 脚本）复选框已被勾选，如图 6-6 所示。在进程中运行 Python 脚本可提高脚本的性能。

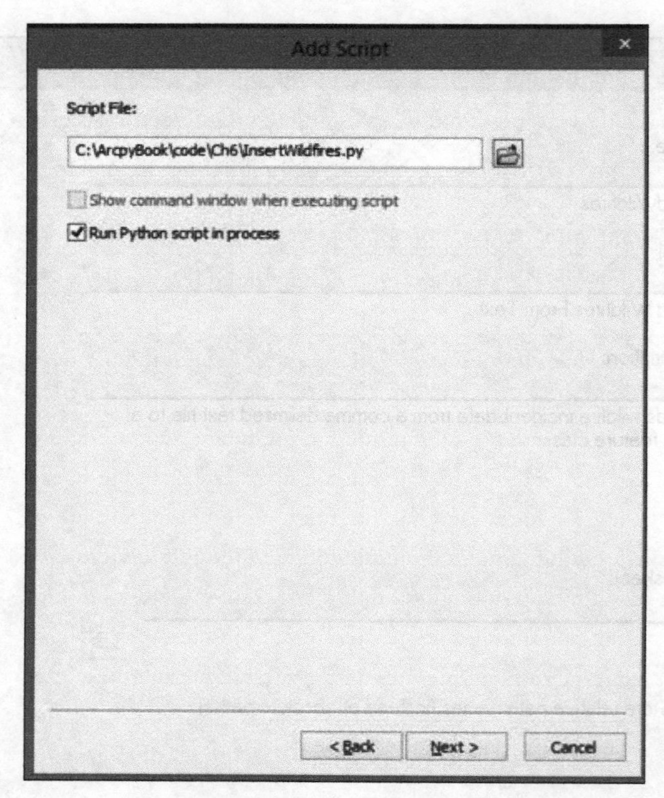

图 6-6 “Add Script”窗口的第 2 个窗口

提示：

在进程外运行Python脚本需要ArcGIS创建一个单独的进程来执行脚本，启动这一进程执行脚本的时候可能会导致性能问题。总是在进程中运行脚本意味着 ArcGIS 不需要创建第 2 个进程来运行脚本，它与 ArcGIS 运行在相同的进程空间。

（20）单击“Next”，显示参数窗口，如图 6-7 所示。

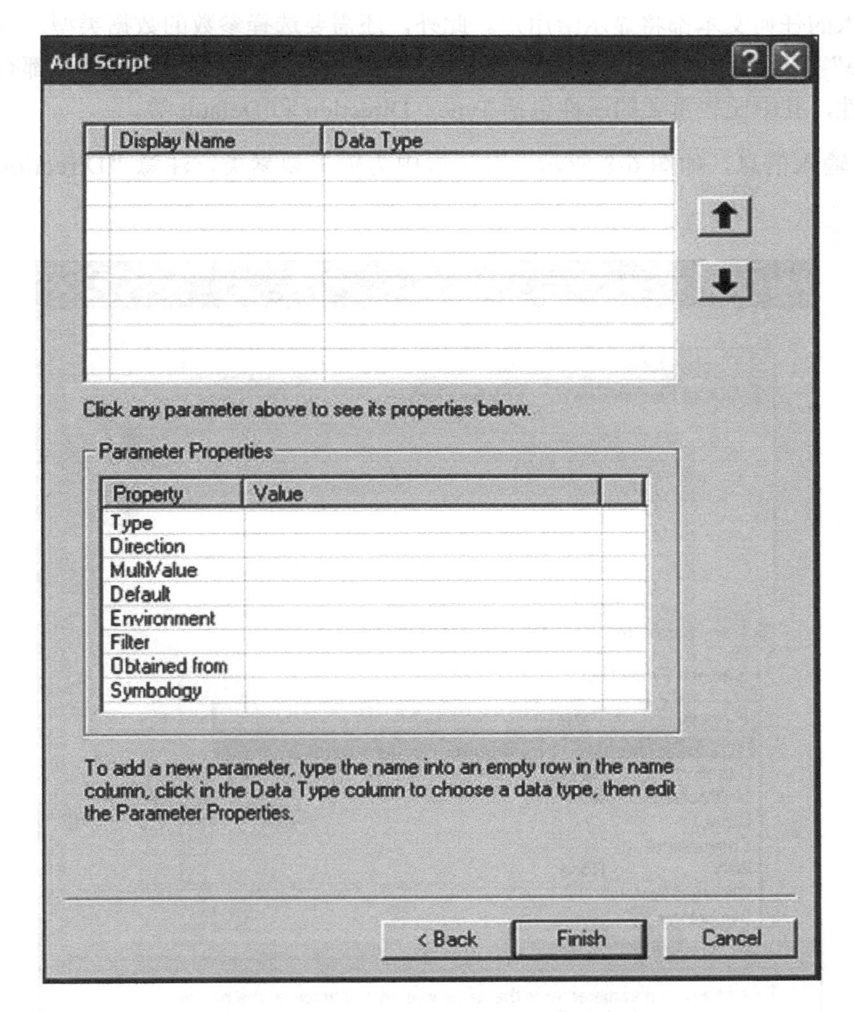

图 6-7 “Add Script”窗口的参数窗口

在这个窗口中输入的每个参数都相当于单独调用一次 GetParameterAsText()方法。在第 10 步中，已经通过 GetParameterAsText()方法修改脚本来接受动态参数。在对话框中输入参数的顺序与脚本中 GetParameterAsText()方法使用的索引顺序相同。例如，在代码中插入如下代码行。

```
outputFC = arcpy.GetParameterAsText(0)
```

输入到窗口中的第 1 个参数需要与这一行代码相对应。在代码中，该参数是作为脚本执行的结果而创建的要素类，可以通过单击“Display Name”下的第1个可用行添加参数，在此行输入的任何文本都将显示给用户。此外，还需要选择参数的数据类型。在本例中，“Data Type”应设置为“Feature Class”，因为这是用户的预期数据。每个参数都有一组可以设置的属性，其中比较重要的属性包括Type、Direction和Default等。

（21）输入信息，如图6-8所示，对话框中为输出要素类，注意“Direction”设置为“Output”。

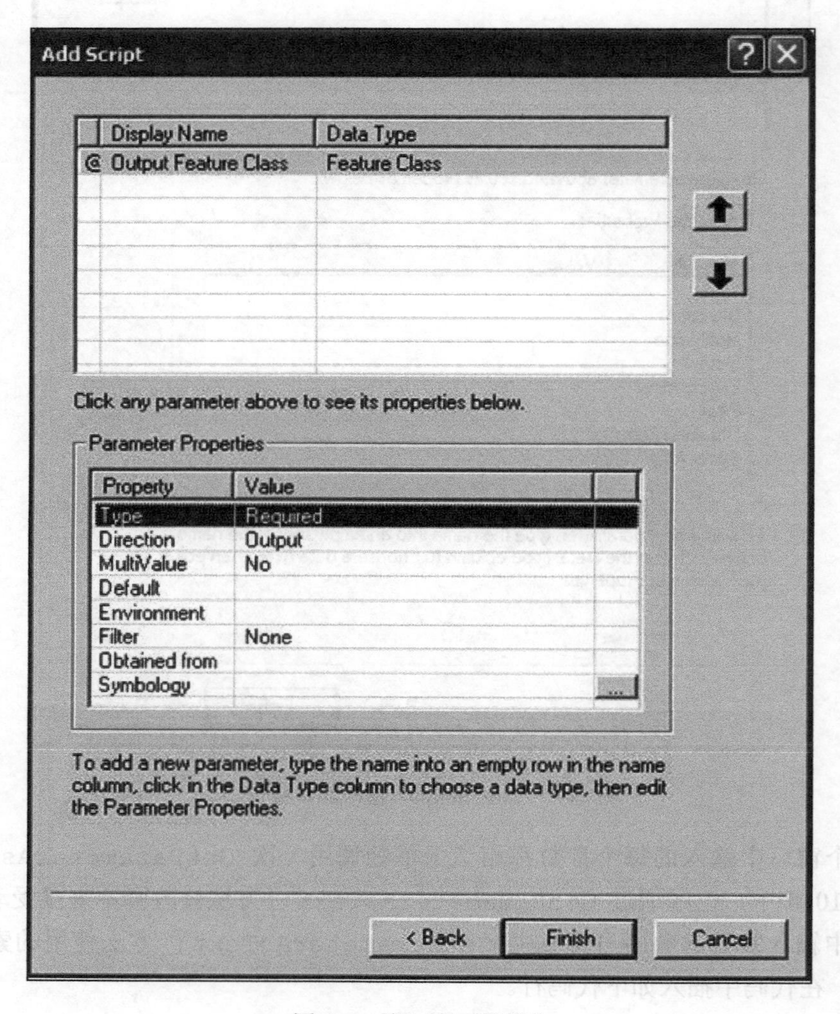

图6-8 输入输出要素类

（22）接下来，添加一个定义要素类的参数，该参数定义的要素类可作为新要素类的属

性模板。在窗口中输入如图 6-9 所示的信息。

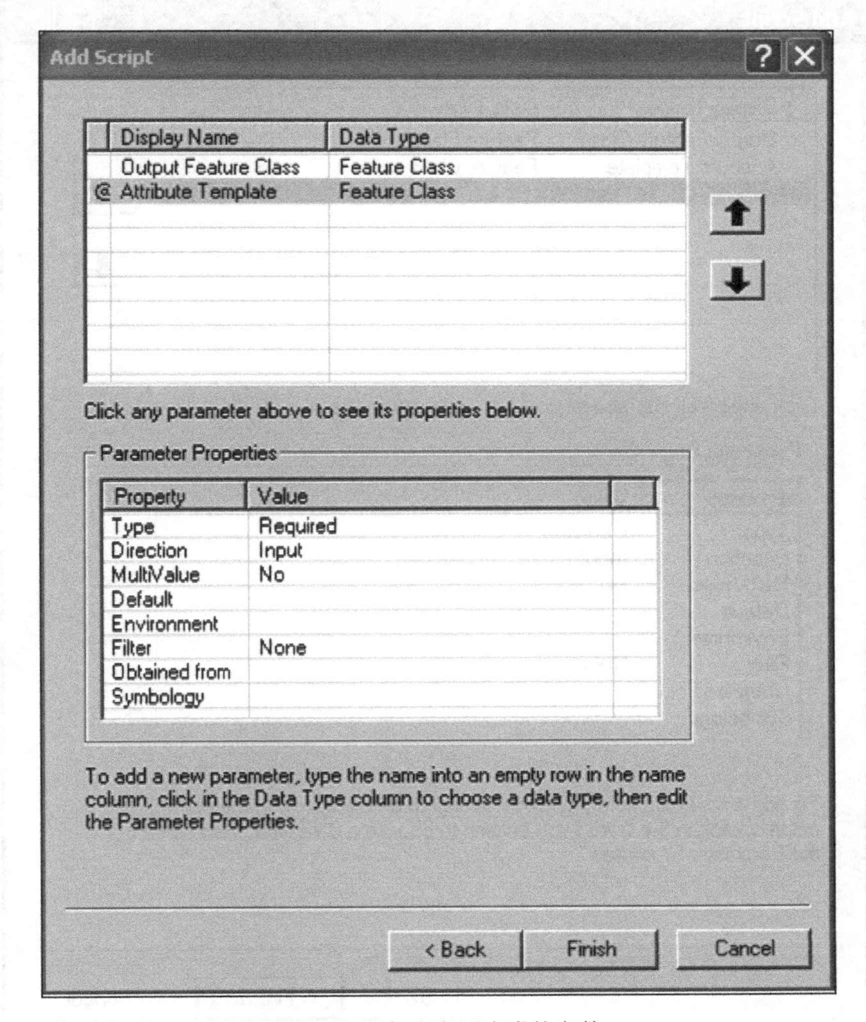

图 6-9 添加定义要素类的参数

（23）最后，添加一个参数来指定以逗号分隔的文本文件，这个文本文件是创建新要素类时的输入文件。在窗口中输入如图 6-10 所示的信息。

（24）单击“Finish”。新的脚本工具将添加到 Wildfire Tools 工具箱中，如图 6-11 所示。

（25）现在来测试这个工具的工作性能。双击脚本工具打开对话框，如图 6-12 所示。

Add Script

	Display Name	Data Type
	Output Feature Class	Feature Class
	Attribute Template	Feature Class
@	Wildfire Data File	Text File

Click any parameter above to see its properties below.

Parameter Properties

Property	Value
Type	Required
Direction	Input
MultiValue	No
Default	
Environment	
Filter	None
Obtained from	
Symbology	

To add a new parameter, type the name into an empty row in the name column, click in the Data Type column to choose a data type, then edit the Parameter Properties.

< Back　Finish　Cancel

图 6-10　输入文本文件

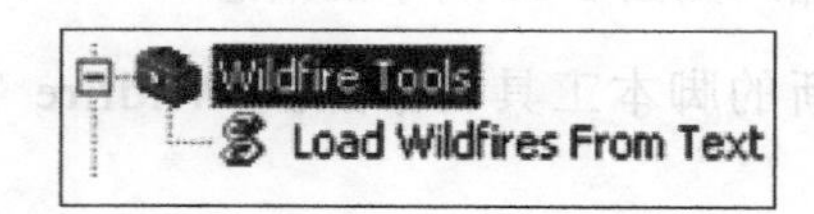

图 6-11　添加了脚本工具的工具箱

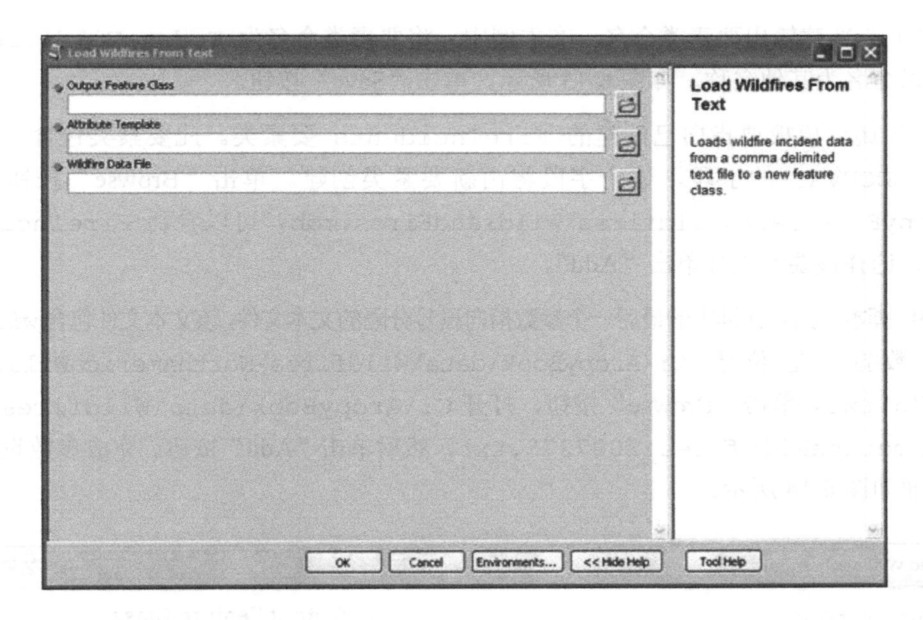

图 6-12 测试脚本工具

（26）在脚本工具对话框中添加输出要素类。打开已有的 `WildlandFires.mdb` 个人地理数据库，定义一个新的输出要素类，如图 6-13 所示。单击打开文件夹的图标，打开位于 `C:\ArcpyBook\data\Wildfires` 中的 `WildlandFires.mdb` 个人地理数据库。

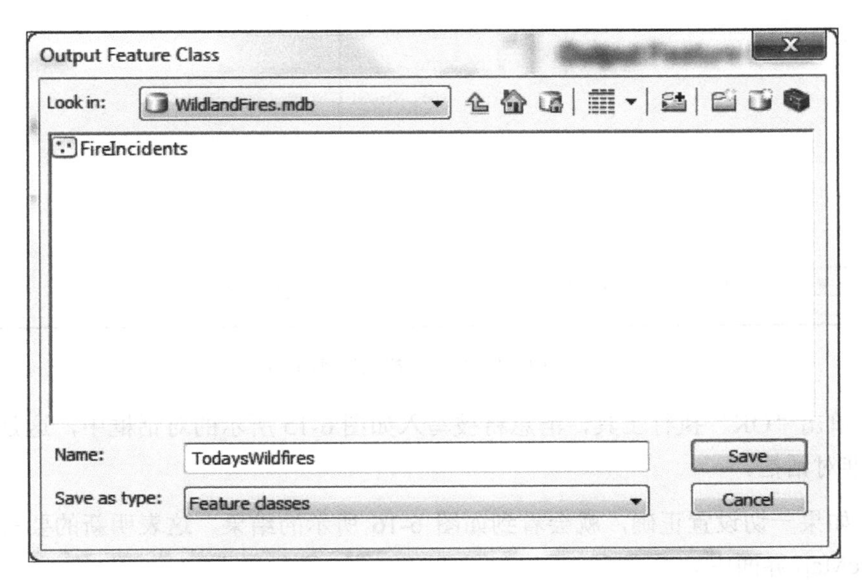

图 6-13 为新建要素类命名

（27）为新建输出要素类命名。在本例中，将要素类命名为 TodaysWildfires，当然也可以命名为其他名称，如图 6-13 所示，单击“Save”按钮。

（28）属性模板要指向已创建的 FireIncidents 要素类。此要素类包含一个名为 CONFIDENCEVAL 的字段，这个字段将由新要素类创建。单击“Browse”按钮，打开 C:\ArcpyBook\data\Wildfires\WildlandFires.mdb，可以看到 FireIncidents 要素类，选择该要素类并单击“Add”。

（29）脚本工具对话框中的最后一个参数指向逗号分隔的文本文件，该文本文件包含 wildland fires 数据，它位于 C:\ArcpyBook\data\Wildfires\NorthAmericaWildfires_2007275.txt。单击“Browse”按钮，打开 C:\ArcpyBook\data\Wildfires，选择 NorthAmericaWildfires_2007275.txt，然后单击“Add”按钮。完成参数设置后的工具界面如图 6-14 所示。

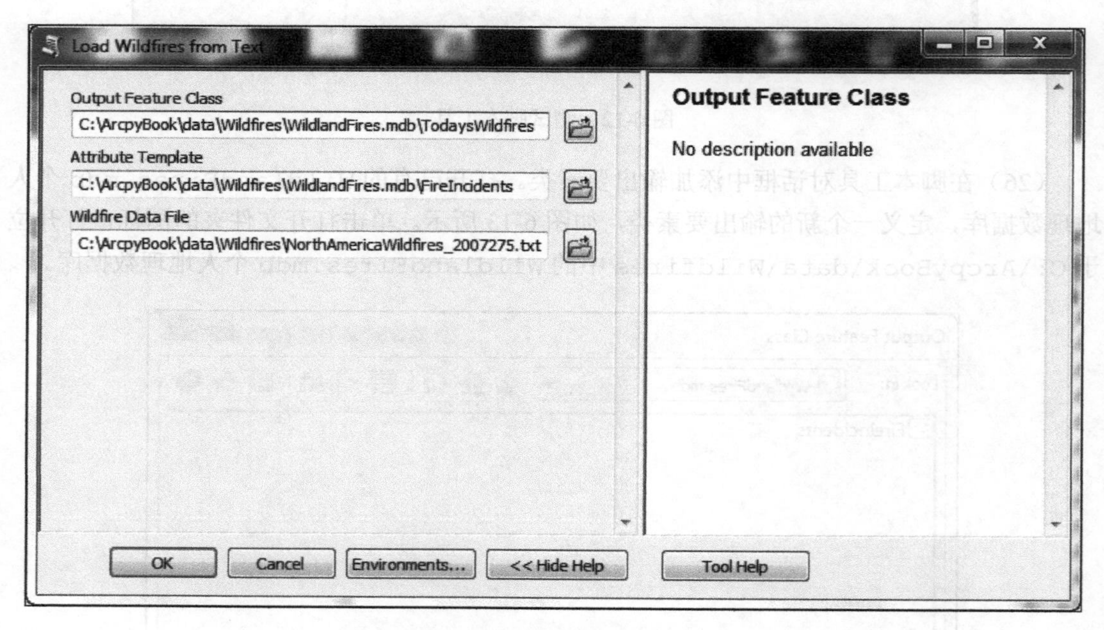

图 6-14 输入了参数的脚本工具

（30）单击“OK”执行工具，消息将被写入如图 6-15 所示的对话框中，这是地理处理工具的标准对话框。

（31）如果一切设置正确，就会看到如图 6-16 所示的结果，这表明新的要素类已经添加到了 ArcMap 界面中。

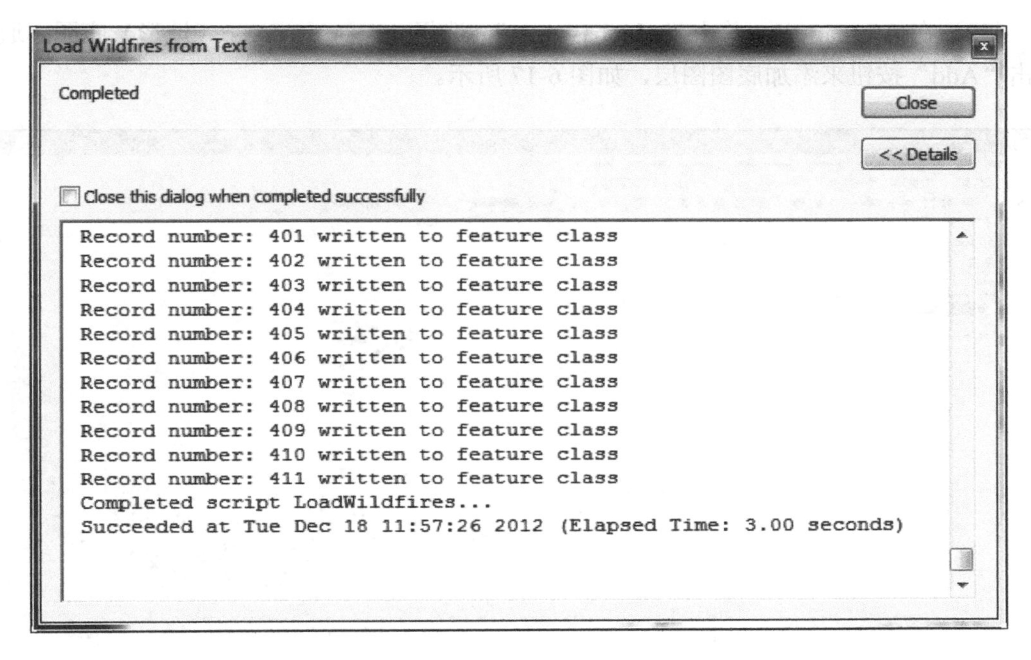

图 6-15　“Load Wildfires from Text”工具的标准对话框

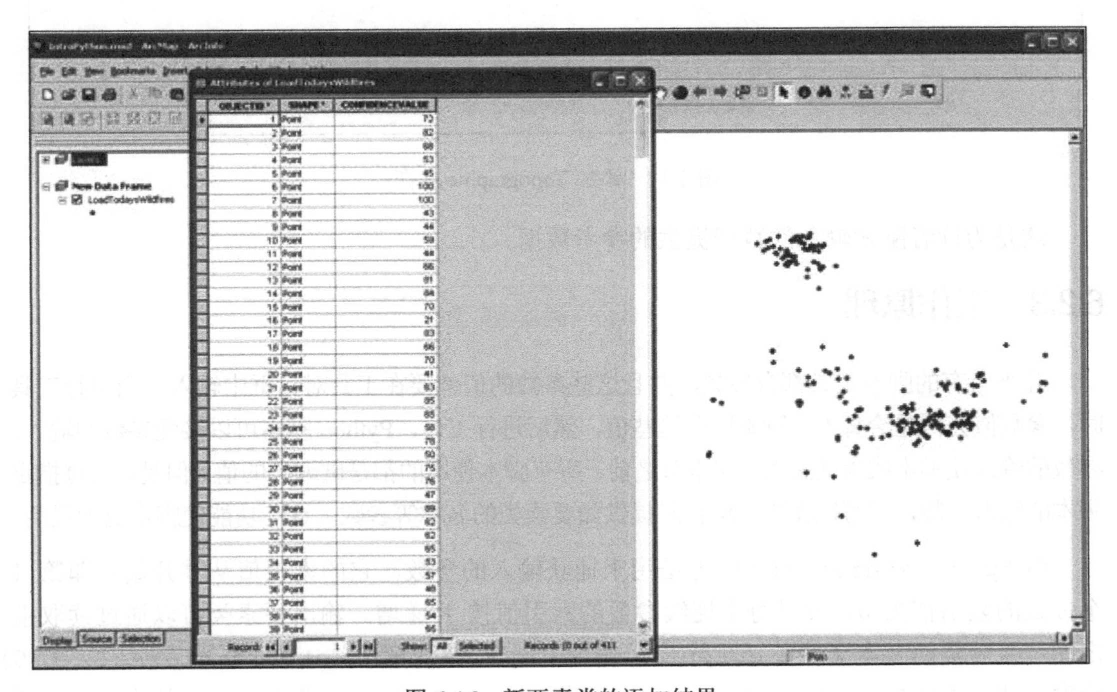

图 6-16　新要素类的添加结果

（32）在 ArcMap 中，单击“add basemap”，选择 Topographic（地形）底图，通过单击“Add”按钮来添加底图图层，如图 6-17 所示。

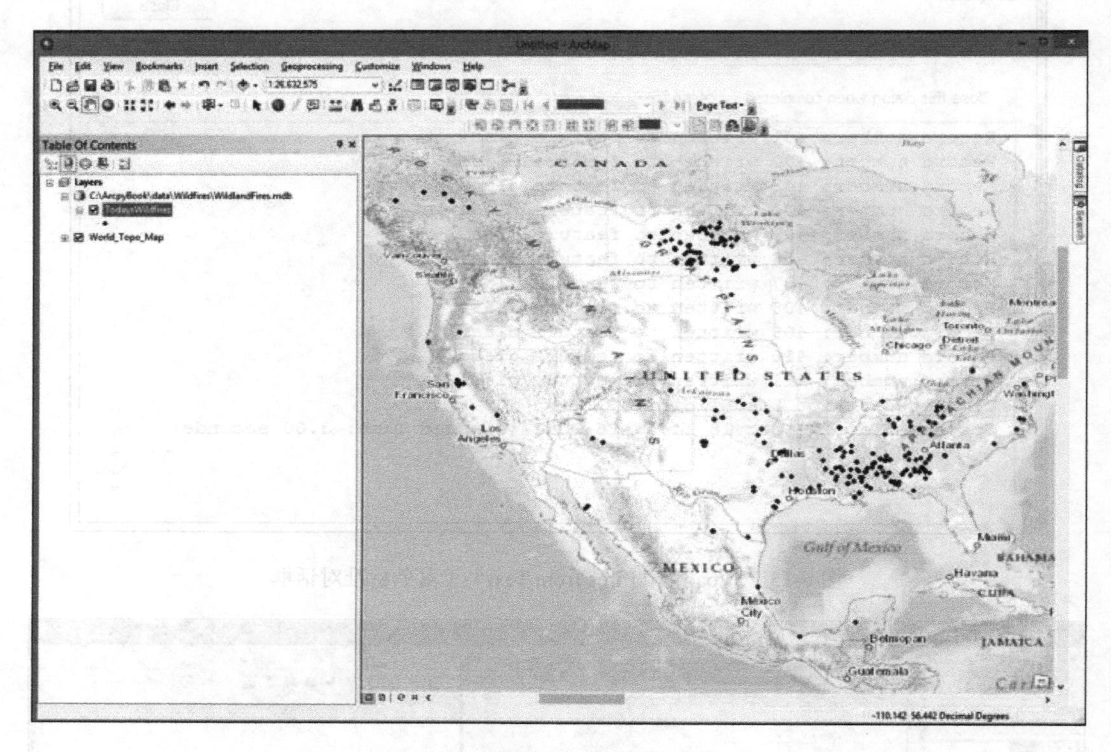

图 6-17　添加 Topographic 底图

这是为读者刚才输入的数据提供的参考数据。

6.2.3　工作原理

几乎所有的脚本工具都有参数，并且这些参数的值都要在工具对话框中输入。当执行工具时，参数值会传递给脚本，脚本读取这些值，然后进行工作。Python 脚本可以接受参数的输入，参数的输入使脚本成为动态的。在本节之前，所有脚本使用的都是硬编码的值。但是，通过指定脚本的输入参数，就可以在脚本运行时提供如要素类的名称等参数，这一功能使脚本更为灵活。

Getparameterastext()方法用来捕获输入的参数，它的索引值从零开始，即第 1 个参数的索引值为 0，并且每个连续参数的索引值按 1 递增。输出要素类可以通过读取指定的逗号分隔的文本文件在 outputFC 变量中创建，该变量由 GetParameterAsText(0)检索。使用 GetParameterAsText(1)捕获 FireIncidents 要素类，将其作为输出要素类的属性模板。模板要素类中的属性字段用于定义将要填充输出要素类的字段。最后，用 GetParameterAsText(2)创建一个名为 f 的变量，该变量用来存储将被读取的逗号分隔的文本文件。

6.2.4 拓展

arcpy.GetParameterAsText()方法并不是捕获传递到脚本的信息的唯一途径。当在命令行中调用 Python 脚本时，可以传入一组参数来捕获传递到脚本的信息。将参数传递给脚本时，每个词都必须用空格隔开。这些词都存储在一个名为 sys.argv 的列表中，该列表的索引值从零开始。sys.argv 列表中第 1 项的索引值是 0，用来存储脚本的名称。每个连续的参数依次占用下一个索引值，因此，第 1 个参数存储在 sys.argv[1]中，第 2 个参数存储在 sys.argv[2]中……这些参数都可以从脚本中访问。

通常建议使用 GetParameterAsText()函数而不是 sys.argv 列表，因为 GetParameterAsText()没有字符数目的限制，而 sys.argv 列表限制每个参数不能超过 1024 个字符。在任何情况下，一旦将参数读入脚本，脚本就可以使用输入值继续执行。

6.3 创建 Python 工具箱

在 ArcGIS 中，创建工具箱有两种方法：一是在自定义工具箱中添加脚本工具，也就是上一节介绍的内容；二是在 Python 工具箱中添加脚本工具。ArcGIS 10.1 版本引入了 Python 工具箱，并且将参数、验证代码和源代码封装在一起。自定义工具箱与 Python 工具箱不同，它是通过使用向导和处理业务逻辑的单独脚本来创建的。

6.3.1 准备工作

Python 工具箱与 ArcToolbox 中的工具箱类似，但它是完全在 Python 中创建的，并具有文件扩展名.pyt。它是以编程的方式创建的一个名为 Toolbox 的类。本节将介绍如何创建一个 Python 工具箱并向其中添加自定义工具。在创建了工具箱和工具的基本结构后，通过添加代码来实现工具的功能，包括连接到 ArcGIS Server 地图服务、下载实时数据以及将数据插入到要素类中等。

6.3.2 操作方法

下面按步骤介绍如何创建 Python 工具箱和一个自定义工具来连接 ArcGIS Server 地图

服务、下载实时数据，并将数据插入到要素类中。

（1）打开 ArcCatalog。通过右击文件夹并选择“New | Python Toolbox”可在文件夹中创建 Python 工具箱。在 ArcCatalog 中，有一个名为 Toolboxes 的文件夹，其中包含 My Toolboxes 文件夹，如图 6-18 所示。

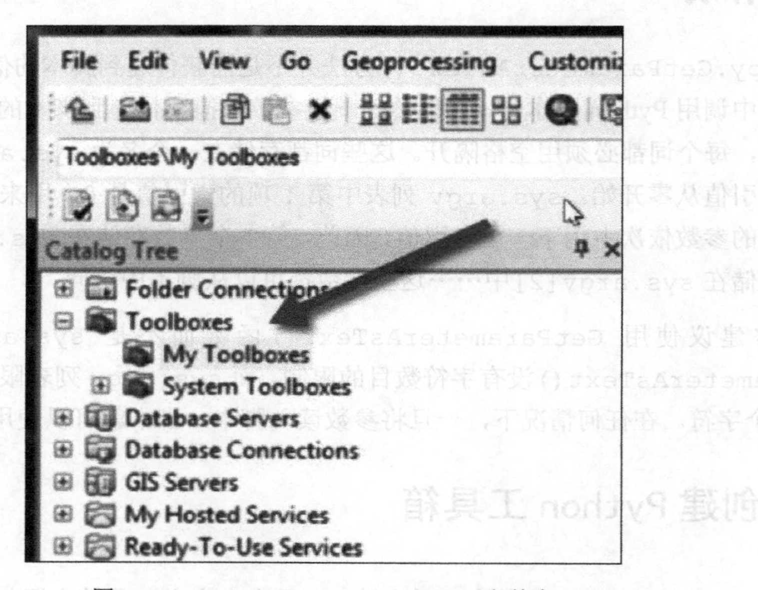

图 6-18　Toolboxes——My Toolboxes 文件夹

（2）右击“My Toolboxes”，选择“New | Python Toolbox”。

（3）工具箱的名称由文件名决定，如图 6-19 所示，将工具箱命名为 `InsertWildfires.pyt`。

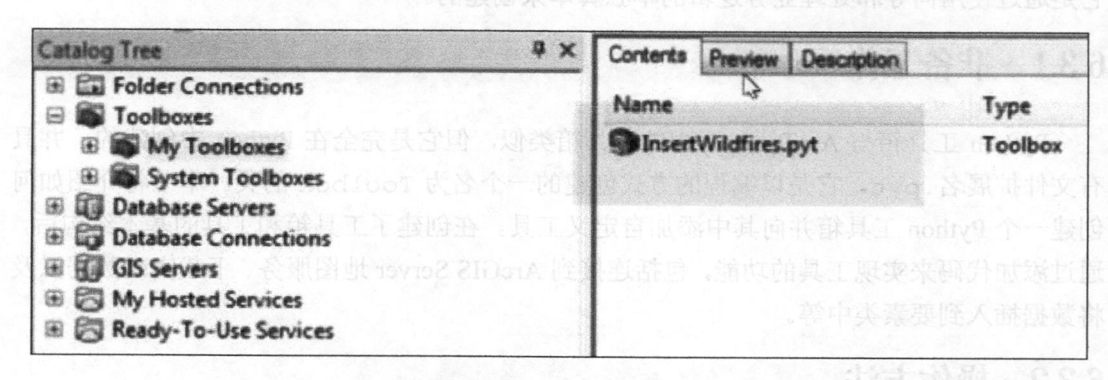

图 6-19　工具箱命名

（4）Python 工具箱文件（`.pyt`）可以在任何文本或代码编辑器中编辑。在默认情况下，

代码在 Notepad 中打开。通过单击“Geoprocessing | Geoprocessing Options”，在“Editor”部分来设置脚本的默认编辑器。在图 6-20 中将编辑器设置为 PyScripter，这是笔者比较喜欢的环境。读者可以设置为 IDLE 或者其他开发环境。请注意，这一步不是必要的。

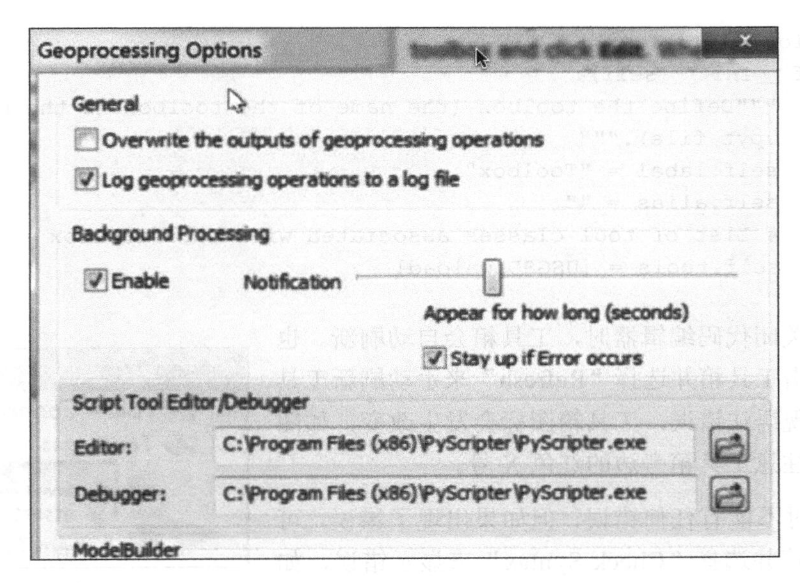

图 6-20 编辑器设置

（5）右击 `InsertWildfires.pyt` 并选择“Edit”，打开开发环境。由于定义的编辑器不同，所以打开的开发环境也会不同。

（6）注意，不能更改 `Toolbox` 类的名称，但是，可以重命名 `Tool` 类来反映要创建的工具名称。每个工具都会有各种方法，例如 `__init__()`（工具的构造函数）、`getParameterInfo()`、`isLicensed()`、`updateParameters()`、`updateMessages()` 和 `execute()` 等。`__init__()` 函数还可用来设置工具初始的属性，如工具的标签和描述等。查找 `Tool` 类并将其更改为 `USGSDownload`。设置工具的标签和描述，代码如下所示。

```
class USGSDownload(object):
    def __init__(self):
        """Define the tool (tool name is the name of the
class)."""
        self.label = "USGS Download"
        self.description = "Download from USGS ArcGIS
Server instance"
```

（7）`Tool` 类可以作为其他想要添加的工具的模板，通过复制和粘贴类及其方法可将这些工具添加到工具箱中。在本例中并没有添加其他工具，但读者需要知道有这种情况。此外，每个工具都要添加到 Toolbox 的 tools 属性中。添加 USGS Download 工具，代码如下所示。

```
class Toolbox(object):
    def __init__(self):
        """Define the toolbox (the name of the toolbox is the name of the
        .pyt file)."""
        self.label = "Toolbox"
        self.alias = ""
        # List of tool classes associated with this toolbox
        self.tools = [USGSDownload]
```

（8）当关闭代码编辑器时，工具箱会自动刷新。也可以通过右击工具箱并选择“Refresh”来手动刷新工具箱。如果出现语法错误，工具箱图标会发生改变，如图6-21所示，注意工具箱旁边的红色X号。

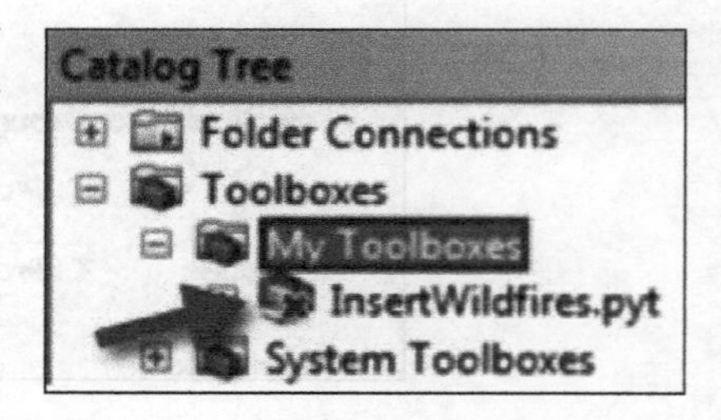

图6-21　有语法错误的工具箱图标

（9）此时不能有任何错误，但如果出现了错误，可以右击工具箱并选择“Check Syntax”来显示错误，如图 6-22 所示。请注意，如果有错误，它可能与下面的例子不同。

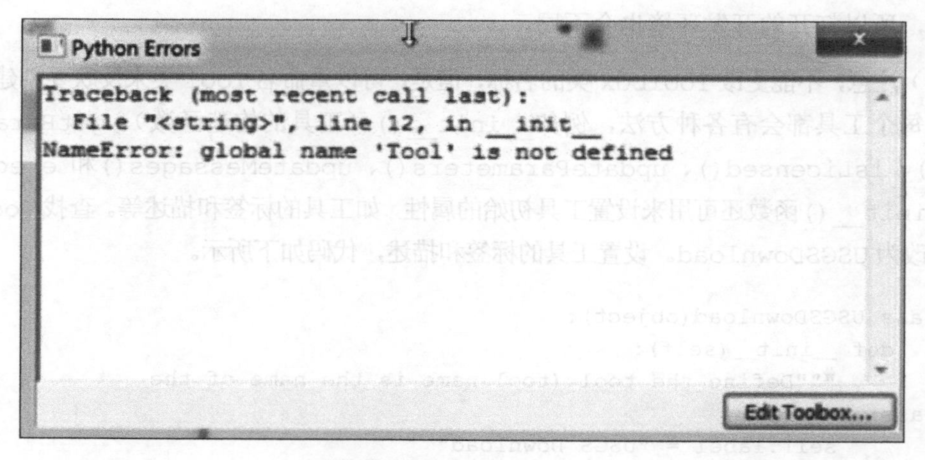

图6-22　检查语法

（10）如果没有任何语法错误，则会看到如图6-23所示的工具箱/工具结构。

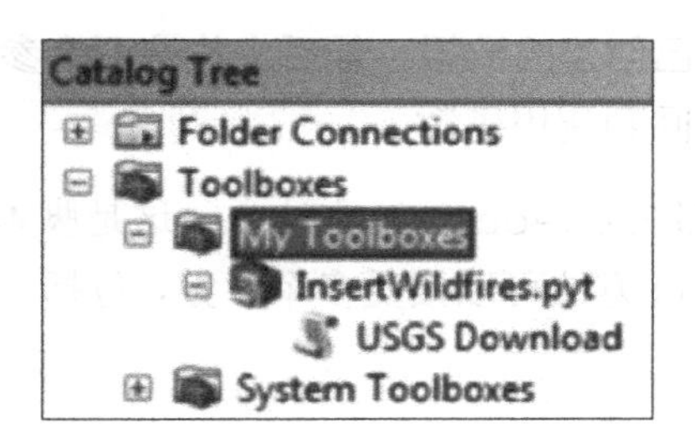

图 6-23 没有语法错误的工具箱图标

（11）几乎所有的工具都有参数，需要读者在工具对话框或脚本中设置参数的值。当执行工具时，参数值将被传递到工具的源代码，工具读取这些值并运行。`getParameterInfo()` 方法用来定义工具的参数，单独的 `Parameter` 对象会作为这个过程的一部分被创建。在 `getParameterInfo()` 方法中添加以下参数，如图 6-24 所示。

```
def getParameterInfo(self):

    """Define parameter definitions"""
    # First parameter
    param0 = arcpy.Parameter(
        displayName="ArcGIS Server Wildfire URL",
        name="url",
        datatype="GPString",
        parameterType="Required",
        direction="Input")
    param0.value = "http://wildfire.cr.usgs.gov/arcgis/rest/services/geomac_dyn/MapServer/0/query"

    # Second parameter
    param1 = arcpy.Parameter(
        displayName="Output Feature Class",
        name="out_fc",
        datatype="DEFeatureClass",
        parameterType="Required",
        direction="Input")

    params = [param0, param1]
    return params
```

图 6-24 参数设置

每个 `Parameter` 对象的创建都要使用 `arcpy.Parameter`，并需要设置一些参数来定义该对象。

第 1 个 `Parameter` 对象（`param0`）用于捕获一个 URL，该 URL 是包含当前 wildfire 数据的 ArcGIS Server 地图服务的地址。同时，设置 `Parameter` 对象的显示名称（`ArcGIS Server Wildfire URL`，该名称会在工具对话框中显示）、参数名称、数据类型、参数类型（这是强制性的）和方向等。

对于第 1 个参数（`param0`），还为其指定了一个初始值，这是一个已有的包含 wildfire 数据的地图服务的 URL。

第 2 个参数（`param1`）定义了一个输出要素类，用于写入从地图服务中读取的 wildfire

数据。要使用空要素类存储已创建的数据。最后，将这两个参数都添加到名为 params 的 Python 列表中，并将列表返回到调用函数。

（12）工具的主要工作都在 execute() 方法中，这是脚本的地理处理部分。在下面的代码中可以看到，execute() 方法可以接受多个参数，包括 tool(self)、parameters 和 messages 等。

```
def execute(self, parameters, messages):
        """The source code of the tool. """
        return
```

（13）使用 valueAsText() 方法可以访问传递到工具的参数值。添加以下代码来访问传递到工具的参数值。记住，正如前面步骤所介绍的，第 1 个参数包含一个含有 wildfire 数据的地图服务的 URL，第 2 个参数用于写入数据的输出要素类。

```
def execute(self, parameters, messages):
          inFeatures = parameters[0].valueAsText
          outFeatureClass = parameters[1].valueAsText
```

（14）到目前为止，已经创建了一个 Python 工具箱，添加了一个工具，定义了工具的参数，并创建了存储参数值的变量，这些参数值是由用户定义的。最终，这个工具将使用传递到工具的 URL 来连接 ArcGIS Server 地图服务、下载当前 wildfire 数据，并写入要素类，这些将会在下一步实现。

（15）需要注意的是，完成这个例子的其余部分要使用 pip（参见 https://pip.pypa.io/en/latest/installing.html）安装 Python requests（参见 http://docs.python-requests.org/en/latest/）模块。若要继续后面的操作，必须先完成 pip 和 requests 的安装，它们的安装说明可以在提供的链接里找到。

（16）接下来，添加代码，连接到 wildfire 地图服务来执行查询。在这一步中，需要定义传递到地图服务中进行查询的 QueryString（查询字符串）参数。首先，导入 requests 和 json 模块，代码如下所示。

```
import requests
import json
```

（17）然后，创建 payload 变量用于存放 QueryString 参数。

请注意，在这个例子中，定义了一个 where 子句，用来限制只返回火灾面积大于 5 英亩的区域，inFeatures 变量存放 URL。

```
def execute(self, parameters, messages):
        inFeatures = parameters[0].valueAsText
        outFeatureClass = parameters[1].valueAsText

        agisurl = inFeatures

        payload = { 'where': 'acres > 5','f': 'pjson',
'outFields': 'latitude,longitude,fire_name,acres'}
```

（18）向 ArcGIS Server 实例提交请求，将响应存放在 r 变量中。响应的消息会显示在对话框中。

```
def execute(self, parameters, messages):
        inFeatures = parameters[0].valueAsText
        outFeatureClass = parameters[1].valueAsText

        agisurl = inFeatures

        payload = { 'where': 'acres > 5','f': 'pjson',
'outFields': 'latitude,longitude,fire_name,acres'}

        r = requests.get(inFeatures, params=payload)
```

（19）测试代码以确保当前程序的正确性。首先，保存文件并刷新 ArcCatalog 中的工具箱；其次，执行工具并保留默认的 URL。如果一切正常，则可以在进度对话框中看到输出的 JSON 对象，输出结果可能会略有差别，如图 6-25 所示。

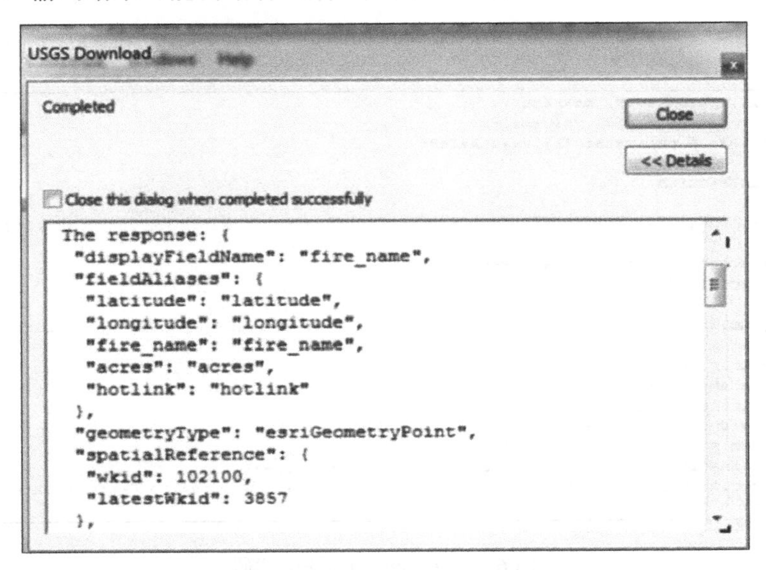

图 6-25 测试当前“USGS Download”工具的结果

（20）返回到 execute()方法，把 JSON 对象转换为一个 Python 字典。

```
    def execute(self, parameters, messages):
        inFeatures = parameters[0].valueAsText
        outFeatureClass = parameters[1].valueAsText

        agisurl = inFeatures

        payload = { 'where': 'acres > 5','f': 'pjson',
'outFields': 'latitude,longitude,fire_name,acres'}

        r = requests.get(inFeatures, params=payload)


        decoded = json.loads(r.text)
```

（21）使用在工具对话框中定义的输出要素类和“SHAPE@XY”“NAME”“ACRES”这3个字段来创建一个 InsertCursor。然后用 for 循环遍历每个要素（wildfires），这些要素是由提交给 ArcGIS Server 地图服务的请求返回的。decoded 变量是一个 Python 字典。在 for 循环中，检索 attributes 字典中的火灾的名称、纬度、经度和面积。最后，调用 insertRow()方法将火灾的名称和面积作为属性插入到要素类中，形成新的行。进度信息会显示在进度对话框中，并且计数器会实时更新。execute()方法中的代码如图 6-26 所示。

```
def execute(self, parameters, messages):
    inFeatures = parameters[0].valueAsText
    outFeatureClass = parameters[1].valueAsText

    agisurl = inFeatures

    payload = { 'where': 'acres > 5','f': 'pjson', 'outFields': 'latitude,longitude,fire_name,acres'}

    r = requests.get(inFeatures, params=payload)
    decoded = json.loads(r.text)

    with arcpy.da.InsertCursor(outFeatureClass, ("SHAPE@XY", "NAME", "ACRES")) as cur:
        cntr = 1
        for rslt in decoded['features']:
            fireName = rslt['attributes']['fire_name']
            latitude = rslt['attributes']['latitude']
            longitude = rslt['attributes']['longitude']
            acres = rslt['attributes']['acres']
            cur.insertRow([(longitude,latitude),fireName, acres])
            arcpy.AddMessage("Record number: " + str(cntr) + " written to feature class")
            cntr = cntr + 1
```

图 6-26 execute()方法的代码

（22）保存文件，如有需要，刷新 Python 工具箱。

（23）可以通过查看 C:\ArcpyBook\code\Ch6\InsertWildfires_Python Toolbox.py 解决方案文件来检查代码。

（24）双击“USGS Download”工具。

（25）保留默认的 URL，并在 C:\ArcpyBook\data 中的 WildlandFires 地理数据库中选择 RealTimeFires 要素类。RealTimeFires 要素类是空的，但有 NAME 和 ACRES 字段。

（26）单击“OK”，执行工具，如图 6-27 所示。写入要素类中的要素数量取决于当前野火的活动情况。大多数情况下都会有少量野火发生，但是在美国，也可能出现没有任何野火发生的情况（尽管可能性不大）。

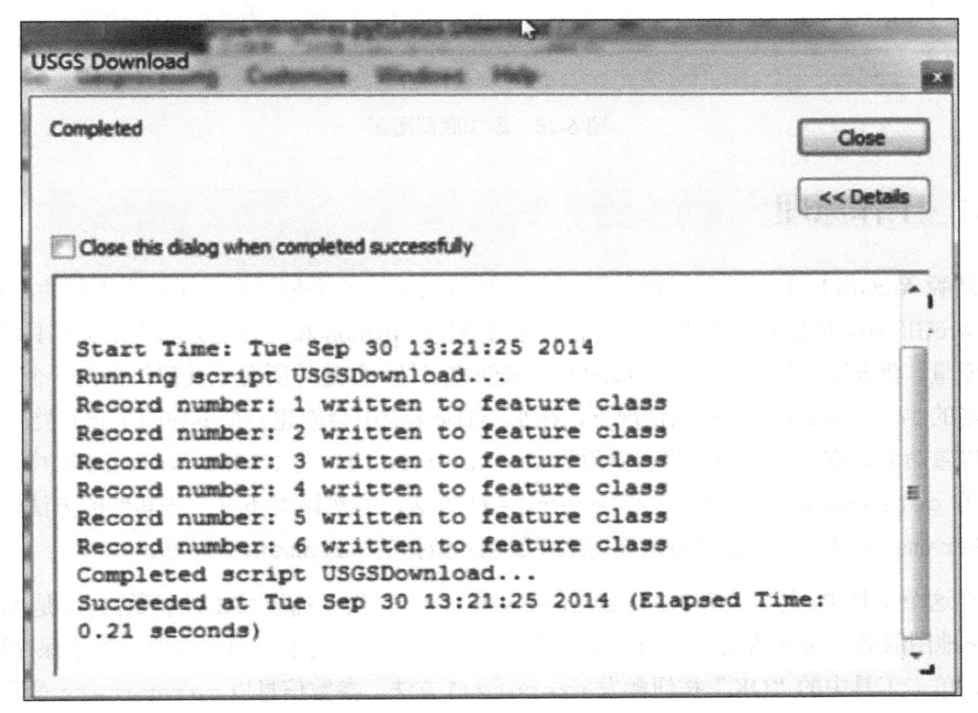

图 6-27 “USGS Download”工具的标准对话框

（27）查看 ArcMap 中要素类的特征。添加一个底图图层作为参考，如图 6-28 所示。

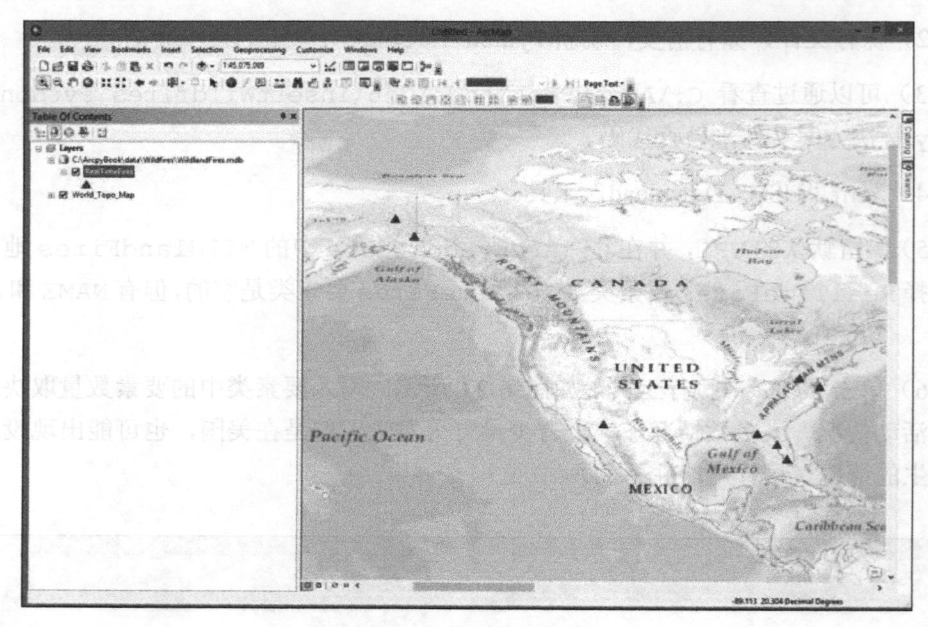

图 6-28 添加底图图层

6.3.3 工作原理

新版 ArcGIS Python 工具箱提供了一个以 Python 为中心来创建自定义脚本工具的方式。在桌面 ArcGIS 中，创建自定义脚本工具的旧方法是使用 python 和向导的方法来定义工具的各方面的变量。新方法提供了一个更直接的方式来创建工具。创建的所有工具都包含在一个不能被重命名的 Toolbox 类中。默认情况下，在 Toolbox 类中会创建一个单独的 Tool 类，Tool 类可以重命名。在这一节中，将它更改为 USGSDownload。在 USGSDownload 类中，目前用到了 getParameterInfo() 和 execute() 方法，当然该类还有一些其他的方法。使用 getParameterInfo() 方法可定义用来存放输入数据的 Parameter 对象。

在这个工具中，定义了两个 Parameter 对象：一个是用于捕获 URL 的参数，URL 是 ArcGIS Server 地图服务中包含活动 wildfire 数据的地址；另一个用于引用本地要素类来保存数据。最后，单击工具中的"OK"按钮触发 execute() 方法。参数信息以 parameters 变量的形式传递到 execute() 方法中。在这个方法中，使用 Python requests 模块提交请求，来获取从 ArcGIS Server 实例中移除的数据。响应返回一个 json 对象，它被转换为字典格式，存储在 decoded 变量中。火灾的名字、纬度、经度和面积由 arcpy.da 模块中的 InsertCursor 对象写入到本地要素类中。后面的章节会详细介绍 arcpy.da 模块。

第 7 章
查询和选择数据

本章将介绍以下内容。

- 构造正确的属性查询语句。
- 创建要素图层和表视图。
- 使用 Select Layer by Attribute 工具选择要素和行。
- 使用 Select Layer by Location 工具选择要素。
- 结合空间查询和属性查询选择要素。

7.1 引言

从地理图层中选择要素或者从独立属性表中选择行是最常见的 GIS 操作之一。可以通过构造查询条件来选择要素，如属性查询（Attribute queries）或空间查询（Spatial queries）等。属性查询使用 SQL 语句来选择要素或行，即在数据集中通过一个或多个字段或者列构造的查询条件来选择要素，如“选择价值超过 500 000 美元的所有地块”。空间查询是根据要素之间的空间关系来选择要素，如“选择与学校范围相交的所有地块”或者“选择位于德克萨斯州特拉维斯县的所有街道”等。此外，也可以同时使用属性查询和空间查询，如“选择有 100 年历史的冲积平原上价值超过 500 000 美元的所有地块”。

7.2 构造正确的属性查询语句

在使用地理处理脚本查询要素类或表中的数据时，构造正确的属性查询语句是非常重要的。对要素类和属性表的属性进行查询时不仅需要构造正确的 SQL 语句，而且需要根据执行查询的不同数据类型遵循相应的规则。

7.2.1　准备工作

当编写调用“Select by Attributes”工具的 Python 脚本时，需要掌握构造属性查询语句的方法，这在学习时通常具有一定的难度。Python 中的查询基本上是由 SQL 语句和一些特定的语法规则组成的。如果对在 ArcMap 中如何构造查询语句比较熟悉，或者在用其他编程语言时，有过使用 SQL 语句的经验，那么构造查询语句就相对容易一些。在构造 SQL 语句的过程中，还需要知道一些具体的 Python 语法要求和不同数据类型之间的差别。对于不同的数据类型来说，SQL 语句的格式会有细微的差别。本节将介绍如何构造有效的查询语句，并介绍不同的数据类型在 SQL 语法结构和特定的 Python 结构中的细微差别。

7.2.2　操作方法

下面按步骤介绍如何在 ArcMap 中构造查询，以便了解查询是如何构造的。

（1）在 ArcMap 中打开 `C:\ArcpyBook\Ch7\Crime_Ch7.mxd`。

（2）右击“Burglaries in 2009”图层，选择“Open Attribute Table”，可以看到如图 7-1 所示的属性表。接下来将对“SVCAREA”字段构造查询语句。

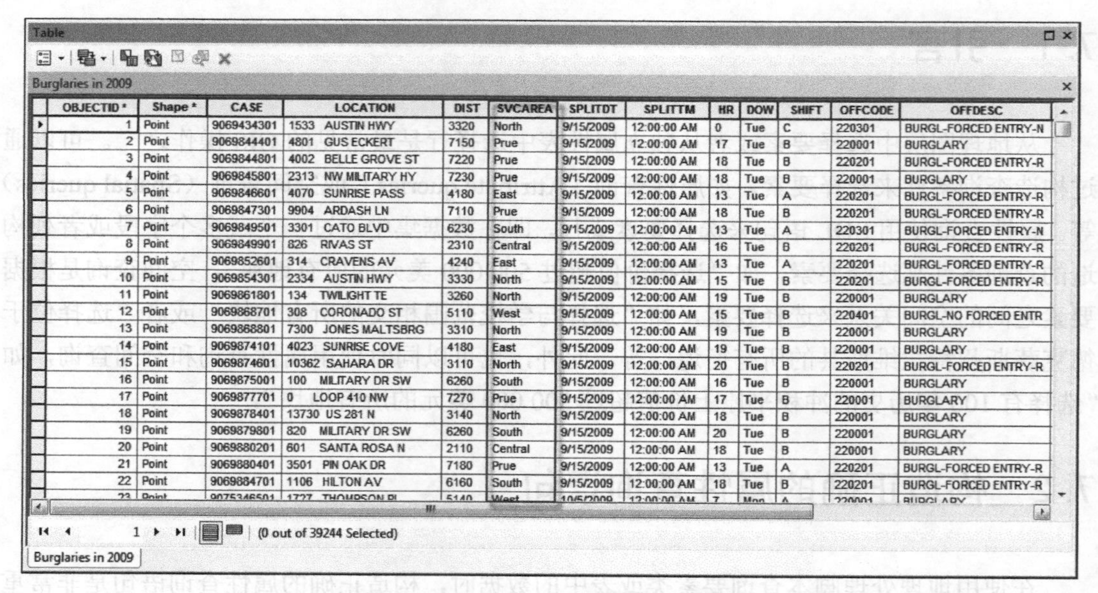

图 7-1　“Burglaries in 2009”图层的属性表

（3）打开属性表后，选择“Table Options”按钮，并单击“Select by Attributes”，在“Select by Attributes”对话框中构造属性查询。注意，查询对话框中的“Select * FROM Burglary WHERE”语句如图 7-2 所示。这是一个基本的 SQL 语句，将会返回属性表中满足用查询构建器定义的与“Burglary”相关的所有记录。星号（*）表示返回的所有字段。

（4）确保“Method”下拉列表中选择的是“Create a new selection”，这样就可以新建一个选择集。

（5）在字段列表中双击“SVCAREA”，该字段就会自动添加到 SQL 语句构建器中，如图 7-3 所示。

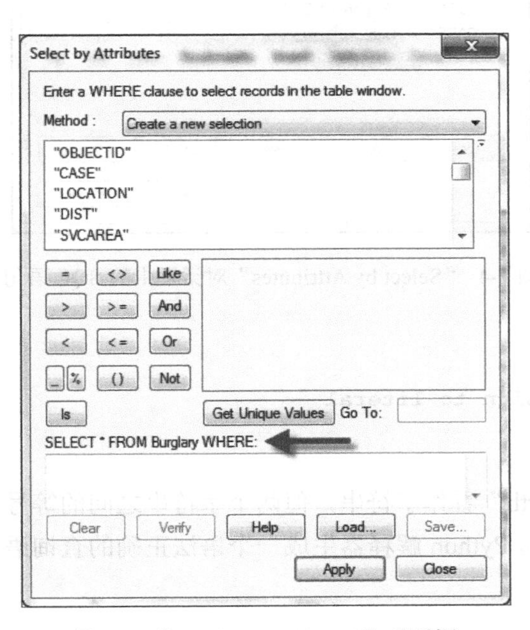

图 7-2 “Select by Attributes”对话框

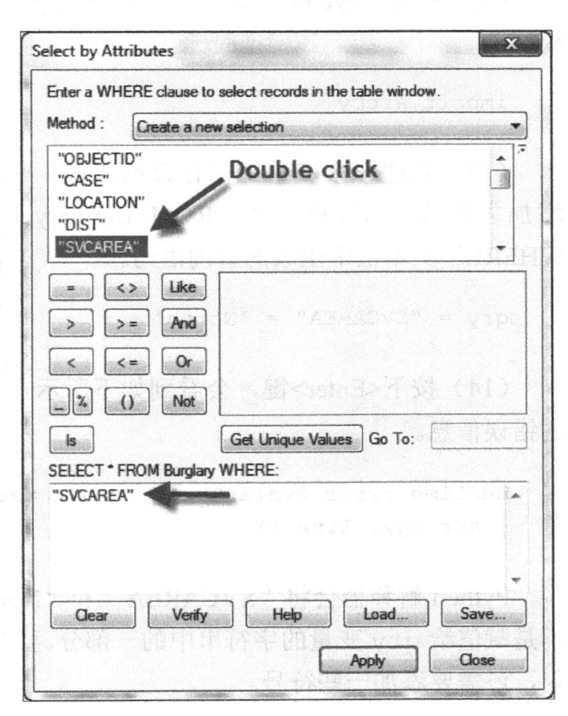

图 7-3 在 SQL 语句构建器中添加字段

（6）单击“=”按钮。

（7）单击“Get Unique Values”按钮，对应字段的唯一值将出现在列表框中。

（8）在生成的值列表中双击“North”完成 SQL 语句，如图 7-4 所示。

（9）单击“Apply”按钮执行查询，将会选中 7520 行记录。很多人以为使用以上方法在对话框中生成的 SQL 查询语句可以复制并粘贴到 Python 脚本中直接使用，但是事实上二者的语法格式并不相同，所以不能直接复制使用，Python 脚本的语法将在下面的内容中具体介绍。

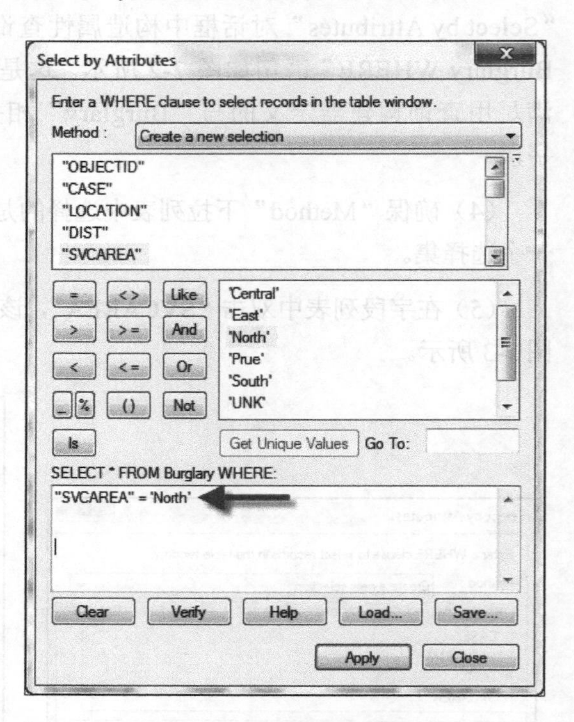

图 7-4 “Select by Attributes”对话框中的 SQL 语句

（10）关闭“Select by Attributes”对话框和“Burglaries in 2009”属性表。

（11）单击“Selection | Clear Selected Features”来清除所选要素。

（12）打开“Python”窗口，导入 arcpy 模块。

```
import arcpy
```

（13）新建一个变量来保存查询语句，添加之前在“SELECT * FROM Burglary WHERE”文本框中生成的查询语句。

```
qry = "SVCAREA" = 'North'
```

（14）按下<Enter>键，会看到如下所示的错误信息。

```
Runtime error SyntaxError: can't assign to literal
(<string>, line 1)
```

Python 解释器会将“SVCAREA”和“North”看作字符串，但两个字符串之间的等号不是赋值给 qry 变量的字符串中的一部分。要为 Python 解释器生成一个语法正确的查询语句，还需要添加一些符号。

根据语法规则，查询中使用的每个字段名称都需要用双引号引起来。在本例中，“SVCAREA”是查询中的唯一字段，已经用双引号引起来了。当在 shapefile 文件、文件地理数据库或者 ArcSDE 地理数据库中使用字段名称时，也需要用双引号引起来。需要注意的是，如果是在个人地理数据库中，字段名称需要使用方括号而不是双引号引起来，代码如下所示。对于脚本开发人员来说，这一点很容易混淆。

```
qry = [SVCAREA] = 'North'
```

现在来介绍将'North'引起来的单引号。当从数据类型为文本（text）的字段中查询数据时，需要将查询的数据（字符串）用单引号引起来。尽管查看原始的查询语句会发现已经用单引号将'North'引起来了，语句看起来是正确的，但是在 Python 中并没有那么简单。在 Python 中需要使用反斜杠对引号进行转义，在本例中，转义字符用“\'”表示，步骤如下所示。

（15）改变查询语句，将查询语句更改为转义序列。

```
qry = "SVCAREA" = \'North\'
```

（16）完整的查询语句应该用单引号引起来，代码如下所示。

```
qry = '"SVCAREA" = \'North\''
```

除了用来测试相等的等号（=）以外，还有一些其他的运算符可供字符串和数值型数据使用，如不等于（<>）、大于（>）、大于等于（>=）、小于（<）和小于等于（<=）等。

像“%”和“_”等通配符，也可用于 shapefile 文件、文件地理数据库和 ArcSDE 地理数据库等。“%”表示任意数量的字符。“LIKE”运算符通常与通配符一起使用，用于匹配部分字符串。例如，下面的查询将会找到所有以“N”开头的服务区域记录，字母“N”后可以有任意数量的字符。

```
qry = '"SVCAREA" LIKE \'N%\''
```

下划线字符（_）表示单个字符。但是在个人地理数据库中，星号（*）表示任意数量的字符，而问号（?）表示单个字符。

此外，还可以查询缺失的数据（数据为空的记录），也称为“NULL”值。“NULL”值通常被误认为其值为 0，但事实并非如此。“NULL”值与“0”值是不一样的，“NULL”值表明数据为空，而“0”值表明数据的值为 0。“NULL”运算符包括“IS NULL”和“IS NOT NULL”。下面的代码示例会找到“SVCAREA”字段中数据为空的所有记录。

```
qry = '"SVCAREA" IS NULL'
```

最后介绍“AND”和“OR”运算符，它们用于结合两个或多个满足查询条件的表达式。“AND”运算符要求两个查询条件的结果均为真，才会选择记录，而“OR”运算符要求至少有一个查询条件的结果为真即可。

7.2.3 工作原理

使用 Python 编写 ArcGIS 程序时，构造语法正确的查询语句对于初学者来讲是比较困难的。不过，一旦掌握了一些基本的规则，就比较容易构造出语法正确的查询语句，本节将总结这些规则。其中特别需要记住的最重要的规则之一就是，除了在个人地理数据库中字段名需要用方括号引起来以外，其他数据集中的字段名必须用双引号引起来。

AddFieldDelimiters()函数可以为数据源提供的字段添加正确的分隔符，此时需要将数据源作为参数传递给函数，该函数的语法如下所示。

```
AddFieldDelimiters(dataSource,field)
```

此外，对于大多数人，尤其是Python语言的初学者来说，常常会在是否给查询字符串添加单引号上产生疑问。在Python中，单引号需要使用反斜杠来转义。使用转义序列可以确保Python将其（\'）看作引号而不是字符串的结尾。

最后再一次强调通配符。除了个人地理数据库以外，其他数据库和数据格式均使用“%”字符代替多个字符，使用“_”字符代替单个字符。而在个人地理数据库中，使用“*”字符代替多个字符，使用“？”字符代替单个字符。显然，个人地理数据库和其他类型的数据集之间的语法有所不同，这一点需要开发人员牢记。

7.3 创建要素图层和表视图

在使用工具，特别是“Select Layer by Location”和“Select Layer by Attribute”等工具时，要将要素图层和表视图作为中间数据集存储在内存中。尽管这些临时的数据集可以保存，但在实际工作中，这些数据集往往都不需要保存。

7.3.1 准备工作

要素类是地理数据的物理表达，它以文件（shapefile 文件、个人地理数据库和文件地理数据库）的形式存储，或存储在地理数据库中。Esri 公司将要素类定义为“具有共同的几何特征（点、线、面）、属性表和空间参考的要素集合”。

要素类中的属性字段包括默认的字段和用户自定义的字段，默认的字段有“SHAPE”和“OBJECTID”两个字段。这些字段由ArcGIS自动维护和更新。“SHAPE”字段存储地理要素的几何特征，而“OBJECTID”字段存储每个要素的唯一标识。不同的要素类还会有其他不同的默认字段，如线要素类的“SHAPE_LENGTH”字段，面要素类的“SHAPE_LENGTH”和“SHAPE_AREA”字段等。

可选字段是由ArcGIS的用户自己创建的，在GIS中不会自动更新。这些字段包含要素的属性信息，可以用脚本进行更新。

表可用单独的 DBF 表格（也称为 dBase 文件格式）表示或者存储在地理数据库中。表和要素类中都包含了属性信息。但是，表中往往只包含属性信息，也可能会有“OBJECTID”字段，但是没有与表相关联的“SHAPE”字段。在单独的 Python 脚本中调用“Select Layer by Attribute”或“Select Layer by Location”工具时，要求创建一个中间数据集，而不是直接使用要素类或表。这些中间数据集是临时性的，被称为要素图层或表视图。与要素类和表不同，这些临时的数据集并不是磁盘上或地理数据库中实际的文件，而是要素类和表在内存中的表示。它们只有在 Python 脚本运行时才是有效的，在工具执行完成后就会从内存中移除。如果脚本在 ArcGIS 中作为脚本工具运行，可以通过右击内容列表中的图层，并选择“Save As Layer File”来保存临时图层，也可以通过直接保存地图文档文件来保存临时图层。

在调用“Select Layer by Attribute”或“Select Layer by Location”工具之前，必须在 Python 脚本中单独创建要素图层和表视图。“Make Feature Layer”工具用于生成要素类的内存副本，生成的临时要素图层（内存副本）可以用来构造查询、选择集和连接表等。这一步完成后，就可以使用“Select Layer by Attribute”或“Select Layer by Location”工具。同样地，“Make Table View”工具用于创建表的内存副本，调用该工具的函数与“Make Feature Layer”工具一样，都要求有输入数据集、输出图层名称和可选的查询表达式等参数，查询表达式用于筛选输出图层的部分要素或行，并且这两个工具都可以在 Data Management Tools 工具箱中找到。

使用“Make Feature Layer”工具的语法如下所示。

```
arcpy.MakeFeatureLayer_management(<input feature layer>, <output layer name>,{where clause})
```

使用“Make Table View”工具的语法如下所示。

```
Arcpy.MakeTableView_management(<input table>, <output table name>,
{where clause})
```

本节将介绍如何在 ArcGIS 中使用“Make Feature Layer”和“Make Table View”工具来创建图层的内存副本。

7.3.2 操作方法

下面按步骤介绍如何使用“Make Feature Layer”和“Make Table View”工具。

（1）在 ArcMap 中打开 `C:\ArcpyBook\Ch7\Crime_Ch7.mxd`。

（2）打开“Python”窗口。

（3）导入 arcpy 模块。

```
import arcpy
```

（4）设置工作空间。

```
arcpy.env.workspace = "c:/ArcpyBook/data/CityOfSanAntonio.gdb"
```

（5）使用 try 语句。

```
try:
```

（6）使用“Make Feature Layer”工具创建 Burglary 要素类的内存副本，该行代码需要在 try 语句下缩进。

```
flayer = arcpy.MakeFeatureLayer_management("Burglary","Burglary_ Layer")
```

（7）添加 except 语句和输出错误信息的代码行。如果有问题，就会输出错误信息。

```
except Exception as e:
  print(e.message)
```

（8）完整的脚本如下所示。

```
import arcpy
arcpy.env.workspace = "c:/ArcpyBook/data/CityOfSanAntonio.gdb"
try:
  flayer = arcpy.MakeFeatureLayer_management("Burglary","Burglary_ Layer")
except Exception as e:
  print(e.message)
```

（9）将脚本保存为 C:\ArcpyBook\Ch7\CreateFeatureLayer.py。

（10）可以通过查看 C:\ArcpyBook\code\Ch7\CreateFeatureLayer.py 解决方案文件来检查代码。

（11）运行脚本，新的“Burglary_Layer”图层将添加到 ArcMap 的内容列表中，如图 7-5 所示。

（12）“Make Table View”工具的功能与“Make Feature Layer”工具相似，不同之处在于“Make Table View”工具作用于独立的表而不是要素类。

（13）删除下面的代码行。

```
flayer = arcpy.MakeFeatureLayer_management("Burglary","Burglary_ Layer")
```

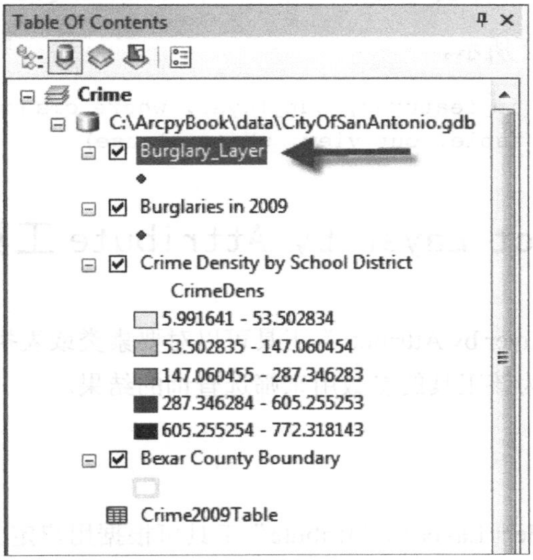

图 7-5 内容列表窗口

（14）在删除代码行的位置添加以下代码。

```
tView = arcpy.MakeTableView_management("Crime2009Table","Crime2009
TView")
```

（15）可以通过查看 `C:\ArcpyBook\code\Ch7\CreateTableView.py` 解决方案文件来检查代码。

（16）运行脚本，可以看到 ArcMap 的内容列表中添加了新的表视图。

7.3.3 工作原理

“Make Feature Layer”和“Make Table View”工具分别创建了要素类和表的内存副本。当在 Python 脚本中调用“Select Layer by Attribute”和“Select Layer by Location”工具时，都需要将这些临时内存副本作为参数。“Make Feature Layer”和“Make Table View”工具都需要传入临时内存副本的名称作为参数。

7.3.4 拓展

在“Make Feature Layer”或“Make Table View”工具中应用查询语句可以筛选要素图

层或表视图返回的记录，当从脚本中调用任一工具时，使用附加的 where 子句就可以完成这一筛选。这个查询类似于单击“Layer Properties | Definition Query”设置图层的定义查询。

添加查询的语法如下所示。

```
MakeFeatureLayer(in_features, out_layer, where_clause)
MakeTableView(in_table, out_view, where_clause)
```

7.4 使用 Select Layer by Attribute 工具选择要素和行

通过使用“Select Layer by Attribute”工具可以对要素类或表执行属性查询。Where 子句和选择类型都可以作为该工具的参数用来筛选查询的结果。

7.4.1 准备工作

如图 7-6 所示，“Select Layer by Attribute”工具可根据用户定义的（属性）查询，从要素类或表中选择符合查询条件的记录。在 7.2 节中已经介绍了一些关于查询的规则，读者应能够理解构造查询的基本概念。在 7.3 节中介绍了如何创建要素类或表的临时内存副本，这是使用“Select Layer by Attribute”或“Select Layer by Location”工具的先决条件。

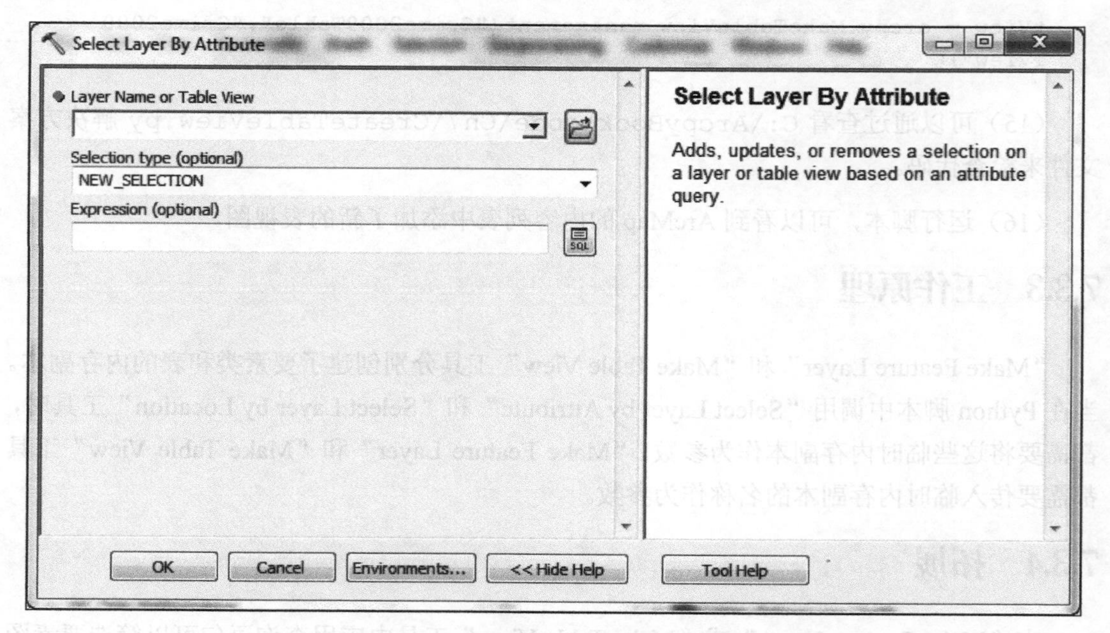

图 7-6 “Select Layer by Attribute”窗口

“Select Layer by Attribute”工具需要使用要素图层或表视图和选择类型等参数来选择记录。默认情况下，选择类型是“NEW SELECTION”，即创建新选择集。此外，还有一些其他的选择类型，如“add to selection”“remove from selection”“subset selection”“switch selection”和“clear selection”等，每种选择类型的含义如下所示。

- NEW_SELECTION：这是默认的选择类型，用于创建一个新的选择集（生成的选择内容将替换任何现有选择内容）。
- ADD_TO_SELECTION：基于查询将一个选择集添加到当前选择的记录中（当存在一个选择内容时，会将生成的选择内容添加到现有选择内容中。如果不存在选择内容，该选项的作用同 NEW_SELECTION 选项）。
- REMOVE_FROM_SELECTION：基于查询从当前选择集中移除所选的记录（将生成的选择内容从现有选择内容中移除。如果不存在选择内容，则该选项不起作用）。
- SUBSET_SELECTION：结合现有的选择集，选择两者共同的记录（将生成的选择内容与现有选择内容进行组合。只有两者共同的记录才会被选取）。
- SWITCH_SELECTION：切换选择内容，选择当前没有被选择的记录（将所选的所有记录从选择内容中移除，将未选取的所有记录添加到选择内容中，当指定该选项时将忽略表达式）。
- CLEAR_SELECTION：清除选择集的当前所有记录（清除或移除任何选择内容。当指定该选项时将忽略表达式）。

调用“Select Layer by Attribute”工具的语法如下所示。

```
arcpy.SelectLayerByAttribute_management(<input feature layer or table view>,
{selection method}, {where clause})
```

本节将介绍如何使用“Select Layer by Attribute”工具从要素类中选择要素。可以使用7.2 节和 7.3 节中学到的方法来构造查询语句，创建要素图层，最后调用“Select Layer by Attribute”工具。

7.4.2 操作方法

下面按步骤介绍如何使用“Select Layer by Attribute”工具从要素类或表中选择记录。

（1）打开 IDLE，新建一个脚本窗口。

（2）将脚本保存为 C:\ArcpyBook\Ch7\SelectLayerAttribute.py。

（3）导入 arcpy 模块。

```
import arcpy
```

（4）将工作空间设置为 CityofSanAntonio 地理数据库。

```
arcpy.env.workspace = "c:/ArcpyBook/data/CityOfSanAntonio.gdb"
```

（5）使用 try 语句。

```
try:
```

（6）创建 7.2 节使用的查询语句。该查询语句可以作为 where 子句来选择所有与 North 服务区有关的记录，该行代码及其后面的 4 行代码都应该缩进在 try 语句下。

```
qry = '"SVCAREA" = \'North\''
```

（7）创建 Burglary 要素类的内存副本。

```
flayer = arcpy.MakeFeatureLayer_management("Burglary","Burglary_ Layer")
```

（8）调用“Select Layer by Attribute”工具，传入刚创建的要素图层、选择类型和查询语句等 3 个参数。

```
arcpy.SelectLayerByAttribute_management(flayer, "NEW_SELECTION", qry)
```

（9）使用“Get Count”工具获取图层中选择记录的总数并将其输出。

```
cnt = arcpy.GetCount_management(flayer)
print("The number of selected records is: " + str(cnt))
```

（10）添加 except 语句和输出错误信息的代码行。如果有问题，就会输出错误信息。

```
except Exception as e:
  print(e.message)
```

（11）完整的脚本如下所示，要记住在 try 和 except 语句下使用缩进。

```
import arcpy
arcpy.env.workspace = "c:/ArcpyBook/data/CityOfSanAntonio.gdb"
try:
  qry = '"SVCAREA" = \'North\''
  flayer =  arcpy.MakeFeatureLayer_
management("Burglary","Burglary_Layer")
  arcpy.SelectLayerByAttribute_management(flayer, "NEW_SELECTION",
```

```
qry)
  cnt = arcpy.GetCount_management(flayer)
  print("The number of selected records is: " + str(cnt))
except Exception as e:
  print(e.message)
```

（12）保存脚本。

（13）可以通过查看 C:\ArcpyBook\code\Ch7\SelectLayerAttribute.py 解决方案文件来检查代码。

（14）运行脚本，如果脚本正确执行，就会有消息提示选中了 7520 行记录。

```
The total number of selected records is: 7520
```

7.4.3 工作原理

使用“Select Layer by Attribute”工具时，需要将要素图层或表视图作为第 1 个参数，在本节中传入的是要素图层。首先，使用“Make Feature Layer”工具从 Burglary 要素类中创建一个要素图层，然后将其赋值给 flayer 变量，最后将 flayer 变量作为第 1 个参数传递给“Select Layer by Attribute”工具。传入的第 2 个参数是选择类型（NEW SELECTION），表明想要新建一个选择集。传入的最后一个参数是 where 子句，它在 qry 变量中已经被定义了。qry 变量存储一个查询语句，用来选择所有与 North 服务区有关的记录。

7.5 使用 Select Layer by Location 工具选择要素

如图 7-7 所示，使用的“Select Layer by Location”工具将根据要素之间的空间关系来选择要素。由于它处理的是空间关系，所以该工具只能在要素类和与之相关的要素图层中使用。

7.5.1 准备工作

当使用“Select Layer by Location”工具选择要素时，可以指定不同的空间关系类型来获取满足条件的要素，如目标图层要素与源图层要素相交、目标图层要素包含源图层要素、目标图层要素在源图层要素范围内、目标图层要素接触源图层要素的边界、目标图层要素与源图层要素相同等。如果未指定空间关系的选择类型，就会使用默认的空间关系——相交（intersect）。在“Select Layer by Location”窗口中，只有输入要素图层这一个必选参数，其他都是可选参数，如空间关系、搜索距离、要素图层或要素类（用于选择输入要素图层中的要素）和选择类型等。本节将介绍如何在 Python 脚本中使用“Select Layer by Location”工具根据空间关系来选择要素。以使用该工具选择在 Edgewood 学校范围内发生的盗窃案为例进行讲解。

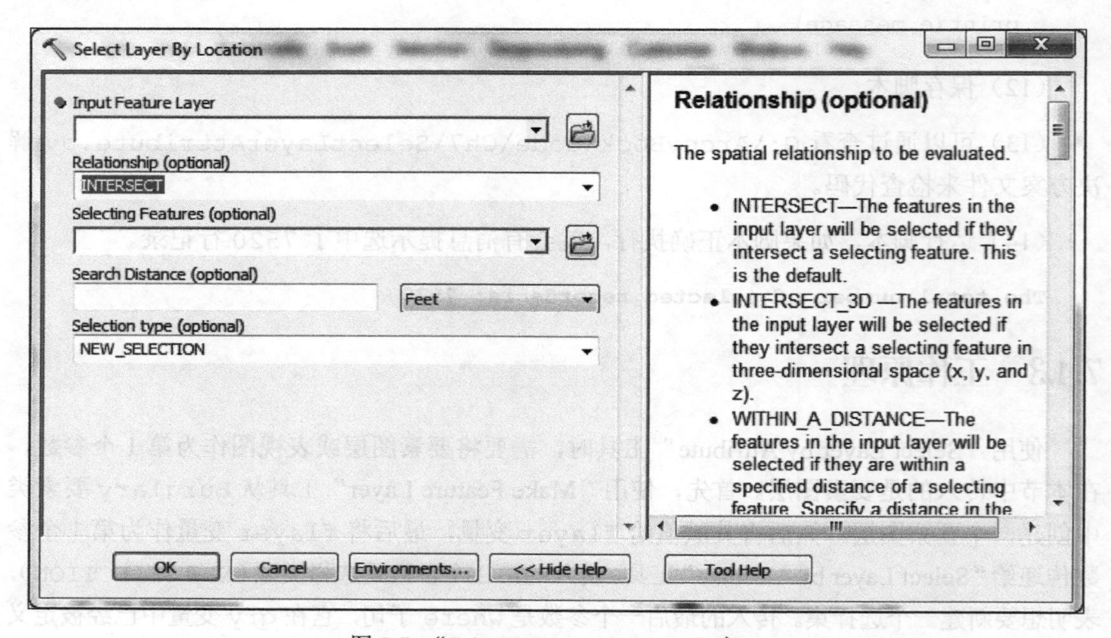

图 7-7 “Select Layer by Location”窗口

7.5.2 操作方法

下面按步骤介绍如何使用“Select Layer by Location”工具执行空间查询。

（1）打开 IDLE，新建一个脚本窗口。

（2）将脚本保存为 `C:\ArcpyBook\Ch7\SelectByLocation.py`。

（3）导入 `arcpy` 模块。

```
import arcpy
```

（4）将工作空间设置为 `CityofSanAntonio` 地理数据库。

```
arcpy.env.workspace = "c:/ArcpyBook/data/CityOfSanAntonio.gdb"
```

（5）使用 `try` 语句。

```
try:
```

（6）创建 Burglary 要素类的内存副本。

```
flayer = arcpy.MakeFeatureLayer_management("Burglary","Burglary_ Layer")
```

（7）调用“Select Layer by Location”工具，传入刚创建的要素图层作为该工具的第 1 个参数。第 2 个参数是“COMPLETELY_WITHIN”，表示要比较的空间关系，即用来选择完全位于源图层范围内的所有盗窃案。将 EdgewoodSD.shp 定义为源图层。

```
    arcpy.SelectLayerByLocation_management(flayer, "COMPLETELY_ WITHIN", "C:/
ArcpyBook/Ch7/EdgewoodSD.shp")
```

（8）使用“Get Count”工具获取图层中选择记录的总数并将其输出。

```
cnt = arcpy.GetCount_management(flayer)
print("The number of selected records is: " + str(cnt))
```

（9）添加 except 语句和输出错误信息的代码行。如果有问题，就会输出错误信息。

```
except Exception as e:
  print e.message
```

（10）完整的脚本如下所示，要记住在 try 和 except 语句下使用缩进。

```
import arcpy
arcpy.env.workspace = "c:/ArcpyBook/data/CityOfSanAntonio.gdb"
try:
  flayer =  arcpy.MakeFeatureLayer_
management("Burglary","Burglary_Layer")
  arcpy.SelectLayerByLocation_management (flayer, "COMPLETELY_
WITHIN", "c:/ArcpyBook/Ch7/EdgewoodSD.shp")
  cnt = arcpy.GetCount_management(flayer)
  print("The number of selected records is: " + str(cnt))
except Exception as e:
  print("An error occurred during selection")
```

（11）保存脚本。

（12）可以通过查看 C:\ArcpyBook\code\Ch7\SelectByLocation_Step1.py 解决方案文件来检查代码。

（13）运行脚本，如果脚本正确执行，就会有消息提示选中了 1470 行记录。

```
The total number of selected records is: 1470
```

在上述示例中，没有定义可选的搜索距离和选择类型参数。在默认情况下，选择类型是“NEW SELECTION”。而搜索距离没有默认值，需要用户来定义。上面的步骤中没有定义搜索距离，现在指定一个搜索距离来说明它是如何工作的。

（14）使用以下代码更新调用“Select Layer by Location”工具的代码行。

```
arcpy.SelectLayerByLocation_management (flayer, "WITHIN_A_ DISTANCE",
"c:/ArcpyBook/Ch7/EdgewoodSD.shp","1 MILES")
```

（15）保存脚本。

（16）可以通过查看 C:\ArcpyBook\code\Ch7\SelectByLocation_Step2.py 解决方案文件来检查代码。

（17）运行脚本，如果脚本正确执行，就会有消息提示选中了 2 976 行记录。该代码用来选择 Edgewood 学校范围内以及与边界相邻的一英里范围内的所有盗窃案。

```
The total number of selected records is: 2976
```

最后，使用“Copy Features”工具将临时图层（flayer）写入到一个新的要素类中（EdgewoodBurglaries.shp）。

（18）给出如下两行注释代码，分别是获取要素的数量和将结果输出到屏幕上。

```
## cnt = arcpy.GetCount_management(flayer)
## print("The number of selected records is: " + str(cnt))
```

（19）添加调用“Copy Features”工具的代码行，该代码行添加在调用“Select Layer by Location”工具的代码行下方。“Copy Features”工具的第 1 个参数是要素图层（要复制的要素），第 2 个参数是输出要素类（要创建的要素类），在这个例子中，输出要素类是名为 EdgewoodBurglaries.shp 的 shapefile 文件。

```
arcpy.CopyFeatures_management(flayer, 'c:/ArcpyBook/Ch7/ EdgewoodBurglaries.shp')
```

（20）完整的脚本如下所示，注意在 try 和 except 语句下应使用缩进。

```
import arcpy
arcpy.env.workspace = "C:/ArcpyBook/data/CityOfSanAntonio.gdb"
try:
  flayer = arcpy.MakeFeatureLayer_management("Burglary","Burglary_ Layer")
  arcpy.SelectLayerByLocation_management (flayer, "WITHIN_A_
DISTANCE", "c:/ArcpyBook/Ch7/EdgewoodSD.shp","1 MILES")
  arcpy.CopyFeatures_management(flayer, 'c:/ArcpyBook/Ch7/
EdgewoodBurglaries.shp')
      #cnt = arcpy.GetCount_management(flayer)
```

```
    #print("The total number of selected records is: " + str(cnt))
except Exception as e:
    print(e.message)
```

（21）保存脚本。

（22）可以通过查看 C:\ArcpyBook\code\Ch7\SelectByLocation_Step3.py 解决方案文件来检查代码。

（23）运行脚本。

（24）打开 C:\ArcpyBook\Ch7 文件夹，查看输出的 shapefile 文件。

7.5.3　工作原理

使用“Select Layer by Location”工具时，需要将要素图层或表视图作为第 1 个参数，在本节中传入的是要素图层。首先，使用“Make Feature Layer”工具从 Burglary 要素类中创建一个要素图层，其次将其赋值给 flayer 变量，最后将 flayer 变量作为第 1 个参数传递给“Select Layer by Location”工具。传入的第 2 个参数是空间关系，可以将其设置为需要使用的空间关系。传入的最后一个参数是源图层，用于与目标图层进行空间关系的比较。此外，该工具还可以使用其他的可选参数，如搜索距离和选择类型等。

7.6　结合空间查询和属性查询选择要素

有些情况下，需要结合属性查询和空间查询两种查询条件来选择要素。例如，要选择 Edgewood 学校星期一发生的所有盗窃案，就需要依次使用“Select Layer by Location”和“Select Layer by Attribute”工具并应用“SUBSET_SELECTION”选择类型。

7.6.1　准备工作

本节首先新建了一个要素图层作为临时图层，它将应用于“Select Layer by Location”和“Select Layer by Attribute”工具。其次，使用“Select Layer by Location”工具查找 Edgewood 学校范围内的所有盗窃案。再次，为“Select Layer by Attribute”工具传入同一个临时要素图层和 where 子句，以查找星期一发生的所有盗窃案，此外，该工具指定的选择类型是“SUBSET_SELECTION”，它会根据“Select Layer by Location”工具选择的要素子集来选择两者共同的记录。最后，输出结合空间查询和属性查询两种查询条件选择的记录总数。

7.6.2 操作方法

（1）打开 IDLE，新建一个脚本窗口。

（2）将脚本保存为 C:\ArcpyBook\Ch7\SpatialAttributeQuery.py。

（3）导入 arcpy 模块。

```
import arcpy
```

（4）将工作空间设置为 CityofSanAntonio 地理数据库。

```
arcpy.env.workspace = "c:/ArcpyBook/data/CityofSanAntonio.gdb"
```

（5）使用 try 语句，注意其后的代码行都要缩进，直到 except 语句出现。

```
try:
```

（6）为查询创建一个变量，相当于定义了 where 子句。

```
qry = '"DOW" = \'Mon\''
```

（7）创建要素图层。

```
flayer = arcpy.MakeFeatureLayer_management("Burglary","Burglary_ Layer")
```

（8）执行“Select Layer by Location”工具，查找发生在 Edgewood 学校范围内的所有盗窃案。

```
arcpy.SelectLayerByLocation_management(flayer, "COMPLETELY_WITHIN",
"C:/ArcpyBook/Ch7/EdgewoodSD.shp")
```

（9）执行“Select Layer by Attribute”工具，查找与之前定义的 qry 查询变量相匹配的所有盗窃案，这是一个子集查询。

```
arcpy.SelectLayerByAttribute_management(flayer, "SUBSET_ SELECTION", qry)
```

（10）输出选择记录的总数。

```
cnt = arcpy.GetCount_management(flayer)
print("The total number of selected records is: " + str(cnt))
```

（11）添加 except 语句。

```
except Exception as e:
  print(e.message)
```

（12）完整的脚本如下所示。

```
import arcpy
arcpy.env.workspace = "C:/ArcpyBook/data/CityOfSanAntonio.gdb"
try:
  qry = '"DOW" = \'Mon\''
  flayer = arcpy.MakeFeatureLayer_management("Burglary","Burglary_ Layer")
  arcpy.SelectLayerByLocation_management (flayer, "COMPLETELY_
WITHIN", "c:/ArcpyBook/Ch7/EdgewoodSD.shp")
  arcpy.SelectLayerByAttribute_management(flayer, "SUBSET_ SELECTION", qry)
  cnt = arcpy.GetCount_management(flayer)
  print("The total number of selected records is: " + str(cnt))
except Exception as e:
  print(e.message)
```

（13）保存并运行脚本，如果脚本正确执行，就会有消息提示选中了 197 行记录。该脚本选择了星期一 Edgewood 学校范围内发生的所有盗窃案。

```
The total number of selected records is: 197
```

（14）可以通过查看 C:\ArcpyBook\code\Ch7\SpatialAttributeQuery.py 解决方案文件来检查代码。

7.6.3 工作原理

首先，使用“Make Feature Layer”工具新建一个要素图层，并将其赋值给 flayer 变量。其次，将临时图层（新建的要素图层）和“COMPLETELY_WITHIN”空间关系传入“Select Layer by Location”工具，用来查找 Edgewood 学校范围内的所有盗窃案。该要素图层和已经定义的选择集可以作为输入参数在“Select Layer by Attribute”工具中使用。然后，为“Select Layer by Attribute”工具传入要素图层、选择类型和 where 子句等参数。将选择类型参数设置为“SUBSET_SELECTION”，它会把生成的选择内容与现有选择内容进行组合，选取两者共同的记录。作为第 3 个参数传入的 where 子句是属性查询语句，用来查找星期一发生的所有盗窃案，该查询使用“DOW”字段来查找值为“Mon”的记录。最后，对 flayer 变量使用“Get Count”工具获取选择记录的总数，并将结果输出到屏幕上。

第 8 章 在要素类和表中使用 ArcPy 数据访问模块

本章将介绍以下内容。

- 使用 SearchCursor 检索要素类中的要素。
- 使用 where 子句筛选记录。
- 使用几何令牌改进游标性能。
- 使用 InsertCursor 插入行。
- 使用 UpdateCursor 更新行。
- 使用 UpdateCursor 删除行。
- 在编辑会话中插入和更新行。
- 读取要素类中的几何信息。
- 使用 Walk()遍历目录。

8.1 引言

本章从一个基本问题开始介绍——什么是游标？游标是包括表格或要素类中的一行或多行数据的内存对象。每一行都包含数据源中每个字段的属性和每个要素的几何特征。游标可用于搜索、添加、插入、更新和删除表和要素类中的数据。

ArcGIS 10.1 引入了 arcpy 数据访问模块（arcpy.da），其中包括使用游标遍历每一行的方法。读者可根据不同的需求创建不同类型的游标。例如，创建搜索游标（SearchCursor）用于从行中读取值，创建更新游标（UpdateCursor）用于更新行中的值或删除行，创建插入游标（InsertCursor）用于插入新的行等。

arcpy 数据访问模块对游标进行了一些改进。在 ArcGIS 10.1 以前的版本中，游标的性能很慢，而在现在的版本中，游标的速度明显变快了。据 ESRI 统计，SearchCursor 的速度提高了 30 倍，而 InsertCursor 的速度提高了 12 倍。除了这些性能的改进，数据访问模块还提供了一些新的选项，可以让程序员进一步加快处理速度。现在可以指定返回字段的一个子集，而不需要返回游标中的所有字段，因为返回的数据减少，所以游标的性能得到了提升。这同样适用于几何图形。在 ArcGIS 10.1 以前的版本中，当访问要素的几何特征时，会返回整个几何定义，而现在可以使用几何令牌来返回要素的部分几何特征而不是全部几何特征，另外也可以使用列表和元组返回数据而不仅仅是使用行返回数据。另外，新的功能还包括编辑会话，以及操作不同的版本、域和子类型等。

arcpy.da 中有 3 种游标函数，每种函数都会返回一个与该函数同名的游标对象。SearchCursor() 返回一个只读的 SearchCursor 对象，包含表或要素类的行；InsertCursor() 返回一个 InsertCursor 对象，用于将新记录插入到表或要素类中；UpdateCursor() 返回一个游标对象，用于编辑或删除表或要素类中的记录。每个游标对象都有相应的方法来访问游标中的行。在表 8-1 中可以看到游标函数之间的关系，以及它们创建的对象和使用的方法。

表 8-1　　　　游标函数

函数	创建对象	使用方法
SearchCursor()	SearchCursor	表或要素类数据的只读视图
InsertCursor()	InsertCursor	添加表或要素类的行
UpdateCursor()	UpdateCursor	编辑或删除表或要素类中的行

SearchCursor() 函数返回一个 SearchCursor 对象，这个对象只能通过遍历行来返回只读目标，没有插入、删除或更新功能。可选的 where 子句可用来限制返回的行。

游标实例中有重复记录是很常见的，尤其是在 SearchCursor 或 UpdateCursor 中。当在游标中遍历记录时，请注意游标只能向前移动。当创建一个游标时，游标位于第 1 行的上方。当第 1 次调用 next() 时，游标移动到第 1 行。也可以使用 for 循环来处理每条记录，而不需要调用 next() 方法。对一行执行完需要处理的操作后，调用 next() 将指针移动到第 2 行。如果需要访问其他行，可以一直执行这个过程。然而，当访问过一行后，就不能再返回到上一条记录。例如，如果当前行是第 3 行，就不能编程返回第 2 行，只能向前移动。如果想重新访问第 1 行和第 2 行，需要调用 `reset()` 方法或者重新创建游标，将游标对象重置回第 1 行。正如前面所提到的，游标往往也用到 `for` 循环遍历。事实上，这是一种比较常见的迭代游标的方式，也是更有效的脚本编写方式。遍历游标如图 8-1 所示。

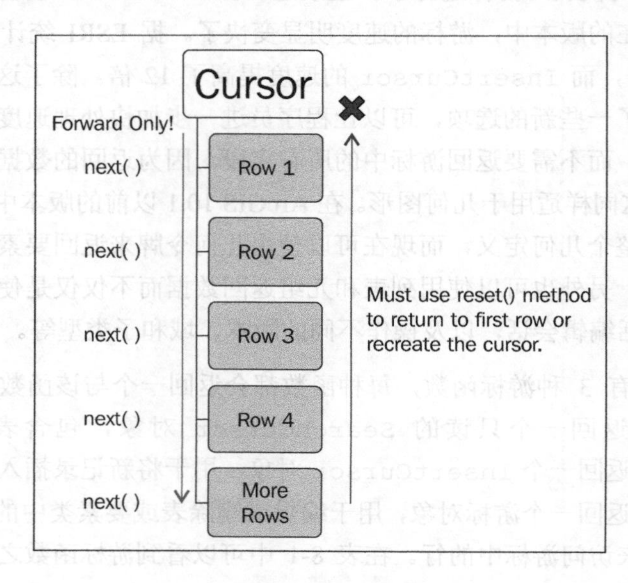

图 8-1　游标遍历

`InsertCursor()`函数用于创建 `InsertCursor` 对象，可以以编程的方式在要素类和表中添加新记录。使用这个对象调用 `insertRow()`方法可插入行。通过游标的 `fields` 属性可检索包含字段名称的只读元组。使用游标访问表或要素类时，数据将被锁定。因此，编写脚本时需要注意，完成一项任务后一定要释放游标。

`UpdateCursor()`函数用于创建 `UpdateCursor` 对象，可以更新和删除表或要素类中的行。在 `UpdateCursor` 实例中，该函数将对需要编辑或删除的数据设置锁定。如果在 `with` 语句内使用游标，锁定将在数据处理后自动被释放。但在 ArcGIS 10.1 以前的版本中，游标需要使用 `Python` 的 `del` 语句手动释放。一旦获得一个 `UpdateCursor` 实例，就可以调用 `updateCursor()`方法更新表或要素类中的记录以及使用 `deleteRow()`方法删除行。

现在来详细介绍一下数据锁定的概念。`InsertCursor` 和 `UpdateCursor` 必须在引用的数据源上使用排他锁。这意味着，其他应用程序不可以同时访问该数据源。锁定可以防止多个用户在同一时间改变数据。当在代码中调用 `InsertCursor()`和 `UpdateCursor()`方法时，Python 将锁定数据。游标完成处理后必须明确释放锁定，以便其他应用程序（如 ArcMap 或 ArcCatalog）能够访问该数据，如果不释放锁定，其他应用程序将不能访问该数据。对于 ArcGIS 10.1 以前的版本和 with 语句，游标需要使用 Python 的 del 语句专门释放锁定。同样，ArcMap 和 ArcCatalog 在更新或删除数据时也需要锁定数据。如果数据源已经被其他应用程序锁定，Python 代码将不能访问该数据。因此，最好的做法是在使用包含 InsertCursor 和 UpdateCursor 的 Python 脚本之前，先关闭 ArcMap 和 ArcCatalog。

本章将介绍如何使用游标来访问、编辑表或要素类中的记录。在 ArcGIS 10.1 以前的版本中，游标概念仍然适用。

8.2 使用 SearchCursor 检索要素类中的要素

从表或要素类中以只读方式检索行有多种情形，例如，获取一个城市中价值在 10 万美元以上的所有地块的列表。在这种情况下，不需要编辑数据，只需要生成一个符合某种标准的列表即可。SearchCursor 对象包含表或要素类中的行的只读副本，这些对象还可以使用 where 子句进行筛选，以返回数据集的子集。

8.2.1 准备工作

SearchCursor() 函数返回一个 SearchCursor 对象，这个对象只能通过遍历行来返回只读目标，没有插入、删除或更新的功能。可选的 where 子句用来限制返回的行。本节将介绍如何使用 SearchCursor() 函数来创建一个要素类的 SearchCursor 对象。

SearchCursor 对象包含 fields 属性以及 next() 和 reset() 等方法。fields 属性是一个只读的 Python 元组，包含在要素类或表中获取的字段。元组多与游标一起出现。如果对元组这一概念不熟悉，可将元组看作存储数据序列的 Python 结构，与列表类似。但是，元组和列表之间有一些重要的区别。元组是由圆括号定义的数值序列，而列表是由方括号定义的数值序列。与列表不同，元组不能改变其长度，当需要固定列表的长度和元素的位置时，元组的这一特性恰好满足要求。对于 fields 属性，游标对象使用元组来存储表和要素类中的字段数据。

8.2.2 操作方法

下面按步骤介绍如何从一个 SearchCursor 对象中检索表或要素类中的行。

（1）打开 IDLE，新建一个脚本窗口。

（2）脚本保存为 C:\ArcpyBook\Ch8\SearchCursor.py。

（3）导入 arcpy.da 模块。

```
import arcpy.da
```

（4）设置工作空间。

```
arcpy.env.workspace = "c:/ArcpyBook/Ch8"
```

（5）使用 with 语句创建游标。

```
with
arcpy.da.SearchCursor("Schools.shp",("Facility","Name")) as
cursor:
```

（6）使用 for 循环遍历 SearchCursor 中的行，输出学校的名称。注意要确保 for 循环缩进在 with 语句中。

```
for row in sorted(cursor):
  print("School name: " + row[1])
```

（7）完整的脚本如下所示。

```
import arcpy.da
arcpy.env.workspace = "c:/ArcpyBook/Ch8"
with
arcpy.da.SearchCursor("Schools.shp",("Facility","Name")) as
cursor:
    for row in sorted(cursor):
        print("School name: " + row[1])
```

（8）保存脚本。

（9）可以通过查看 C:\ArcpyBook\code\Ch8\SearchCursor_Step1.py 解决方案文件来检查代码。

（10）运行脚本，结果如下所示。

```
School name: ALLAN
School name: ALLISON
School name: ANDREWS
School name: BARANOFF
School name: BARRINGTON
School name: BARTON CREEK
School name: BARTON HILLS
School name: BATY
School name: BECKER
School name: BEE CAVE
```

8.2.3 工作原理

与 SearchCursor()函数一同使用的 with 语句用来创建、打开和关闭游标，因此，不需要再像使用 ArcGIS 10.1 之前的版本那样手动释放游标锁定。传入 SearchCursor()函数的第 1 个参数是要素类，本节传入的是 Schools.shp 文件。第 2 个参数是 Python 元组，用于存储游标中返回的字段列表。为了提高游标的性能，最好的做法是在游标中限制字段的个数，只返回完成任务所需的字段。在这个例子中，指定返回 Facility 和 Name 字段，SearchCursor 对象存储在名为 cursor 的变量中。

在 with 语句块中，使用 for 循环来遍历返回的学校，也使用了 sorted()函数对游标的内容进行排序。要访问某行中字段的值，只需要使用该字段的索引值来返回。在这个例子中，要返回 Name 列的内容，它的索引值是 1，因为在返回的含有字段名称的元组中它是第 2 项（索引值从 0 开始）。

8.3 使用 where 子句筛选记录

默认情况下，SearchCursor 将返回一个表或要素类中的所有行。然而，在很多情况下，常常需要使用某些条件来限制返回的行数，一般通过在 where 子句中设置筛选条件来实现。

8.3.1 准备工作

默认情况下，当创建了一个 SearchCursor 对象后，表或要素类中的所有行都将被返回。但是，在大多数情况下，需要限制返回的记录，可以在调用 SearchCursor()函数时，创建一个查询，将它作为参数传入 where 子句来实现。本节将在 8.2 节脚本的基础上添加一个 where 子句来限制返回的记录。

8.3.2 操作方法

下面按步骤介绍如何在 SearchCursor 对象中限制返回的表或要素类中的行。

（1）打开 IDLE，加载 8.2 节的 SearchCursor.py 脚本。

（2）添加 where 子句，更新 SearchCursor()函数，查找记录中有“HIGH SCHOOL”文本的 facility 字段。

```
with
```

```
arcpy.da.SearchCursor("Schools.shp",("Facility","Name"),
'"FACILITY" = \'HIGH SCHOOL\'') as cursor:
```

（3）可以通过查看 C:\ArcpyBook\code\Ch8\SearchCursor_Step2.py 解决方案文件来检查代码。

（4）保存并运行脚本，可以发现输出结果的范围变小了，仅限于限制条件中的高中的数据。

```
High school name: AKINS
High school name: ALTERNATIVE LEARNING CENTER
High school name: ANDERSON
High school name: AUSTIN
High school name: BOWIE
High school name: CROCKETT
High school name: DEL VALLE
High school name: ELGIN
High school name: GARZA
High school name: HENDRICKSON
High school name: JOHN B CONNALLY
High school name: JOHNSTON
High school name: LAGO VISTA
```

8.3.3 工作原理

第 7 章已经介绍过创建查询以及查询和选择数据，相信读者已经掌握了编写查询语句时需要遵循的基本规则。where 子句可以接受任何有效的 SQL 查询，在本例中它的作用是限制返回的记录数量。

8.4 使用几何令牌改进游标性能

为了改进游标的性能，ArcGIS 10.1 引入了 geometry tokens（几何令牌），使用几何令牌可以只返回几何的一部分信息，而不是返回游标中的全部要素的几何信息。返回整个要素的几何信息会导致游标性能下降，因为需要返回大量数据，而只返回需要的特定的几何部分明显提高了游标的速度。

8.4.1 准备工作

令牌是作为字段列表中的一个字段被传入游标的构造函数的，其格式为 SHAPE@<Part of Feature to be Returned>。这个格式唯一例外的是 OID@令牌，即要素对象的 ID。下面的代码示例用于返回要素的 *X*、*Y* 坐标。

```
with arcpy.da.SearchCursor(fc, ("SHAPE@XY","Facility","Name")) as cursor:
```

表 8-2 列出了可用的几何令牌，但并非所有的游标都支持列表中全部的令牌，可以查看 ArcGIS 帮助中有关每种类型的游标所支持的几何令牌信息。SHAPE@令牌返回完整的要素几何，需谨慎使用，因为返回完整的要素几何更加耗时，并且显著影响性能。如果不需要完整的几何，就不需要使用这个令牌。

表 8-2　　几何令牌

令牌	说明
SHAPE@XY	要素的质心 *X*、*Y* 坐标
SHAPE@X	要素的双精度 *X* 坐标
SHAPE@TRUECENTROID	要素的真实质心 *X*、*Y* 坐标
SHAPE@Y	要素的双精度 *Y* 坐标
SHAPE@Z	要素的双精度 *Z* 坐标
SHAPE@M	要素的双精度 M 值
SHAPE@	要素的几何对象
SHAPE@AREA	要素的双精度面积
SHAPE@LENGTH	要素的双精度长度
OID@	ObjectID 字段的值

本章将使用几何令牌来提高游标的性能，并以从 parcels 要素类中获取每块土地的 *X*、*Y* 坐标和一些关于 parcel 的属性信息为例进行说明。

8.4.2 操作方法

下面按步骤介绍如何在游标中添加几何令牌，以提高游标的性能。

（1）打开 IDLE，新建一个脚本窗口。

（2）脚本保存为 C:\ArcpyBook\Ch8\GeometryToken.py。

（3）导入 arcpy.da 和 time 模块。

```
import arcpy.da
import time
```

（4）设置工作空间。

```
arcpy.env.workspace = "c:/ArcpyBook/Ch8"
```

（5）计算使用几何令牌执行代码的时间，添加以下代码，记录起始时间。

```
start = time.clock()
```

（6）使用 with 语句创建游标，返回每个要素的质心坐标和存储在 PY_FULL_OW 字段中的所有权信息。

```
with
arcpy.da.SearchCursor("coa_parcels.shp",("PY_FULL_OW","SHAPE@XY"))
as cursor:
```

（7）使用 for 循环遍历 SearchCursor 的每一行，输出土地所有者的名称和地理坐标，要确保 for 循环缩进在 with 语句下。

```
for row in cursor:
  print("Parcel owner: {0} has a location of:
{1}".format(row[0], row[1]))
```

（8）计算程序执行的时间。

```
elapsed = (time.clock() - start)
```

（9）输出执行时间。

```
print("Execution time: " + str(elapsed))
```

（10）完整的脚本如下所示。

```
import arcpy.da
import time
arcpy.env.workspace = "c:/ArcpyBook/Ch8"
start = time.clock()
with arcpy.da.SearchCursor("coa_parcels.shp",("PY_FULL_OW",
"SHAPE@XY")) as cursor:
    for row in cursor:
        print("Parcel owner: {0} has a location of:
{1}".format(row[0], row[1]))
elapsed = (time.clock() - start)
print("Execution time: " + str(elapsed))
```

（11）可以通过查看 C:\ArcpyBook\code\Ch8\GeometryToken.py 解决方案文

件来检查代码。

（12）保存脚本。

（13）运行脚本，可以得到与下列代码类似的输出结果。注意，读者的机器的执行时间可能跟以下输出信息会有所不同。

```
Parcel owner: CITY OF AUSTIN ATTN REAL ESTATE DIVISION has a
location of: (3110480.5197341456, 10070911.174956793)

Parcel owner: CITY OF AUSTIN ATTN REAL ESTATE DIVISION has a
location of: (3110670.413783513, 10070800.960865)

Parcel owner: CITY OF AUSTIN has a location of:
(3143925.0013213265, 10029388.97419636)

Parcel owner: CITY OF AUSTIN % DOROTHY NELL ANDERSON ATTN
BARRY LEE ANDERSON has a location of: (3134432.983822767,
10072192.047894118)

Execution time: 9.08046185109
```

以上代码演示的是返回所需的部分几何信息，现在来计算返回整个几何的执行时间。

（1）将脚本另存为 C:\ArcpyBook\Ch8\GeometryTokenEntireGeometry.py。

（2）更改 SearchCursor()函数，使用 SHAPE@代替 SHAPE@XY 来返回整个几何。

```
with arcpy.da.SearchCursor("coa_parcels.shp",("PY_FULL_OW",
"SHAPE@")) as cursor:
```

（3）可以通过查看 C:\ArcpyBook\code\Ch8\GeometryTokenEntireGeometry.py 解决方案文件来检查代码。

（4）保存并运行脚本，得到的输出结果如下所示，当然，读者的机器的执行时间会与以下时间有所不同，但请注意，执行时间变长了。在这个例子中，尽管执行时间只比之前慢了一秒多，但是这里只返回了 2600 个要素，如果要素类包含的要素数量特别大，执行时间的差距就会非常明显。

```
Parcel owner: CITY OF AUSTIN ATTN REAL ESTATE DIVISION has a
location of: <geoprocessing describe geometry object object at
0x06B9BE00>
Parcel owner: CITY OF AUSTIN ATTN REAL ESTATE DIVISION has a
```

```
location of: <geoprocessing describe geometry object object at
0x2400A700>

Parcel owner: CITY OF AUSTIN has a location of: <geoprocessing
describe geometry object object at 0x06B9BE00>

Parcel owner: CITY OF AUSTIN % DOROTHY NELL ANDERSON ATTN
BARRY LEE ANDERSON has a location of: <geoprocessing describe
geometry object object at 0x2400A700>

Execution time: 10.1211390896
```

8.4.3 工作原理

几何令牌可作为一个字段名传入游标的构造函数中。使用令牌将只返回几何的一部分而不是全部，所以游标的性能得到了提升，尤其是对数据量比较大的折线或多边形数据进行操作时，执行时间将大大缩短。如果只需要特定的几何属性，也可以在游标中使用这些令牌。

8.5 使用 InsertCursor 插入行

InsertCursor 对象用于在表或要素类中插入行，如果想插入含有属性值的行，需要在属性表中按顺序提供相应的值。

8.5.1 准备工作

InsertCursor()函数创建了 InsertCursor 对象，它可以以编程的方式将新记录添加到要素类和表中。InsertCursor 对象中的 insertRow()方法用于添加新行，将列表或元组中的行作为参数传入 insertRow()方法中。列表中的值必须与创建对象时定义的字段值相对应。与其他类型的游标类似，InsertCursor 对象也可以通过构造函数的第 2 个参数来限制返回的字段名称，这个函数也支持几何令牌。

下面的代码示例说明如何使用 InsertCursor 在要素类中插入新的行。首先，将两个新的 wildfire 数据插入到 California 要素类中，待插入的行定义在列表变量(rowValues)中。然后，创建 InsertCursor 对象，传入要素类和字段。最后，使用 insertRow()方法将新的行插入到要素类中。

```
rowValues = [('Bastrop','N',3000,(-105.345,32.234)),
```

```
('Ft Davis','N', 456, (-109.456,33.468))]
fc = "c:/data/wildfires.gdb/California"
fields = ["FIRE_NAME", "FIRE_CONTAINED", "ACRES", "SHAPE@XY"]
with arcpy.da.InsertCursor(fc, fields) as cursor:
  for row in rowValues:
    cursor.insertRow(row)
```

本节将使用 InsertCursor 把从 txt 文件中检索到的 wildfires 数据添加到点要素类中。往要素类中插入行时，需要知道如何将对要素的几何特征的描述添加到要素类中。可以使用 InsertCursor 以及 Array 和 Point 两个对象来实现。在本例中，将把 wildfire 事件的点要素类添加到另一个空的点要素类中。此外，还将学习如何使用 Python 方法从文本文件中读取坐标数据。

8.5.2 操作方法

下面将导入 2007 年 10 月某日北美荒地火灾事故的数据。数据存储在一个用逗号分隔的文本文件中，该文本文件包含在这个特定日期发生的每个火灾事件的信息，包括每个火灾事件的经纬度坐标对和置信度值，三者以逗号分隔。这些数据是从遥感数据中自动获取的火灾数据，其中置信度值的范围是 0 到 100，数值越大表示该点是一个真正的火灾点的可信度越大。

（1）打开 C:\ArcpyBook\Ch8\WildfireData\NorthAmericaWildfire_2007275.txt 文件，查看其内容。

可以看到，这是一个简单的用逗号分隔的文本文件，其中包含每个火灾点的经度、纬度和置信度值。下面将用 Python 逐行读取这个文件的内容，并将新的点要素插入到 FireIncidents 要素类中，该要素类位于 C:\ArcpyBook\Ch8\ WildfireData\WildlandFires.mdb 个人地理数据库中。

（2）关闭文件。

（3）打开 ArcCatalog。

（4）在 ArcCatalog 中打开 C:\ArcpyBook\Ch8\WildfireData。

可以看到一个名为 WildlandFires 的个人地理数据库。打开地理数据库，会看到有一个名为 FireIncidents 的点要素类，此时它是一个空要素类，将通过读取之前查看的文本文件并插入点来添加要素。

（5）右击 FireIncidents 并选择“Properties”。

（6）单击“Fields”选项卡。

NorthAmericaWildfire_2007275.txt 文件中的纬度/经度将被导入 SHAPE 字段，置信度值将被写入 CONFIDENCEVALUE 字段。

（7）打开 IDLE，新建一个脚本。

（8）脚本保存为 C:\ArcpyBook\Ch8\InsertWildfires.py。

（9）导入 arcpy 模块。

```
import arcpy
```

（10）设置工作空间。

```
arcpy.env.workspace =
"C:/ArcpyBook/Ch8/WildfireData/WildlandFires.mdb"
```

（11）打开文本文件，将所有的行读入列表中。

```
f =
open("C:/ArcpyBook/Ch8/WildfireData/NorthAmericaWildfires_2007275.
txt","r")
lstFires = f.readlines()
```

（12）使用 try 语句。

```
try:
```

（13）使用 with 语句创建 InsertCursor 对象，要确保该语句缩进在 try 语句下。游标将在 FireIncidents 要素类中创建。

```
with
arcpy.da.InsertCursor("FireIncidents",("SHAPE@
XY","CONFIDENCEVALUE")) as cur:
```

（14）创建一个计数器变量，用于显示脚本的进度。

```
cntr = 1
```

（15）使用 for 循环遍历文本文件。由于文本文件是逗号分隔的，所以可以使用 split() 函数将值分开并存储到名为 vals 的列表变量中，然后将列表中的纬度，经度和置信度值分别赋给 latitude、longitude 和 confid 变量，并将这些值存储在 rowValue 列表变量中，该变量将被传递给 InsertCursor 对象的 insertRow() 函数，最后输出一条进度消息。

```
for fire in lstFires:
    if 'Latitude' in fire:
```

```
            continue
          vals = fire.split(",")
          latitude = float(vals[0])
          longitude = float(vals[1])
          confid = int(vals[2])
          rowValue = [(longitude,latitude),confid]
          cur.insertRow(rowValue)
          print("Record number " + str(cntr) + " written to
          feature class")
          #arcpy.AddMessage("Record number" + str(cntr) + "
          written to feature class")
          cntr = cntr + 1
```

（16）添加 except 语句，输出可能发生的错误。

```
except Exception as e:
  print(e.message)
```

（17）添加 finally 语句来关闭文本文件。

```
finally:
  f.close()
```

（18）完整的脚本如下所示。

```
import arcpy

arcpy.env.workspace = "C:/ArcpyBook/Ch8/WildfireData/WildlandFires.mdb"
f =
open("C:/ArcpyBook/Ch8/WildfireData/
NorthAmericaWildfires_2007275.txt","r")
lstFires = f.readlines()
try:
  with
arcpy.da.InsertCursor("FireIncidents",
("SHAPE@XY","CONFIDENCEVALUE")) as cur:
    cntr = 1
    for fire in lstFires:
      if 'Latitude' in fire:
        continue
      vals = fire.split(",")
      latitude = float(vals[0])
      longitude = float(vals[1])
      confid = int(vals[2])
```

```
            rowValue = [(longitude,latitude),confid]
            cur.insertRow(rowValue)
            print("Record number " + str(cntr) + " written to
    feature class")
            #arcpy.AddMessage("Record number" + str(cntr) + "
            written to feature class")
            cntr = cntr + 1
    except Exception as e:
      print(e.message)
    finally:
      f.close()
```

（19）可以通过查看 `C:\ArcpyBook\code\Ch8\InsertWildfires.py` 解决方案文件来检查代码。

（20）保存并运行脚本。当脚本运行时，可以在输出窗口看到如下所示的信息。

```
Record number: 406 written to feature class
Record number: 407 written to feature class
Record number: 408 written to feature class
Record number: 409 written to feature class
Record number: 410 written to feature class
Record number: 411 written to feature class
```

（21）打开 ArcMap，在内容列表中添加 `FireIncidents` 要素类，可看到如图 8-2 所示的内容。

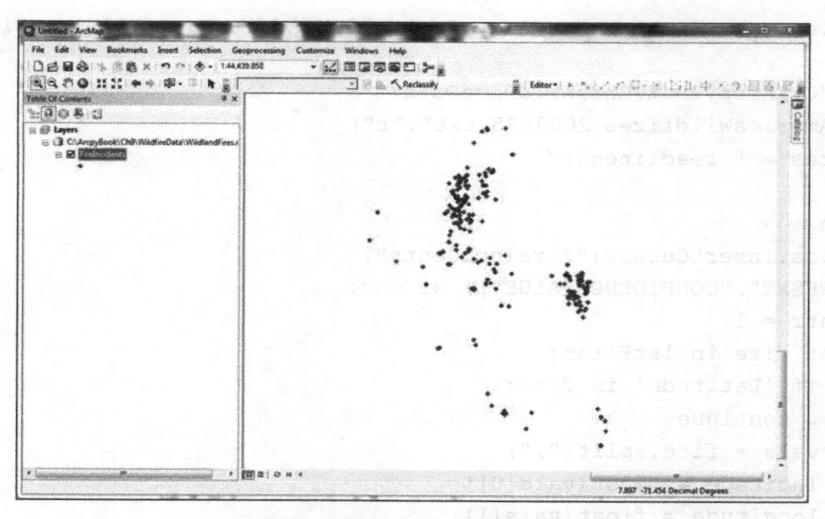

图 8-2　FireIncidents 要素类

（22）若要添加底图来为数据提供参考，可以在 ArcMap 中单击“Add Basemap”按钮，从库中选择底图。

8.5.3 工作原理

在这里，对上述操作做进一步的解释。lstfires 变量是一个包含所有 wildfires 数据的列表，wildfires 数据存储在逗号分隔的文本文件中。使用 for 循环遍历记录的每一行，并将每个单独的记录插入到 fire 变量中。for 循环中有一个 if 语句用于跳过文件的第 1 行记录，该行记录为表头。正如前文所述，首先，将 vals 列表中的纬度、经度和置信度值分别赋给 latitude、longitude 和 confid 变量，其次按照之前定义 InsertCursor 的顺序将这些数值存储在一个名为 rowValue 的新列表变量中，所以，经纬度应该放置在首位，其后是置信度值。然后调用 InsertCursor 对象的 insertRow() 函数，传入新的 rowValue 变量。最后输出指示脚本进度的消息，并创建 except 和 finally 语句块来处理错误并关闭文本文件。在 finally 语句块中添加 file.close() 方法，这样能确保即使在前面的 try 语句块中出现错误时，也能够关闭文件。

8.6 使用 UpdateCursor 更新行

UpdateCursor 用来编辑或删除表或要素类中的行。与 InsertCursor 一样，UpdateCursor 的内容可以通过使用 where 子句进行限制。

8.6.1 准备工作

UpdateCursor() 函数可用于更新或删除表或要素类中的行。返回的游标将会锁定数据，如果在 with 语句中使用游标，则会自动释放数据锁定。调用该函数将返回 UpdateCursor 对象。

UpdateCursor 对象将会锁定要编辑或删除的数据，如果在 with 语句中使用游标，数据处理完成后将会自动释放游标。但在 ArcGIS 10.1 之前的版本中，游标需要使用 Python 的 del 语句手动释放。一旦获得一个 UpdateCursor 实例，就可以调用 UpdateCursor() 函数来更新表或要素类的记录，也可以调用 deleteRow() 方法来删除一行记录。

本节将编写脚本来更新 FireIncidents 要素类中的每个要素，使用 UpdateCursor 把 poor、fair、good 或 excellent 赋值给新的字段，新字段是对置信度值的进一步描述。更新记录之前，需要将新字段添加到 FireIncidents 要素类中。

8.6.2 操作方法

下面按步骤介绍如何创建一个 UpdateCursor 对象来编辑要素类中的行。

（1）打开 IDLE，新建一个脚本。

（2）脚本保存为 C:\ArcpyBook\Ch8\UpdateWildfires.py。

（3）导入 arcpy 模块。

```
import arcpy
```

（4）设置工作空间。

```
arcpy.env.workspace =
"C:/ArcpyBook/Ch8/WildfireData/WildlandFires.mdb"
```

（5）使用 try 语句。

```
try:
```

（6）在 FireIncidents 要素类中添加名为 CONFID_RATING 的新字段，确保该代码行缩进在 try 语句下。

```
arcpy.AddField_management("FireIncidents","CONFID_RATING",
 "TEXT","10")
print("CONFID_RATING field added to FireIncidents")
```

（7）在 with 语句块中新建一个 UpdateCursor 实例。

```
with arcpy.da.UpdateCursor("FireIncidents",("CONFIDENCEVALUE","CONFID_
RATING")) as cursor:
```

（8）创建一个计数器变量，用于输出脚本的进度。确保这些代码缩进在 with 语句下。

```
cntr = 1
```

（9）循环 FireIncidents 要素类的每一行，并根据以下准则更新 CONFID_RATING 字段。

- 置信度值（0～40） = POOR
- 置信度值（41～60）= FAIR
- 置信度值（61～85）= GOOD
- 置信度值（86～100）= EXCELLENT

以上准则的代码如下所示。

```
for row in cursor:
  # update the confid_rating field
  if row[0] <= 40:
    row[1] = 'POOR'
  elif row[0] > 40 and row[0] <= 60:
    row[1] = 'FAIR'
  elif row[0] > 60 and row[0] <= 85:
    row[1] = 'GOOD'
  else:
    row[1] = 'EXCELLENT'
  cursor.updateRow(row)
  print("Record number " + str(cntr) + " updated")
  cntr = cntr + 1
```

（10）添加 except 语句，输出可能发生的错误。

```
except Exception as e:
  print(e.message)
```

（11）完整的脚本如下所示。

```
import arcpy

arcpy.env.workspace =
"C:/ArcpyBook/Ch8/WildfireData/WildlandFires.mdb"
try:
  #create a new field to hold the values
  arcpy.AddField_management("FireIncidents",
"CONFID_RATING","TEXT","10")
  print("CONFID_RATING field added to FireIncidents")
  with arcpy.da.UpdateCursor("FireIncidents",("CONFIDENCEVALUE",
"CONFID_RATING")) as cursor:
    cntr = 1
    for row in cursor:
      # update the confid_rating field
      if row[0] <= 40:
        row[1] = 'POOR'
      elif row[0] > 40 and row[0] <= 60:
        row[1] = 'FAIR'
      elif row[0] > 60 and row[0] <= 85:
        row[1] = 'GOOD'
      else:
        row[1] = 'EXCELLENT'
```

```
        cursor.updateRow(row)
        print("Record number " + str(cntr) + " updated")
        cntr = cntr + 1
except Exception as e:
  print(e.message)
```

（12）可以通过查看 C:\ArcpyBook\code\Ch8\UpdateWildfires.py 解决方案文件来检查代码。

（13）保存并运行脚本。脚本运行时，可以在输出窗口看到如下消息。

```
Record number 406 updated
Record number 407 updated
Record number 408 updated
Record number 409 updated
Record number 410 updated
```

（14）打开 ArcMap，添加 FireIncidents 要素类。打开其属性表可以看到一个新的 CONFID_RATING 字段，该字段已被 UpdateCursor 填充，如图 8-3 所示。

FireIncidents

	OBJECTID *	SHAPE *	CONFIDENCEVALUE	CONFID_RATING
▸	6577	Point	72	GOOD
	6578	Point	82	GOOD
	6579	Point	68	GOOD
	6580	Point	53	FAIR
	6581	Point	45	FAIR
	6582	Point	100	EXCELLENT
	6583	Point	100	EXCELLENT
	6584	Point	43	FAIR
	6585	Point	44	FAIR
	6586	Point	59	FAIR
	6587	Point	44	FAIR

图 8-3 FireIncidents 的属性表

提示：

如果在编辑会话之外使用游标插入、更新或删除数据，那么数据的更改是永久性的，操作将无法撤销。然而，ArcGIS 10.1 提供的新的编辑会话功能可以在编辑会话中进行这些操作，从而避免了之前的问题。有关编辑会话的内容将在 8.8 节中介绍。

8.6.3 工作原理

在这个例子中，使用 UpdateCursor 来更新要素类的每个要素。首先，使用 Add Field 工具为 FireIncidents 要素类添加一个名为 CONFID_RATING 的字段，用来存储基于其他字段（CONFIDENCEVALUE）确定的新值。根据 CONFIDENCEVALUE 字段中的置信度值，将新字段值分为 POOR、FAIR、GOOD 和 EXCELLENT4 类。其次，创建基于 FireIncidents 要素类的新的 UpdateCursor 实例，并返回前面提到的两个字段（CONFID_RATING 和 CONFIDENCEVALUE）。然后，循环遍历每个要素，并根据 CONFIDENCEVALUE 中的值将 POOR、FAIR、GOOD 或 EXCELLENT 赋值给 CONFID_RATING 字段(row[1])。if/elif/else 结构可以根据置信度值来控制脚本的工作流程。最后，通过为 updateRow()方法传入行变量，将 CONFID_RATING 的值添加到要素类中。

8.7 使用 UpdateCursor 删除行

UpdateCursor 除了可以编辑表或要素类的行外，还可以删除行。但要记住，当在编辑会话外删除行时，更改是永久性的。

8.7.1 准备工作

UpdateCursor 除了可以更新记录，还可以删除表或要素类的记录。在更新或删除记录时，UpdateCursor 对象的创建方式是相同的，但删除记录调用的是 deleteRow()而不是 updateRow()。也可以使用 where 子句来限制返回的记录。本节将使用 where 子句筛选过的 UpdateCursor 对象来删除 FireIncidents 要素类中的记录。

8.7.2 操作方法

下面按步骤介绍如何创建一个 UpdateCursor 对象来删除要素类中的行。

（1）打开 IDLE，新建一个脚本。

（2）脚本保存为 C:\ArcpyBook\Ch8\DeleteWildfires.py。

（3）导入 arcpy 和 os 模块。

```
import arcpy
```

```
import os
```

（4）设置工作空间。

```
arcpy.env.workspace =
"C:/ArcpyBook/Ch8/WildfireData/WildlandFires.mdb"
```

（5）使用 try 语句。

```
try:
```

（6）在 with 语句中新建 UpdateCursor 实例，确保代码缩进在 try 语句下。

```
With
arcpy.da.UpdateCursor("FireIncidents",("CONFID_RATING"),
'[CONFID_RATING] = \'POOR\'') as cursor:
```

（7）创建一个计数器变量来输出脚本的进度。确保这些代码缩进在 with 语句下。

```
cntr = 1
```

（8）调用 deleteRow()方法删除返回的行，这个过程通过遍历返回的游标并每次删除一行来完成。

```
for row in cursor:
  cursor.deleteRow()
  print("Record number " + str(cntr) + " deleted")
  cntr = cntr + 1
```

（9）添加 except 语句，输出可能出现的错误。

```
except Exception as e:
  print(e.message)
```

（10）完整的脚本如下所示。

```
import arcpy
import os

arcpy.env.workspace =
"C:/ArcpyBook/Ch8/WildfireData/WildlandFires.mdb"
try:
  with arcpy.da.UpdateCursor("FireIncidents",("CONFID_RATING"),
```

```
    '[CONFID_RATING] = \'POOR\'') as cursor:
        cntr = 1
        for row in cursor:
          cursor.deleteRow()
          print("Record number " + str(cntr) + " deleted")
          cntr = cntr + 1
except Exception as e:
  print(e.message)
```

（11）可以通过查看 C:\ArcpyBook\code\Ch8\DeleteWildfires.py 解决方案文件来检查代码。

（12）保存并运行脚本，得到的输出结果如下所示。应该有 37 条记录从 FireIncidents 要素类中删除。

```
Record number 1 deleted
Record number 2 deleted
Record number 3 deleted
Record number 4 deleted
Record number 5 deleted
```

8.7.3 工作原理

要素类和表中的行可以使用 UpdateCursor 中的 deleteRow()方法删除，本节在 UpdateCursor 构造函数中使用 where 子句来限制 CONFID_RATING 字段返回值为 POOR 的要素。然后循环遍历游标返回的要素，并调用 deleteRow()方法删除要素类中的行。

8.8 在编辑会话中插入和更新行

正如 8.6 节所提到的，在编辑会话外进行表或要素类的插入、更新或删除的操作是永久性的，不能撤销，而编辑会话则可以撤销任何不需要的更改。

8.8.1 准备工作

到目前为止，使用插入和更新游标来添加、编辑要素类或表中的数据时，这些操作都是永久性的，脚本一旦执行就不能撤销。数据访问模块中新的 Editor 类支持创建编辑会话和编辑操作功能。在编辑会话中，要素类或表的更改是临时性的，除非调用特定的方法才可进行永久更改，这与桌面 ArcGIS 中的“Edit”工具条的功能是相同的。

调用 Editor.startEditing() 启动编辑会话。在会话中，使用 Editor.startOperation() 方法开始一个操作，在这个操作中可以对数据执行各种编辑操作。这些编辑可以被撤销、重做、回滚、中止等。完成这些操作后，先调用 Editor.stopOperation() 方法停止编辑操作，再调用 Editor.stopEditing() 方法停止编辑会话。会话结束时可以不保存，在这种情况下，更改将不会生效。这个过程如图 8-4 所示。

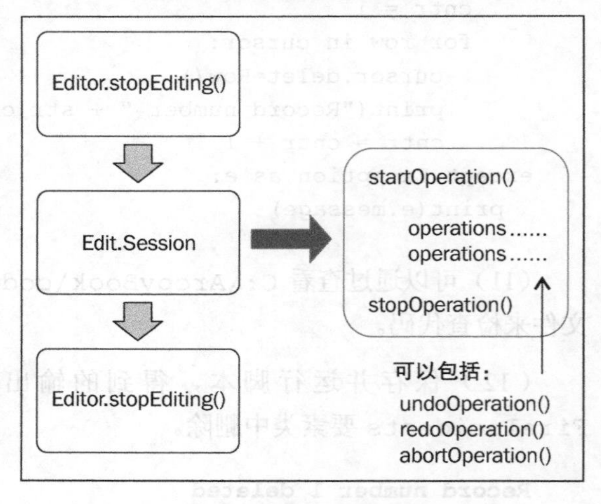

图 8-4 编辑会话流程

下面的代码示例显示了完整的编辑会话堆栈，其中包括 Editor 对象的创建、编辑会话和编辑操作的启动、编辑数据（示例中是插入操作）、停止操作，最后通过保存数据来停止编辑会话。

```
edit = arcpy.da.Editor('Database Connections/Portland.sde')
edit.startEditing(False)
edit.startOperation()
with arcpy.da.InsertCursor("Portland.jgp.schools",("SHAPE","Name")) as
cursor:
  cursor.insertRow([(7642471.100, 686465.725), 'New School'])
edit.stopOperation()
edit.stopEditing(True)
```

Editor 类可用于启动和停止个人地理数据库、文件地理数据库和 ArcSDE 地理数据库的编辑会话和编辑操作。同时，还可用于启动和停止版本化数据集的编辑会话。每次只能编辑一个工作空间，该工作空间是通过在 Editor 对象的构造函数中引入工作空间的字符串来指定的。一旦创建完成，Editor 对象就可以使用不同的方法来执行启动、停止、中止、撤销和重做操作。

8.8.2 操作方法

下面按步骤介绍如何在编辑会话中使用 UpdateCursor 更新数据。

（1）打开 IDLE。

（2）打开 C:\ArcpyBook\Ch8\UpdateWildfires.py 脚本，将其另存为一个新的脚本：C:\ArcpyBook\Ch8\EditSessionUpdateWildfires.py。

（3）对已有的脚本做些改变，即更新 CONFID_RATING 字段的值。

（4）删除下面的代码。

```
arcpy.AddField_management("FireIncidents","CONFID_RATING",
"TEXT","10")
print("CONFID_RATING field added to FireIncidents")
```

（5）创建一个 Editor 类的实例，启动编辑会话，这些代码应缩进在 try 语句下。

```
edit =
arcpy.da.Editor(r'C:\ArcpyBook\Ch8\WildfireData\
WildlandFires.mdb')
edit.startEditing(True)
```

（6）将 if 语句替换为如下代码。

```
if row[0] > 40 and row[0] <= 60:
  row[1] = 'GOOD'
elif row[0] > 60 and row[0] <= 85:
  row[1] = 'BETTER'
else:
  row[1] = 'BEST'
```

（7）结束编辑会话并保存编辑。把下面的代码放在计数器增量语句的后面。

```
edit.stopEditing(True)
```

（8）完整的脚本如下所示。

```
import arcpy
import os

arcpy.env.workspace =
"C:/ArcpyBook/Ch8/WildfireData/WildlandFires.mdb"
try:
  edit = arcpy.da.Editor(r'C:\ArcpyBook\Ch8\WildfireData\
WildlandFires.mdb')
  edit.startEditing(True)
  with arcpy.da.UpdateCursor("FireIncidents",("CONFIDENCEVALUE",
```

```
"CONFID_RATING")) as cursor:
      cntr = 1
      for row in cursor:
        # update the confid_rating field
        if row[0] > 40 and row[0] <= 60:
          row[1] = 'GOOD'
        elif row[0] > 60 and row[0] <= 85:
          row[1] = 'BETTER'
        else:
          row[1] = 'BEST'
        cursor.updateRow(row)
        print("Record number "+ str(cntr) + " updated")
        cntr = cntr + 1
    edit.stopEditing(True)
  except Exception as e:
    print(e.message)
```

（9）可以通过查看 C:\ArcpyBook\code\Ch8\EditSessionUpdateWildfires.py 解决方案文件来检查代码。

（10）保存并运行脚本，可以看到更新了 374 条记录。

8.8.3 工作原理

编辑操作应该在编辑会话内进行，使用 Editor.startEditing()方法来启动编辑会话。startEditing()方法有两个可选参数：with_undo 和 multiuser_mode。with_undo 参数的数据类型是布尔型，值为 true 或 false，默认值是 true，当设置为 true 时，将创建一个撤销/重做堆栈。multiuser_mode 参数的默认值为 true，当它为 false 时，可获得编辑非版本化或版本化数据集的全部权限。如果数据集是非版本化的，使用 stopEditing(False)不会提交编辑，而当 stopEditing()设置为 true 时编辑将会提交。Editor.stopEditing()方法的参数为 true 或 false，表示是否保存更改，默认值为 true。

Editor 类支持撤销和重做操作。在编辑会话中，各种编辑操作均可用。先来看撤销操作，如果需要撤销之前的操作，可调用 Editor.undoOperation()删除堆栈中最新的编辑操作，原理如图 8-5 所示。

重做操作（即恢复编辑操作）使用的是 Editor.redoOperation()方法，可将之前撤销的操作重新操作，原理如图 8-6 所示。

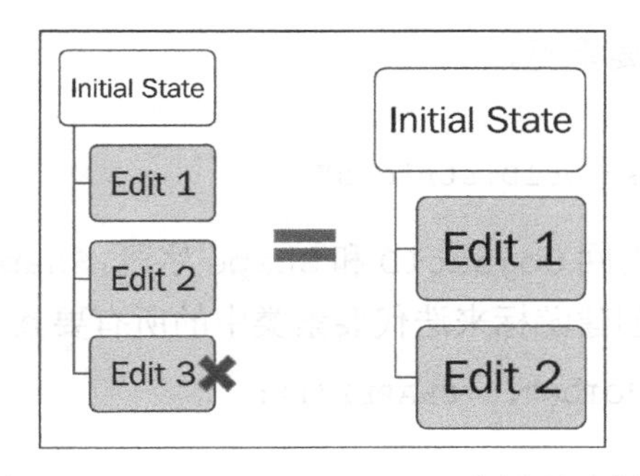

图 8-5 Editor.undoOperation()工作原理示意图

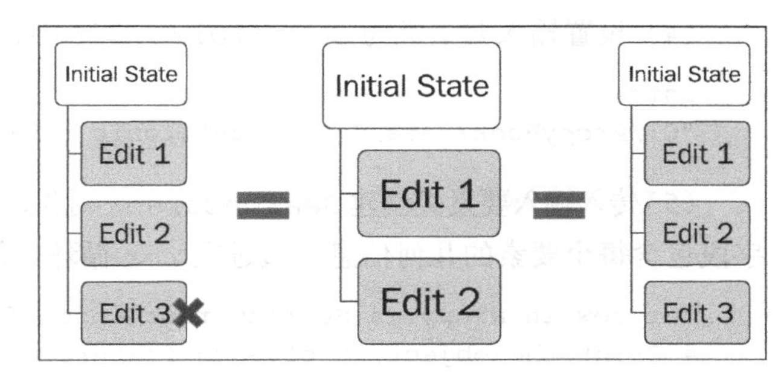

图 8-6 Editor.redoOperation()工作原理示意图

8.9 读取要素类中的几何信息

在要素类中，有时需要检索要素的几何信息，Arcpy 提供了读取各种对象几何信息的功能。

8.9.1 准备工作

在 ArcPy 中，每个要素类都有相关的几何对象，如 Polygon、Polyline、PointGeometry 或 MultiPoint 等，都可以在游标中访问。这些几何对象存储在要素类属性表中的 shape 字段中，可以通过 shape 字段来读取每个要素的几何特征。

Polyline 和 Polygon 要素类的要素是由多个部分组成的。首先使用 partCount 属性返回每个要素组成部分的数量，然后使用 getPart() 遍历要素每个部分的每个点，提取坐标信息。点要素类由 PointGeometry 对象组成，每个要素都包含了每个点的坐标信息。

本节将使用 SearchCursor 和 Polygon 对象来读取面要素类的几何信息。

8.9.2 操作方法

下面按步骤介绍如何从要素类中读取各个要素的几何信息。

（1）打开 IDLE，新建一个脚本。

（2）脚本保存为 C:\ArcpyBook\Ch8\ReadGeometry.py。

（3）导入 arcpy 模块。

```
import arcpy
```

（4）设置输入要素类为 SchoolDistricts 面要素类。

```
infc =
"C:/ArcpyBook/data/CityOfSanAntonio.gdb/SchoolDistricts"
```

（5）传入输入要素类创建 SearchCursor 对象，返回 ObjectID 和 Shape 字段。Shape 字段包含每个要素的几何信息。通过在 for 循环中创建游标来迭代要素类中的所有要素。

```
for row in arcpy.da.SearchCursor(infc, ["OID@", "SHAPE@"]):
# Print the object id of each feature.
# Print the current ID
  print("Feature {0}:".format(row[0]))
  partnum = 0
```

（6）使用 for 循环遍历要素的每一部分。

```
# Step through each part of the feature
for part in row[1]:
  # Print the part number
  print("Part {0}:".format(partnum))
```

（7）使用 for 循环遍历每一部分的每个顶点，并输出 X 和 Y 坐标。

```
# Step through each vertex in the feature
#
for pnt in part:
  if pnt:
    # Print x,y coordinates of current point
    #
    print("{0}, {1}".format(pnt.X, pnt.Y))
  else:
    # If pnt is None, this represents an interior ring
    #
    print("Interior Ring:")
partnum += 1
```

（8）可以通过查看 C:\ArcpyBook\code\Ch8\ReadGeometry.py 解决方案文件来检查代码。

（9）保存并运行脚本，得到的输出结果如下所示，包括每个要素的 ID、要素的每一部分和定义每一部分的 X 和 Y 坐标。

```
Feature 1:
Part 0:
-98.492224986, 29.380866971
-98.489300049, 29.379610054
```

```
-98.486967023, 29.378995028
-98.48503096, 29.376808947
-98.481447988, 29.375624018
-98.478799041, 29.374304981
```

8.9.3 工作原理

首先创建 SearchCursor 对象来保存要素类的内容。然后，使用 for 循环遍历游标的每一行，在每一行中都要遍历几何的所有部分。请注意，Polyline 和 Polygon 要素由两个或两个以上的部分组成。最后，每一部分都要返回与之相关的点，并输出每个点的 *X* 和 *Y* 坐标。

8.10 使用 Walk()遍历目录

本节将介绍如何使用 Arcpy 的 Walk()函数来生成一个目录树下的所有文件名。虽然该函数类似于 Python 的 os.walk()函数，但 da.Walk()函数提供了一些与地理数据库相关的功能。

8.10.1 准备工作

Walk()函数是 arcpy.da 的一部分，通过自上而下或自下而上的方式遍历目录树，生成目录树中的文件名。每个目录或工作空间生成一个包含目录路径、目录名称和文件名的元组。这个函数类似于 Python 的 os.Walk()函数，但是它具有识别地理数据库结构的优点。os.Walk()函数是基于文件的，所以不能够提供有关地理数据库结构的信息，但是 arcpy.da.Walk()可以。

8.10.2 操作方法

下面按步骤介绍如何使用 da.Walk()函数遍历目录和工作空间，以显示地理数据库的结构。

（1）在 IDLE 中新建一个脚本，命名为 DAWalk.py，并将其保存在 C:\ArcpyBook\data 文件夹下。

（2）导入 arcpy、arcpy.da 和 os 模块。

```
import arcpy.da as da
import os
```

（3）首先使用 os.walk()获取当前目录中的文件名列表，添加如下代码。

```
print("os walk")
for dirpath, dirnames, filenames in os.walk(os.getcwd()):
```

```
    for filename in filenames:
      print(filename)
```

（4）保存并运行脚本，得到的输出结果如下所示。

```
a00000001.gdbindexes
a00000001.gdbtable
a00000001.gdbtablx
a00000002.gdbtable
a00000002.gdbtablx
a00000003.gdbindexes
a00000003.gdbtable
a00000003.gdbtablx
a00000004.CatItemsByPhysicalName.atx
a00000004.CatItemsByType.atx
a00000004.FDO_UUID.atx
a00000004.freelist
a00000004.gdbindexes
a00000004.gdbtable
a00000004.gdbtablx
```

（5）虽然 os.wawlk()可以输出目录中所有的文件名，但是它不能解释 Esri GIS 格式的数据集的结构，如文件地理数据库等。例如，a000000001.gdbindexes 文件是构成要素类的物理文件，但是 os.walk()无法说明要素类的逻辑结构。接下来将使用 da.Walk()来解决这个问题。

（6）注释第（3）步添加的代码。

（7）添加如下代码。

```
print("arcpy da walk")
for dirpath, dirnames, filenames in da.Walk(os.getcwd(),datatype="
FeatureClass"):
    for filename in filenames:
        print(os.path.join(dirpath, filename)
```

（8）完整的脚本如下所示。

```
import arcpy.da as da
import os

print("os walk")

for dirpath, dirnames, filenames in os.walk(os.getcwd()):
    for filename in filenames:
```

```
        print(filename)

print("arcpy da walk")

for dirpath, dirnames, filenames in
da.Walk(os.getcwd(),datatype="FeatureClass"):
    for filename in filenames:
        print(os.path.join(dirpath, filename))
```

（9）可以通过查看 C:\ArcpyBook\code\Ch8\Walk.py 解决方案文件来检查代码。

（10）保存并运行脚本，得到的输出结果如下所示。输出结果很明了，输出的是地理数据库中要素类的实际名称，而不是物理文件名。

```
C:\ArcpyBook\data\Building_Permits.shp
C:\ArcpyBook\data\Burglaries_2009.shp
C:\ArcpyBook\data\Streams.shp
C:\ArcpyBook\data\CityOfSanAntonio.gdb\Crimes2009
C:\ArcpyBook\data\CityOfSanAntonio.gdb\CityBoundaries
C:\ArcpyBook\data\CityOfSanAntonio.gdb\CrimesBySchoolDistrict
C:\ArcpyBook\data\CityOfSanAntonio.gdb\SchoolDistricts
C:\ArcpyBook\data\CityOfSanAntonio.gdb\BexarCountyBoundaries
C:\ArcpyBook\data\CityOfSanAntonio.gdb\Texas_Counties_LowRes
C:\ArcpyBook\data\CityOfSanAntonio.gdb\Burglary
C:\ArcpyBook\data\TravisCounty\BuildingPermits.shp
C:\ArcpyBook\data\TravisCounty\CensusTracts.shp
C:\ArcpyBook\data\TravisCounty\CityLimits.shp
C:\ArcpyBook\data\TravisCounty\Floodplains.shp
C:\ArcpyBook\data\TravisCounty\Hospitals.shp
C:\ArcpyBook\data\TravisCounty\Schools.shp
C:\ArcpyBook\data\TravisCounty\Streams.shp
C:\ArcpyBook\data\TravisCounty\Streets.shp
C:\ArcpyBook\data\TravisCounty\TravisCounty.shp
C:\ArcpyBook\data\Wildfires\WildlandFires.mdb\FireIncidents
```

8.10.3 工作原理

da.Walk()函数有两个参数：要进行检索的顶层工作空间（当前工作目录）和用于筛选返回列表的数据类型。本例只检索了要素类的相关文件。Walk()函数返回一个包含目录路径、目录名称和文件名的元组。

第9章 获取GIS数据的列表和描述

本章将介绍以下内容。

- 使用 ArcPy 列表函数。
- 获取要素类或表中的字段列表。
- 使用 Describe()函数返回要素类的描述性信息。
- 使用 Describe()函数返回栅格图像的描述性信息。

9.1 引言

Python 提供了通过编写脚本进行批量处理数据的功能，从而实现工作流程的自动化，提高数据的处理效率。例如，有些情况下需要遍历磁盘上所有的数据集，并对每个数据集执行某种特定的操作。获取数据列表通常是一项具体的地理处理任务的第一步，可以通过使用 ArcPy 中的列表函数来完成，这些列表将作为 Python 的列表对象返回，可以进一步通过迭代这些返回的列表对象来做下一步的数据处理。ArcPy 提供了一些用于生成数据列表的函数，这些函数可用于处理多种不同类型的 GIS 数据。本章将介绍如何使用 ArcPy 提供的函数来创建数据列表。在第 2 章“管理地图文档和图层”中也介绍了一些列表函数，但是，那些函数是 arcpy.mapping 模块中作用于地图文档和图层的函数，而本章介绍的列表函数属于 ArcPy 模块，更为普遍和通用。

本章还将介绍 Describe()函数，它返回一个包含属性组（若干属性的集合）的动态对象，这些动态生成的 Describe 对象所包含的属性组根据其描述的数据类型不同而不同。例如，当对一个要素类使用 Describe()函数时，将返回要素类的特定属性。除此之外，所有数据（不管什么数据类型）都会获得一组通用的属性，这一点后文将做介绍。

9.2 使用 ArcPy 列表函数

获取数据列表通常是地理处理操作多个步骤的第 1 步。ArcPy 提供了多个列表函数，用来获取列表的信息，如要素类、表、工作空间中的列表等。获取数据列表后，往往还需要对列表中的数据做进一步的地理处理操作，例如，给一个文件地理数据库中的所有要素类添加一个新字段，就需要首先获取工作空间中所有要素类的列表。本节将以 ListFeatureClasses()函数为例，介绍如何使用 ArcPy 中的列表函数。ArcPy 中所有列表函数的使用方式都是相同的。

9.2.1 准备工作

ArcPy 中有获取字段、索引、数据集、要素类、文件、栅格、表和其他对象列表的函数，所有的列表函数执行的操作基本相同。ListFeatureClasses()函数用来生成工作空间中所有要素类的列表，该函数有 3 个可选参数，用来确定返回的列表。第 1 个可选参数是通配符参数，用来筛选返回的要素类的名称；第 2 个可选参数是数据类型参数，用来指定返回要素类的数据类型（如点、线、面等）；第 3 个可选参数是要素数据集参数，用来指定返回的要素类。本节将介绍如何使用 ListFeatureClasses()函数来返回要素类的列表，以及如何确定返回的列表。

9.2.2 操作方法

下面按步骤介绍如何使用 ListFeatureClasses()函数来查询工作空间中的要素类列表。

（1）打开 IDLE，新建一个脚本窗口。

（2）脚本保存为：C:\ArcpyBook\Ch9\ListFeatureClasses.py。

（3）导入 arcpy 模块。

```
import arcpy
```

（4）设置工作空间。

```
arcpy.env.workspace =
"C:/ArcpyBook/data/CityOfSanAntonio.gdb"
```

> **提示：**
> 请注意，使用 IDLE 或其他 Python 开发环境开发脚本时，在调用任何列表函数之前，都需要先使用环境设置语句设置工作空间；否则，列表函数将无法确定要获取哪个数据集中的列表。如果在 ArcMap 中运行脚本，那么返回的是默认地理数据库中的要素类。

（5）调用 ListFeatureClasses()函数，并将返回的值赋值给 fcList 变量。

```
fcList = arcpy.ListFeatureClasses()
```

（6）使用 for 循环遍历 fcList 变量中的每个要素类，并将其输出到屏幕上。

```
for fc in fcList:
    print(fc)
```

（7）可以通过查看 C:\ArcpyBook\code\Ch9\ ListFeatureClasses_Step1.py 解决方案文件来检查代码。

（8）保存并运行脚本，得到的输出结果如下所示。

```
Crimes2009
CityBoundaries
CrimesBySchoolDistrict
SchoolDistricts
BexarCountyBoundaries
Texas_Counties_LowRes
```

（9）ListFeatureClasses()函数返回的要素类列表可以通过第 1 个参数——通配符参数来筛选返回的要素。例如，只想返回以 C 开头的要素类列表，可以使用星号（*）与字符（C）的组合（C*）来实现。修改包含通配符参数的 ListFeatureClasses()函数，运行程序后会发现返回的所有要素类均以大写 C 开头，C 后可以有任意数量的字符，代码如下所示。

```
fcList = arcpy.ListFeatureClasses("C*")
```

（10）可以通过查看 C:\ArcpyBook\code\Ch9\ListFeatureClasses_Step2.py 解决方案文件来检查代码。

（11）保存并运行脚本，得到的输出结果如下所示。

```
Crimes2009
CityBoundaries
CrimesBySchoolDistrict
```

（12）除了可以使用通配符参数来筛选 ListFeatureClasses()函数返回的列表外，还可以使用要素类型参数来筛选，它可以与通配符参数结合使用，也可以单独使用。例如，规定返回的要素类列表中只包含以 C 开头且数据类型为 polygon 的要素类，修改 ListFeatureClasses()函数的参数，会发现返回的所有要素类均以 C 开头，且数据类型为 polygon，代码如下所示。

```
fcs = arcpy.ListFeatureClasses("C*", "Polygon")
```

（13）可以通过查看 C:\ArcpyBook\code\Ch9\ListFeatureClasses_Step3.py 解决方案文件来检查代码。

（14）保存并运行脚本，得到的输出结果如下所示。

```
CityBoundaries
CrimesBySchoolDistrict
```

9.2.3 工作原理

在调用任何列表函数之前，都需要将当前工作空间设置为待生成列表的工作空间。ListFeatureClasses()函数通过 3 个可选参数来确定返回的要素类。这 3 个可选参数包括通配符参数、要素类型参数和要素数据集。本节使用了两个可选参数：通配符参数和要素类型参数。大多数其他的列表函数的工作方式与 ListFeatureClasses()函数相同，虽然参数类型会有所不同，但是调用函数的方式基本上是一样的。

9.2.4 拓展

有时我们可能需要获取工作空间中表的列表而不是要素类的列表，ListTables()函数可以返回工作空间中独立表的列表。这个列表可以按名称或表的类型进行筛选。表的类型包括 dBase、INFO 和 ALL 等。列表中的值都是表的名称，为字符串数据类型。其他列表函数有 ListFields()、ListRasters()、ListWorkspaces()、ListIndexes()、ListDatasets()、ListDatasets()、ListFiles()和 ListVersions()等。

9.3　获取要素类或表中的字段列表

要素类和表中往往包含一个或多个属性信息，可以通过ListFields()函数获取要素类中的字段列表。

9.3.1　准备工作

ListFields()函数返回一个只包含 Field 对象的列表，其中的每个字段都来自要素类或表。使用某些函数时还需要输入数据集参数，如ListFields()和ListIndexes()等函数。可以使用通配符参数或字段类型参数来筛选返回的列表。每个Field对象包含多种只读属性，如Name、AliasName、Type和Length等。

9.3.2　操作方法

下面按步骤介绍如何返回要素类的字段列表。

（1）打开IDLE，新建一个脚本窗口。

（2）脚本保存为C:\ArcpyBook\Ch9\ListOfFields.py。

（3）导入arcpy模块。

```
import arcpy
```

（4）设置工作空间。

```
arcpy.env.workspace =
"C:/ArcpyBook/data/CityOfSanAntonio.gdb"
```

（5）在try语句中，对Burglary要素类调用ListFields()方法。

```
try:
    fieldList = arcpy.ListFields("Burglary")
```

（6）使用for循环遍历字段列表中的每个字段，并输出字段的名称、类型和长度。注意要确保缩进正确。

```
for fld in fieldList:
  print("%s is a type of %s with a length of %i" %
```

```
(fld.name, fld.type, fld.length))
```

（7）添加 except 语句，输出可能出现的错误。

```
except Exception as e:
    print(e.message)
```

（8）完整的脚本如下所示。

```
import arcpy

arcpy.env.workspace = "C:/ArcpyBook/data/CityOfSanAntonio.gdb"
try:
    fieldList = arcpy.ListFields("Burglary")
    for fld in fieldList:
      print ("%s is a type of %s with a length of %i" % (fld.name,
      fld.type, fld.length))
except Exception as e:
    print(e.message)
```

（9）可以通过查看 C:\ArcpyBook\code\Ch9\ListOfFields.py 解决方案文件来检查代码。

（10）保存并运行脚本，得到的输出结果如下所示。

```
OBJECTID is a type of OID with a length of 4
Shape is a type of Geometry with a length of 0
CASE is a type of String with a length of 11
LOCATION is a type of String with a length of 40
DIST is a type of String with a length of 6
SVCAREA is a type of String with a length of 7
SPLITDT is a type of Date with a length of 8
SPLITTM is a type of Date with a length of 8
HR is a type of String with a length of 3
DOW is a type of String with a length of 3
SHIFT is a type of String with a length of 1
OFFCODE is a type of String with a length of 10
OFFDESC is a type of String with a length of 50
ARCCODE is a type of String with a length of 10
ARCCODE2 is a type of String with a length of 10
ARCTYPE is a type of String with a length of 10
XNAD83 is a type of Double with a length of 8
YNAD83 is a type of Double with a length of 8
```

9.3.3 工作原理

ListFields()函数返回要素类或表中的字段列表。该函数有一个必选参数，用来引用将要执行该函数的要素类或表的名称。使用通配符参数或字段类型参数可以筛选返回的字段。本节的操作只指定了一个要素类，且返回所有的字段。对于每个返回的字段，输出其名称、字段类型和字段长度等。正如前面介绍 ListFeatureClasses()函数时所提到的，调用 ListFields()和其他列表函数来获取数据列表通常是处理过程多个步骤中的第 1 步。例如，要更新人口普查要素类中 population 字段的数据，首先需要获取要素类中所有字段的列表，然后使用 for 循环遍历这个列表来查找包含 population 信息的指定字段的名称，最后更新每行的 population 信息。另外，ListFields()函数可接受通配符参数，所以，如果已经知道 population 字段的名称，就可以把它作为通配符参数传入函数来返回特定的字段。

9.4 使用 Describe()函数返回要素类的描述性信息

所有的数据集都含有描述性信息。例如，一个要素类有名称、形状类型和空间参考等。当使用脚本来查找特定的信息用于进一步处理时，这些描述性信息就显得非常有用，如可以只对线要素类，而不是点或面要素类生成缓冲区，使用 Describe()函数所获取的数据集的基本描述信息，可以理解为数据集的元数据。

9.4.1 准备工作

使用 Describe()函数能够获取数据集的基本信息，这些数据集包含要素类、表、ArcInfo coverages、图层文件、工作空间和栅格等。根据描述的数据类型的不同，返回的 Describe 对象将包含不同的属性。Describe 对象的属性被组织成一系列的属性组，任何数据集都将至少包含一组的属性。例如，对一个地理数据库执行 Describe()函数时，将返回 GDB FeatureClass、FeatureClass、Table 和 Dataset 等属性组，每个属性组都包含特定的属性。

Describe()函数以一个字符串作为参数，该参数指向要描述的数据源。在下面的代码示例中，向 Describe()函数传入了一个文件地理数据库中的要素类，将返回一个 Describe 对象，其中包含一组名为属性组的动态属性，这些不同的属性都可以被访问，在下面的代码示例中将简单地通过 print 函数来输出这些属性。

```
arcpy.env.workspace = "c:/ArcpyBook/Ch9/CityOfSanAntonio.gdb"
desc = arcpy.Describe("Schools")
print("The feature type is: " + desc.featureType)
The feature type is: Simple
print("The shape type is: " + desc.shapeType)
The shape type is: Polygon
print("The name is: " + desc.name)
The name is: Schools
print("The path to the data is: " + desc.path)
The path to the data is: c:/ArcpyBook/Ch9/CityOfSanAntonio.gdb
```

任何类型的数据集都包含 Describe 对象的默认属性，这些属性是只读的，一些较为常用的属性有：dataType、catalogPath、name、path 和 file 等。

本节将使用 Describe() 函数编写一个脚本来获取要素类的描述性信息。

9.4.2 操作方法

下面按步骤介绍如何获取要素类的描述性信息。

（1）打开 IDLE，新建一个脚本窗口。

（2）脚本保存为：C:\ArcpyBook\Ch9\DescribeFeatureClass.py。

（3）导入 arcpy 模块。

```
import arcpy
```

（4）设置工作空间。

```
arcpy.env.workspace =
"C:/ArcpyBook/data/CityOfSanAntonio.gdb"
```

（5）使用 try 语句。

```
try:
```

（6）对 Burglary 要素类调用 Describe() 函数，并通过 print 函数输出要素的形状类型。

```
descFC = arcpy.Describe("Burglary")
print("The shape type is: " + descFC.ShapeType)
```

（7）获取要素类的字段列表，并输出每个字段的名称、类型和长度。

```
flds = descFC.fields
for fld in flds:
    print("Field: " + fld.name)
    print("Type: " + fld.type)
    print("Length: " + str(fld.length))
```

（8）获取要素类的地理范围，并输出定义要素范围的坐标。

```
ext = descFC.extent
print("XMin: %f" % (ext.XMin))
print("YMin: %f" % (ext.YMin))
print("XMax: %f" % (ext.XMax))
print("YMax: %f" % (ext.YMax))
```

（9）添加except语句，输出可能出现的错误。

```
except Exception as e:
    print(e.message)
```

（10）完整的脚本如下所示。

```
import arcpy
arcpy.env.workspace =
"c:/ArcpyBook/data/CityOfSanAntonio.gdb"
try:
    descFC = arcpy.Describe("Burglary")
    print("The shape type is: " + descFC.ShapeType)
    flds = descFC.fields
    for fld in flds:
        print("Field: " + fld.name)
        print("Type: " + fld.type)
        print("Length: " + str(fld.length))
    ext = descFC.extent
    print("XMin: %f" % (ext.XMin))
    print("YMin: %f" % (ext.YMin))
    print("XMax: %f" % (ext.XMax))
    print("YMax: %f" % (ext.YMax))
except:
    print(arcpy.GetMessages())
```

（11）可以通过查看C:\ArcpyBook\code\Ch9\DescribeFeatureClass.py解决方案文件来检查代码。

（12）保存并运行脚本，得到的输出结果如下所示。

```
The shape type is: Point
Field: OBJECTID
Type: OID
Length: 4
Field: Shape
Type: Geometry
Length: 0
Field: CASE
Type: String
Length: 11
Field: LOCATION
Type: String
Length: 40
……
……
XMin: -103.518030
YMin: -6.145758
XMax: -98.243208
YMax: 29.676404
```

9.4.3　工作原理

在本例中，对要素类执行 Describe()函数，分别返回并访问了 FeatureClass、Table 和 Dataset 属性组，首先返回了 FeatureClass 属性组中的 ShapeType 属性，然后访问了 Table 和 Dataset 属性组中的部分属性。

Table 属性组是非常重要的，因为它允许访问独立表或要素类中的字段，也可以通过该属性组访问表或要素类的任意索引。Table 属性组中的 Fields 属性返回一个 Python 列表，它含有要素类中每个字段的 Field 对象。每个字段都有许多只读属性，包括 name、alias、length、type、scale 和 precision 等。显然，最有用的属性是 name 和 type。在本例中，输出了字段的名称、类型和长度。注意使用 for 循环来遍历 Python 列表中的每个字段。

最后使用 Extent 对象输出图层的地理范围，该 Extent 对象是由 Dataset 属性组中的 extent 属性返回的。Dataset 属性组包含一系列有用的属性，最常用的属性是 extent 和 spatialReference，因为，在很多情况下，许多地理处理工具和脚本需要在运行过程中获取这些信息。当然，还可以获取数据集的类型、版本信息以及一些其他的属性等。

9.5 使用 Describe()函数返回栅格图像的描述性信息

栅格文件中也有描述性信息，也可以通过使用 Describe()函数来获取。

9.5.1 准备工作

栅格数据集也可以使用 Describe()函数来获取描述性信息。本节将通过返回栅格数据集的范围和空间参考来描述栅格数据集。Describe()函数包含对通用的 dataset 数据集属性组的引用，也包含对数据集中 SpatialReference 对象的引用。SpatialReference 对象可用于获取数据集中详细的空间参考信息。

9.5.2 操作方法

下面按步骤介绍如何获取栅格图像文件的描述性信息。

（1）打开 IDLE，新建一个脚本窗口。

（2）脚本保存为：C:\ArcpyBook\Ch9\DescribeRaster.py。

（3）导入 arcpy 模块。

```
import arcpy
```

（4）设置工作空间。

```
arcpy.env.workspace = "C:/ArcpyBook/data "
```

（5）使用 try 语句。

```
try:
```

（6）对栅格数据集调用 Describe()函数。

```
descRaster = arcpy.Describe("AUSTIN_EAST_NW.sid")
```

（7）获取并输出栅格数据集的范围。

```
ext = descRaster.extent
print("XMin: %f" % (ext.XMin))
```

```
print("YMin: %f" % (ext.YMin))
print("XMax: %f" % (ext.XMax))
print("YMax: %f" % (ext.YMax))
```

（8）获取对 SpatialReference 对象的引用，并输出其名称和类型。

```
sr = descRaster.SpatialReference
print(sr.name)
print(sr.type)
```

（9）添加 except 语句，输出可能出现的错误。

```
except Exception as e:
    print(e.message)
```

（10）完整的脚本如下所示。

```
import arcpy
arcpy.env.workspace = "c:/ArcpyBook/data"
try:
    descRaster = arcpy.Describe("AUSTIN_EAST_NW.sid")
    ext = descRaster.extent
    print("XMin: %f" % (ext.XMin))
    print("YMin: %f" % (ext.YMin))
    print("XMax: %f" % (ext.XMax))
    print("YMax: %f" % (ext.YMax))

    sr = descRaster.SpatialReference
    print(sr.name)
    print(sr.type)
except Exception as e:
    print(e.message)
```

（11）可以通过查看 C:\ArcpyBook\code\Ch9\DescribeRaster.py 解决方案文件来检查代码。

（12）保存并运行脚本，得到的输出结果如下所示。

```
XMin: 3111134.862457
YMin: 10086853.262238
XMax: 3131385.723907
YMax: 10110047.019228
NAD83_Texas_Central
```

```
Projected
```

9.5.3 工作原理

本节与 9.4 节类似，不同之处在于，本节针对栅格数据集使用 Describe()函数，而不是针对矢量要素类。这两个例子都使用了 Extent 对象返回数据集的地理范围，此外，本节还获取了栅格数据集的 SpatialReference 对象，并输出了该对象的名称和类型信息。

第 10 章
使用 Add-in 定制 ArcGIS 界面

本章将介绍以下内容。

- 下载并安装 Python Add-in Wizard。
- 创建按钮加载项和使用 Python 加载项模块。
- 安装和测试加载项。
- 创建工具加载项。

10.1 引言

本章将介绍如何创建、测试、编辑和共享由 Python 创建的加载项（Add-in）。Add-in 提供了一种扩展桌面应用程序的方式，即使用模块化的代码库，将用户界面（UI）元素添加到桌面 ArcGIS 中，这个模块化的代码库是为执行特定操作而设计的。UI 组件包括按钮、工具、工具条、菜单、组合框、工具选项板和应用程序扩展模块等。桌面 ArcGIS 10.0 版本首次引入了加载项的概念，可以使用.NET 或 Java 语言来创建。从 ArcGIS 10.1 版本开始，加载项还可以使用 Python 语言来创建。基于 Python 语言的加载项，需要使用 Python 脚本和 XML 文件来创建，其中 XML 文件用来定义用户界面的显示方式。

加载项提供了一种把定制的用户界面分发给最终用户的简单方法。不需要安装任何程序，只需将扩展名为`.esriaddin`的压缩文件复制到默认的加载项文件夹中，桌面 ArcGIS 就会自动载入该加载项。为了进一步简化桌面软件的开发，Esri 提供了 Python Add-In Wizard 向导工具，可以在 Esri 官网下载该向导，详见本章 10.2 节。

可以创建的加载项类型有很多，其中按钮和工具是最简单的加载项类型。按钮在单击时仅执行业务逻辑；工具与按钮类似，但在执行业务逻辑之前需要与地图进行交互操作；组合框提供了一系列的选项供用户选择。

除此之外，还可以创建一些容器对象，如菜单、工具条、工具选项板和应用程序扩展模块等加载项。菜单是按钮或其他菜单的容器。工具条是按钮、工具、组合框、工具选项板和菜单等的容器。它们是加载项最通用的容器类型。工具选项板也可以充当工具的容器，但是只有将工具选项板添加到现有工具条后，工具选项板才能显示出来。应用程序扩展模块是最复杂的加载项类型，它既可以协调其他组件（如按钮和工具）之间的活动，也可以负责监听和响应各种事件，如从数据框中添加或移除图层等。

10.2 下载并安装 Python Add-in Wizard

Esri 提供了一个简化 Add-in 开发的工具——Python Add-in Wizard，它包含了创建加载项的丰富资源，可以在 Esri 官网上下载。

10.2.1 准备工作

Python Add-in Wizard 为创建加载项的必要文件提供了丰富的资源，可以通过可视化界面生成加载项所需的文件。本节将介绍如何下载并安装 Python Add-in Wizard。

10.2.2 操作方法

下面按步骤介绍如何下载并安装 Python Add-in Wizard。

（1）打开 Web 浏览器并访问 `http://www.arcgis.com/home/item.html?id=5f3aefe77f6b4f61ad3e4c62f30bff3b`，可以看到如图 10-1 所示的网页。

（2）单击“Open”按钮，下载安装文件。

（3）使用 Windows 资源管理器在计算机本地新建一个名为 `Python Add-In Wizard` 的文件夹。文件夹可以任意命名，只要简单易记即可，例如，可以使用“`Python Add-In Wizard`”或其他合适的名称。

（4）将下载的安装文件解压到这个新文件夹中。解压文件的工具有很多，每个工具的用法都略有不同。例如，使用 WinZip 时，需要在文件上单击鼠标右键并选择“Extract”。

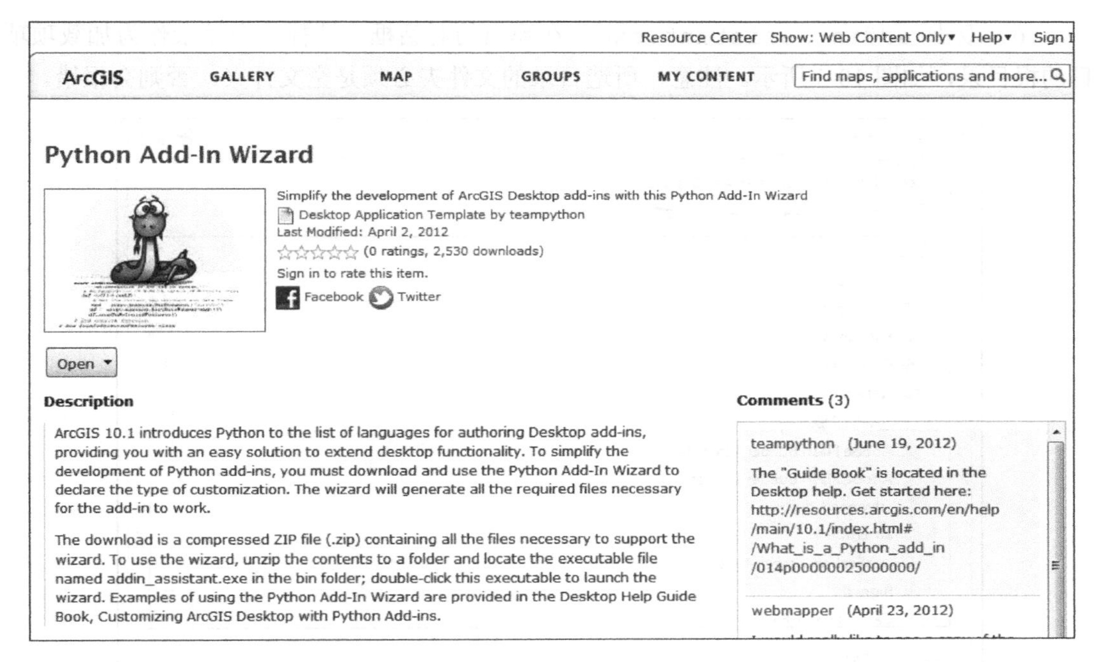

图 10-1 Python Add-in Wizard 下载页面

（5）打开解压后的 bin 文件夹，双击 addin_assistant.exe，运行向导。在图 10-2 所示的界面中，新建了一个名为 Python Add-In Wizard 的文件夹，然后将下载的安装文件解压到该文件夹中。解压后的文件为 bin 文件夹，其中包含名为 addin_assistant.exe 的可执行文件。

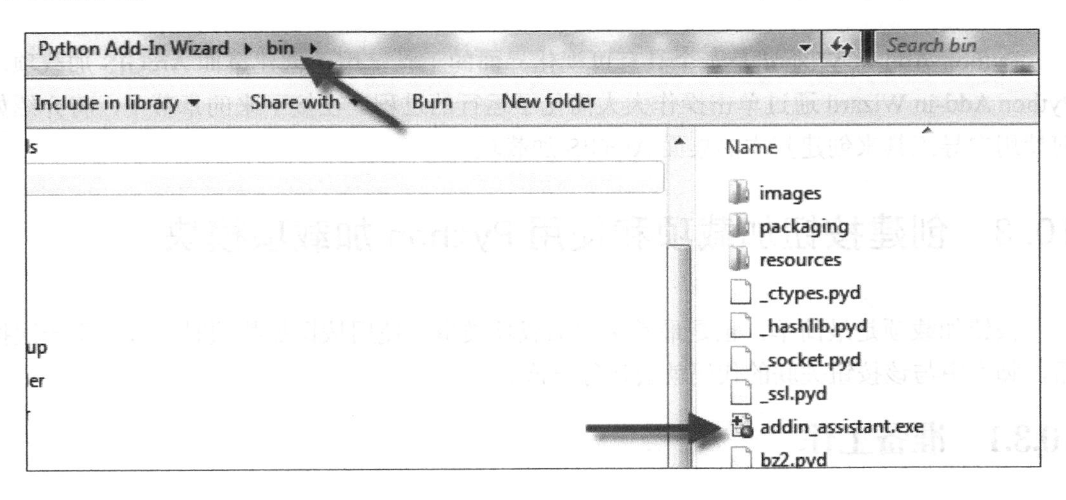

图 10-2 解压后的 bin 文件夹

（6）双击 addin_assistant.exe，在弹出的对话框中选择一个目录作为加载项项目的根目录，如图 10-3 所示。注意，所选目录的文件夹必须是空文件夹，否则会报错。

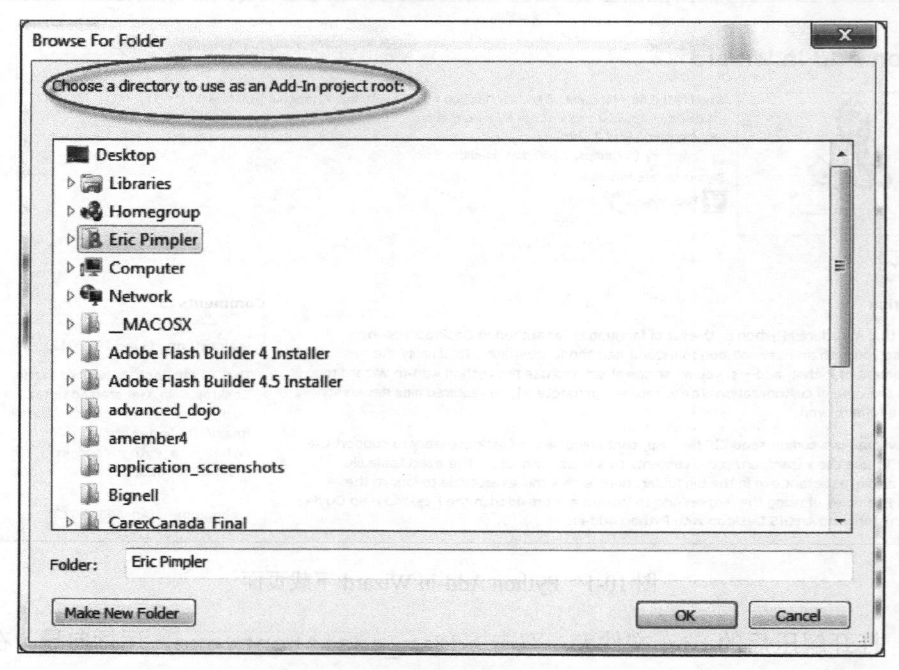

图 10-3 选择根目录对话框

10.2.3 工作原理

Python Add-in Wizard 是一个具有可视化界面的工具，用于创建桌面 ArcGIS 加载项。Python Add-in Wizard 通过单击操作大大简化了运行的过程。在接下来的章节中，将介绍如何使用向导工具来创建基本的桌面 ArcGIS 加载项。

10.3 创建按钮加载项和使用 Python 加载项模块

按钮加载项是最简单，也是最常用的加载项类型。使用按钮加载项时，每单击一次按钮，脚本中与该按钮关联的代码就会运行一次。

10.3.1 准备工作

创建新加载项的第 1 步是创建加载项项目。使用 Python add-in Wizard 创建项目时，需要选择一个工作目录，然后在“Project Setting”中输入项目的信息，并单击“Save”按钮。创建加载项的过程如图 10-4 所示。

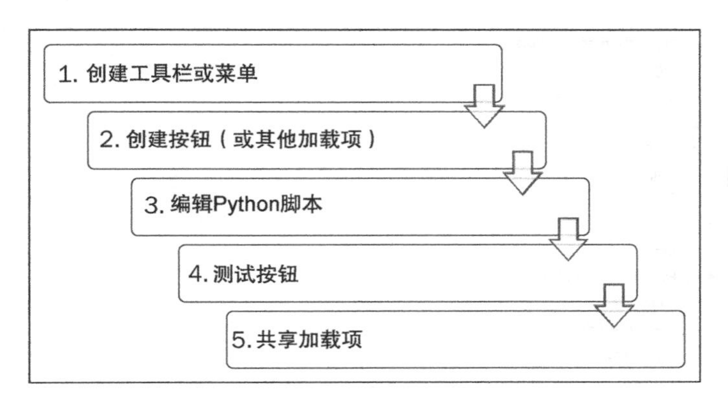

图 10-4 加载项的创建过程

加载项项目创建完成后，首先需要为加载项创建一个容器，它可以是工具条或者菜单。接下来，创建按钮、工具或其他想添加到容器中的加载项，本节将创建一个按钮。然后，编辑与按钮关联的 Python 脚本，并测试按钮，以确保其正常工作。最后，共享加载项。本节将介绍如何使用 Python Add-in Wizard 为桌面 ArcGIS 创建一个按钮加载项。该按钮加载项会执行由 pythonaddins 模块编写的代码来打开对话框，用户可以在该对话框中为数据框添加已创建的要素类。

10.3.2 操作方法

下面按步骤介绍如何创建一个按钮加载项。

（1）在解压后的 bin 文件夹内双击 addin_assistant.exe 文件，打开 ArcGIS Python Add-in Wizard。

（2）新建一个名为 Wildfire_Add-In 的项目文件夹并单击“OK”按钮，如图 10-5 所示。

（3）“Project Setting”选项卡是初始活动选项卡，它会在“Working Folder”文本框中显示新建的工作目录。默认情况下，“Select Product”下拉框是“ArcMap”，但设置时还需再次确认，如图 10-6 所示。

（4）设置项目的名称为 Load Wildfire Data Addin，如图 10-7 所示。

（5）默认情况下，“Version”的值是 0.1，如图 10-8 所示，它是可以改变的。当对工具进行更新或补充时，应更改版本的值，这有助于跟踪和共享加载项。

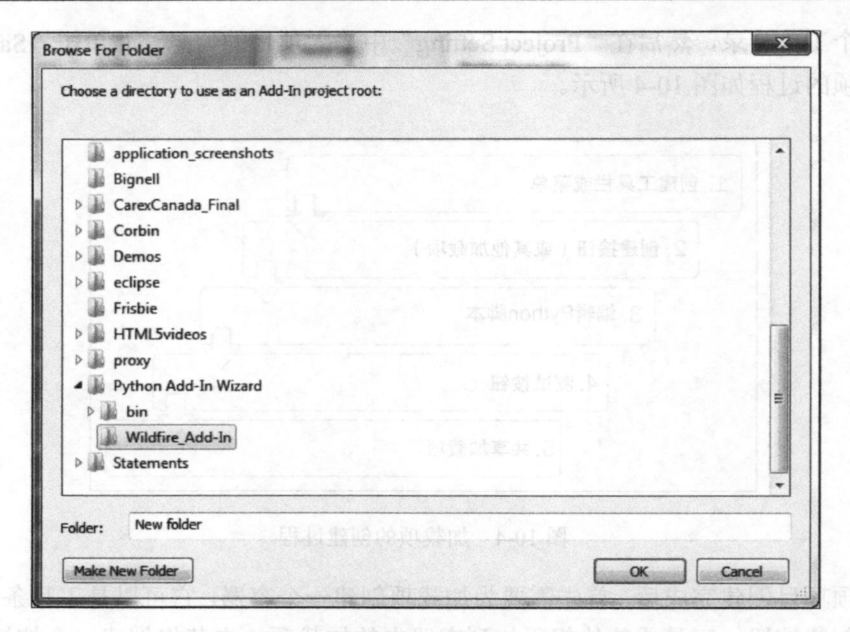

图 10-5 创建新项目文件夹对话框

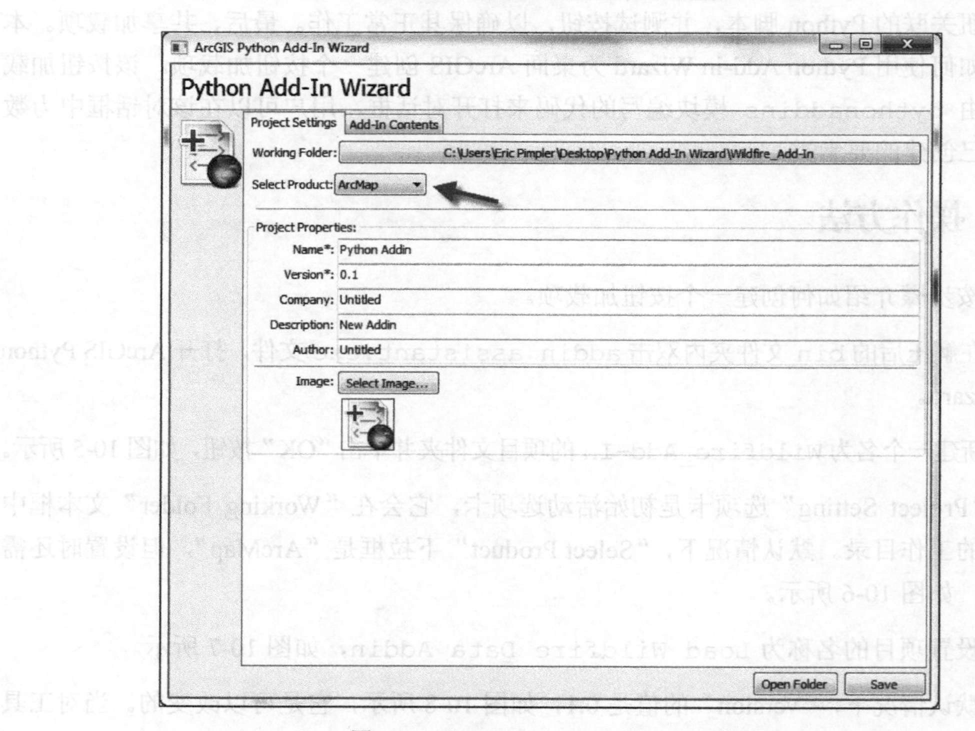

图 10-6 “Python Add-in Wizard”界面

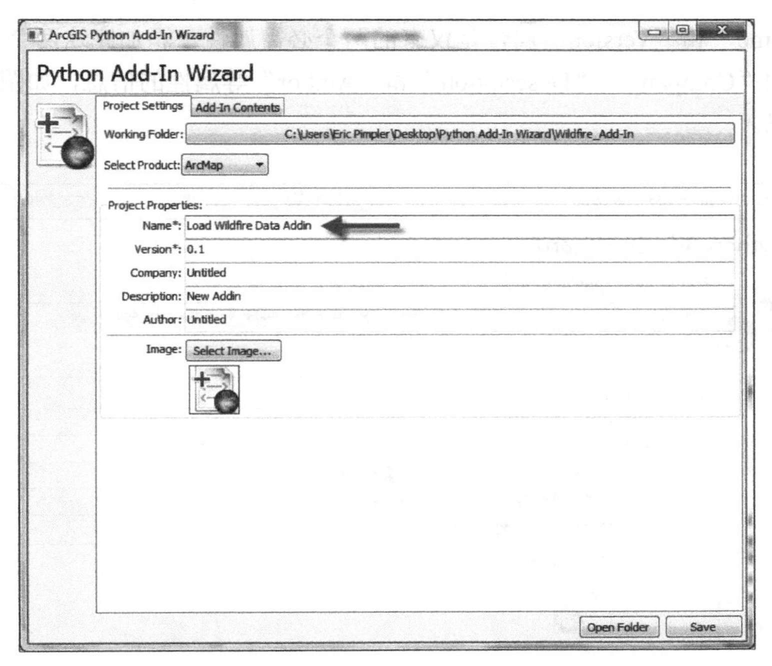

图 10-7　设置项目的名称

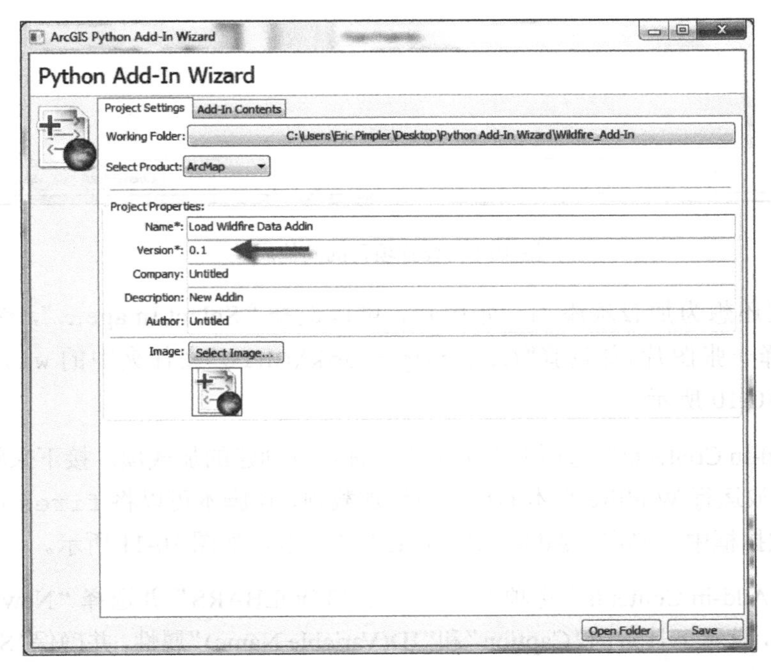

图 10-8　设置项目的版本

（6）“Name”和“Version”属性是仅有的两个必需属性。添加完这两个必需属性后，最好继续添加“Company”、“Description”和“Author”等属性的信息，如图10-9所示添加自己的信息。

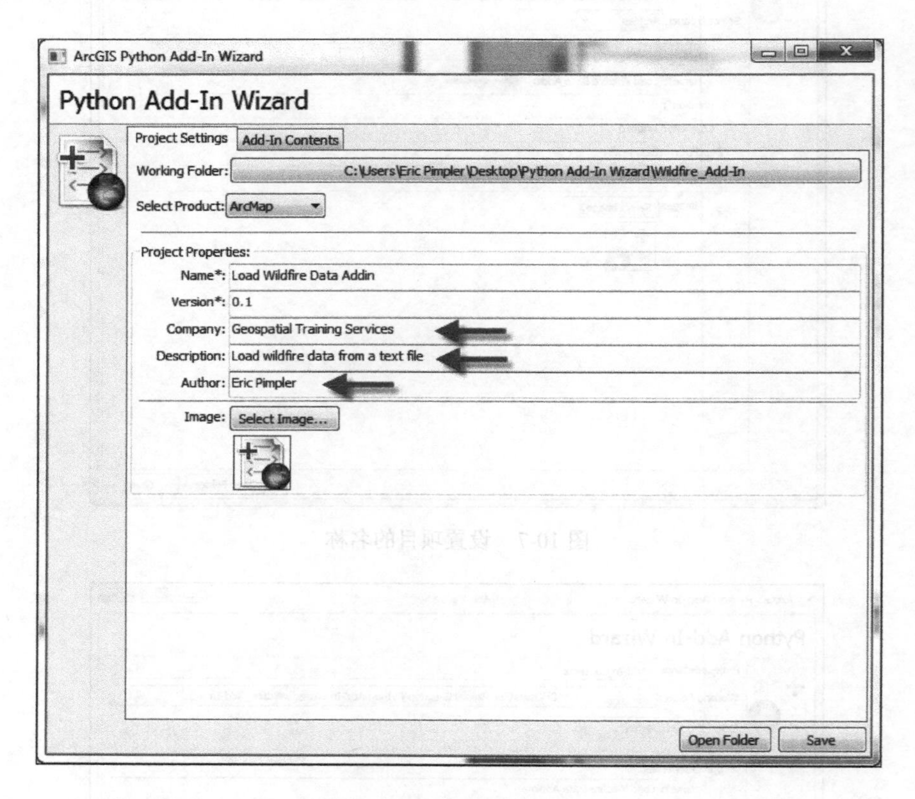

图10-9 设置项目的其他属性

（7）如果还想为加载项添加一张图片，可以选择“Select Image...”，然后在弹出的对话框中选择一张图片，如选择“`C:\ArcpyBook\Ch10`”文件夹中的`wildfire.png`图片，如图10-10所示。

（8）“Add-in Contents”选项卡用于定义各种可以创建的加载项。接下来将创建一个工具条，用来存放运行Wildfire脚本的单个按钮加载项，该脚本可以将`fires`的要素类数据添加到所选数据框中。单击“Add-in Contents”选项卡，如图10-11所示。

（9）在“Add-in Contents”选项卡中，右击“TOOLBARS”并选择“New Toolbar”。如图10-12所示，设置工具条的“Caption”和“ID(Variable Name)”属性，并确保“Show Initially”复选框被选中。

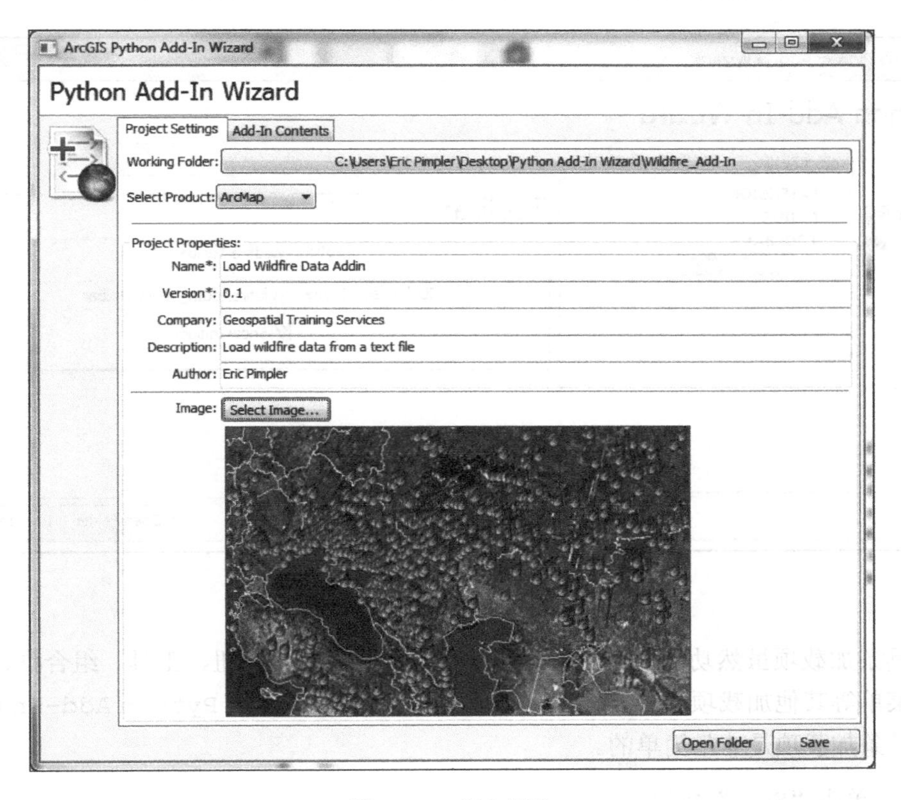

图 10-10　添加图片

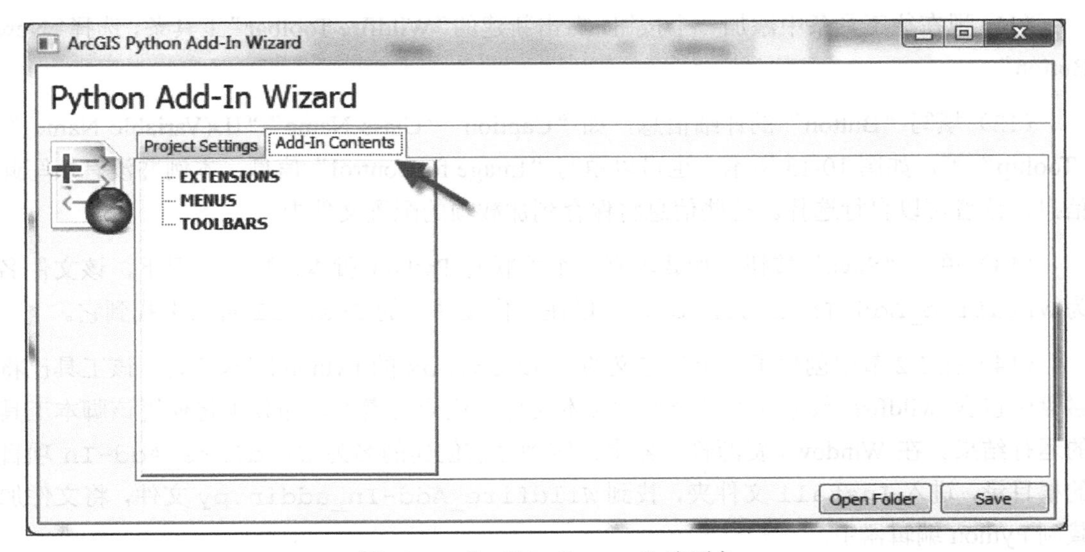

图 10-11　“Add-in Contents”选项卡

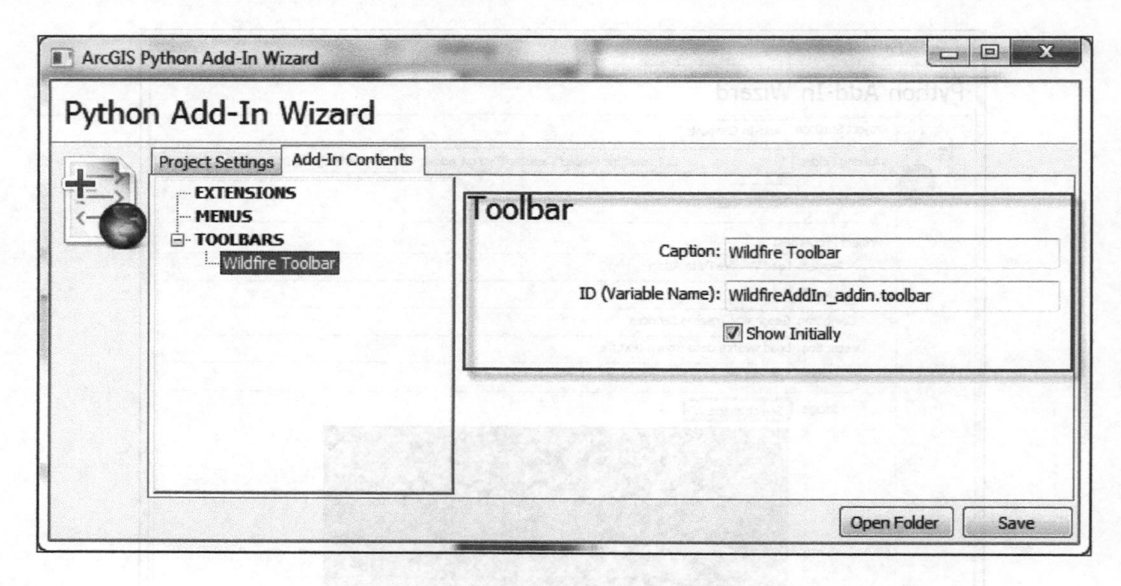

图 10-12 设置工具条的属性

工具条加载项虽然功能不多，但是非常重要，因为它是按钮、工具、组合框、工具选项板和菜单等其他加载项的容器。工具条可以浮动或停靠。使用 Python Add-In Wizard 创建工具条加载项是非常简单的。

（10）单击“Save”按钮。

（11）现在往工具条中添加一个按钮，右击新建的“Wildfire Toolbar”工具条，选择“New Button”。

（12）填写“Button”的详细信息，如“Caption”“Class Name”“ID(Variable Name)”“Tooltip”等，如图 10-13 所示。也可以填写“Image for control”信息，本例并没有填写此信息，读者可以自行选择。这些信息将保存到加载项的配置文件中。

（13）单击“Save”按钮。加载项有一个关联的 Python 脚本，默认情况下，该文件名为 Wildfire_Add-In_addin.py，可以在工作文件夹的 Install 目录中找到它。

（14）在 6.2 节中创建了一个自定义的 ArcToolbox 的 Python 脚本工具，该工具已将磁盘中包含 wildfire 数据的逗号分隔的文本文件转化为要素类。加载项将使用该脚本工具的运行结果。在 Windows 资源管理器中，转到之前创建的名为 Wildfire_Add-In 项目的根目录，进入 Install 文件夹，找到 Wildfire_Add-In_addin.py 文件，将文件加载到 Python 编辑器中。

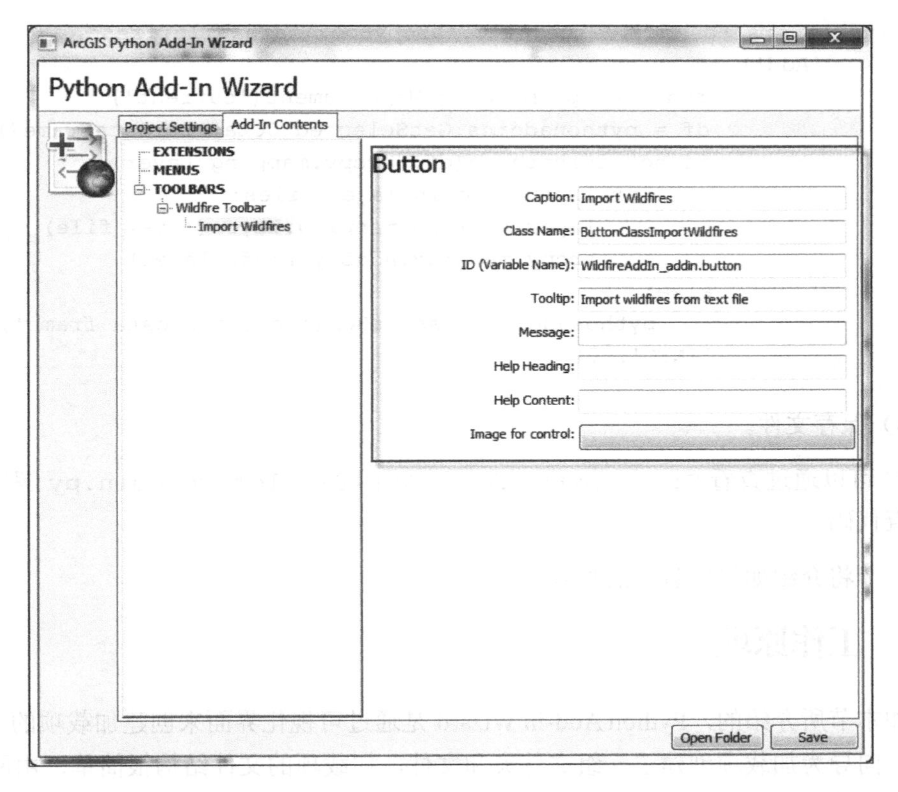

图 10-13 设置按钮的属性

（15）这一步将使用 pythonaddins 模块编写代码来打开一个对话框，该对话框允许添加一个或多个图层到选定的数据框中，pythonaddins 模块中的 OpenDialog()和 GetSelectedTOCLayerorDataFrame()函数可以实现这一功能。在加载的代码中找到 onClick(self)方法，单击按钮就会触发此方法。在 onClick 事件中移除 pass 语句，并添加相应的代码，完整的代码如下所示。

```
import arcpy
import pythonaddins

class ButtonClassImportWildfires(object):
    """Implementation for Wildfire_addin.button (Button)"""
    def __init__(self):
        self.enabled = True
        self.checked = False
    def onClick(self):
        layer_files = pythonaddins.OpenDialog('Select
```

```
Layers to Add', True, r'C:\ArcpyBook\data\Wildfires',
 'Add')
          mxd = arcpy.mapping.MapDocument('current')
          df = pythonaddins.GetSelectedTOCLayerOrDataFrame()
          if not isinstance(df, arcpy.mapping.Layer):
              for layer_file in layer_files:
                  layer = arcpy.mapping.Layer(layer_file)
                  arcpy.mapping.AddLayer(df, layer)
          else:
              pythonaddins.MessageBox('Select a data frame',
          'INFO', 0)
```

（16）保存文件。

（17）可以通过查看 C:\ArcpyBook\code\Ch10\WildfireAddIn.py 解决方案文件来检查代码。

下一节将介绍如何安装新的加载项。

10.3.3 工作原理

正如本节所介绍的，Python Add-in Wizard 是通过可视化界面来创建加载项的。然而，在后台，向导为加载项创建了一组文件夹和文件。加载项的文件结构很简单，由两个文件夹和一组文件组成，如图 10-14 所示。

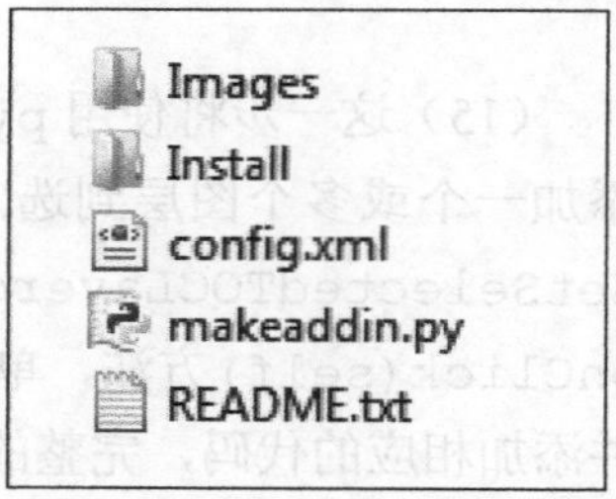

Images 文件夹包含加载项使用的所有图标或其他图像文件。本节使用了 wildfire.png 图像，所以该图像文件应该在 Images 文件夹中。Install 文件夹包含处理加载项业务逻辑的 Python 脚本文件。该文件在编写加载项的代码时会经常用到，用于执行任何需要由按钮、工具、菜单项等执行的业务逻辑。加载项主文件夹中的 config.xml 文件定义了用户界面和静态属性，如名称、作者、版本等。双击 makeaddin.py 文件可以创建.esriaddin 文件，它能把所有的文件打包成一个扩展名为.esriaddin 的压缩文件。只要把这个.esriaddin 压缩文件分发给最终用户，用户就可以安装该加载项。

Images
Install
config.xml
makeaddin.py
README.txt

图 10-14 加载项的文件结构

10.4 安装和测试加载项

在将加载项分发给最终用户之前，需要安装和测试加载项。

10.4.1 准备工作

在加载项的工作文件夹中，双击 makeaddin.py 脚本可以将加载项所需的全部文件和文件夹复制到加载项压缩文件中。生成的加载项压缩文件存放在工作文件夹中，其格式是<working folder name>.esriaddin。双击.esriaddin 文件，启动“Esri ArcGIS Add-in Installation Utility”窗口，安装加载项。然后，进入桌面 ArcGIS，测试该加载项。定制的工具条或菜单可能已经显示在 ArcMap 窗口中，并可直接用于测试，如果没有显示，选择“Customize”菜单，单击“Add-in Manager”。“Add-in Manager”对话框将列出针对当前应用程序安装的加载项，同时也会显示项目设置中输入的加载项信息，如名称、描述和图像等。

10.4.2 操作方法

（1）在加载项的主文件夹中，有一个名为 makeaddin.py 的 Python 脚本文件，双击该脚本，创建扩展名为.esriaddin 的文件，如图 10-15 所示。

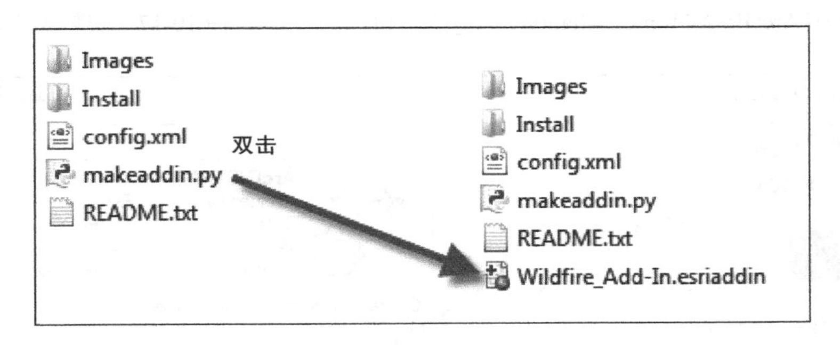

图 10-15 创建加载项文件

（2）双击 Widlfire_Add-In.esriaddin 文件，启动“Esri ArcGIS Add-in Installation Utility”窗口来安装桌面 ArcGIS 加载项，如图 10-16 所示。

（3）单击“Install Add-in”按钮，如果没有错误，就会弹出如图 10-17 所示的对话框。

（4）打开 ArcMap，测试加载项。加载项可能已经显示，如果没有显示，单击“Customize | Add-in Manager”，弹出“Add-in Manager”对话框，如图 10-18 所示。此时可以看到自己创建的加载项。

（5）然后选择“Customize”按钮，弹出如图 10-19 所示的对话框。要将工具条添加到应用程序中，单击“Toolbars”选项卡，选择自己创建的工具条（Wildfire Toolbar）。

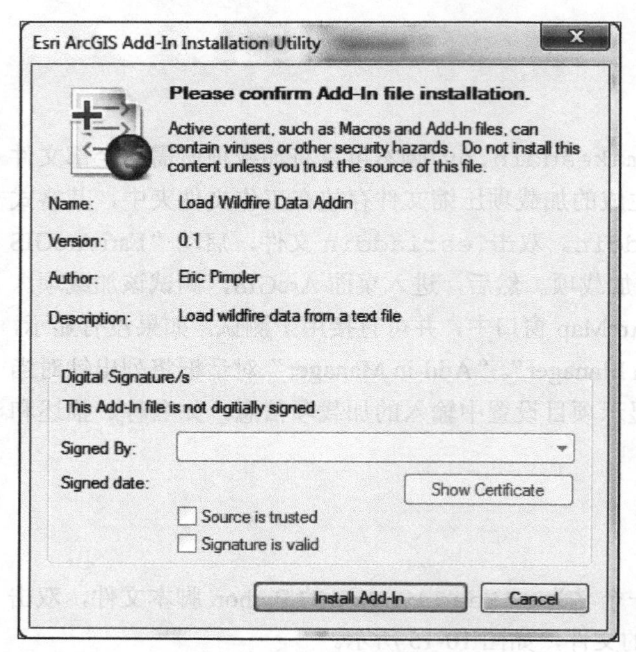

图 10-16 “Esri ArcGIS Add-in Installation Utility”窗口

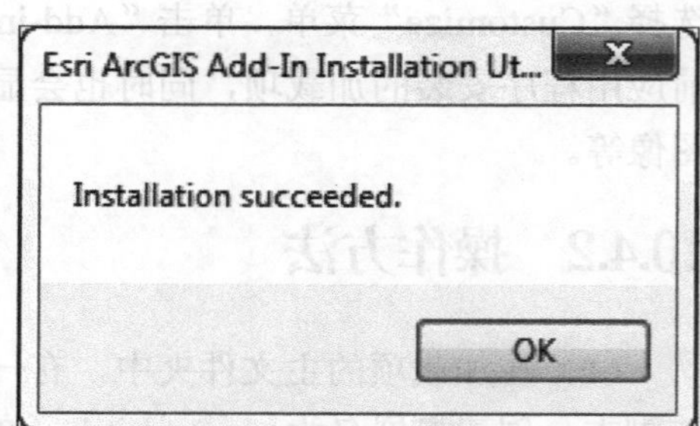

图 10-17　安装成功对话框

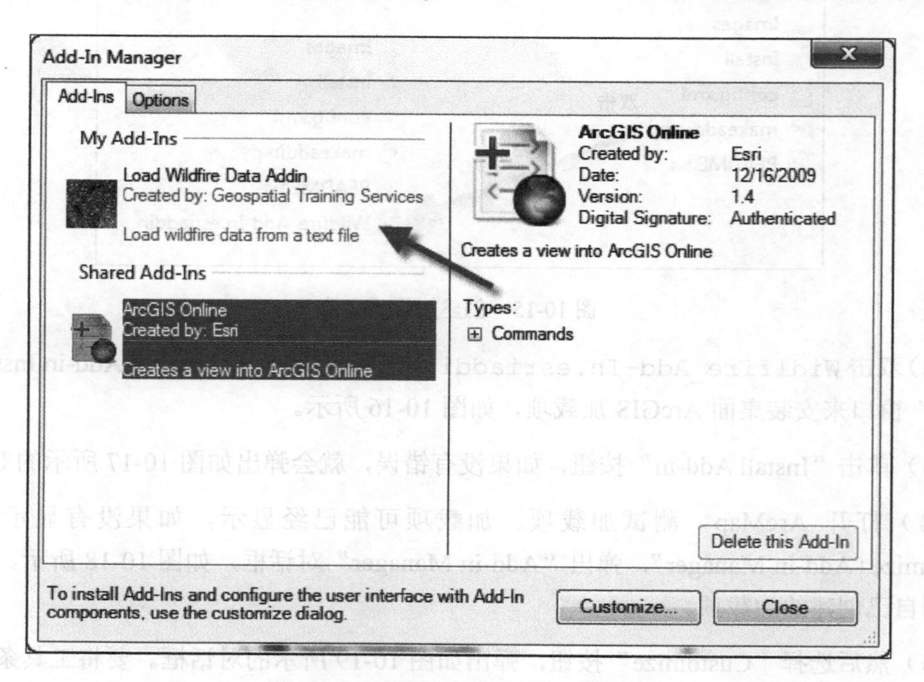

图 10-18 “Add-in Manager”对话框

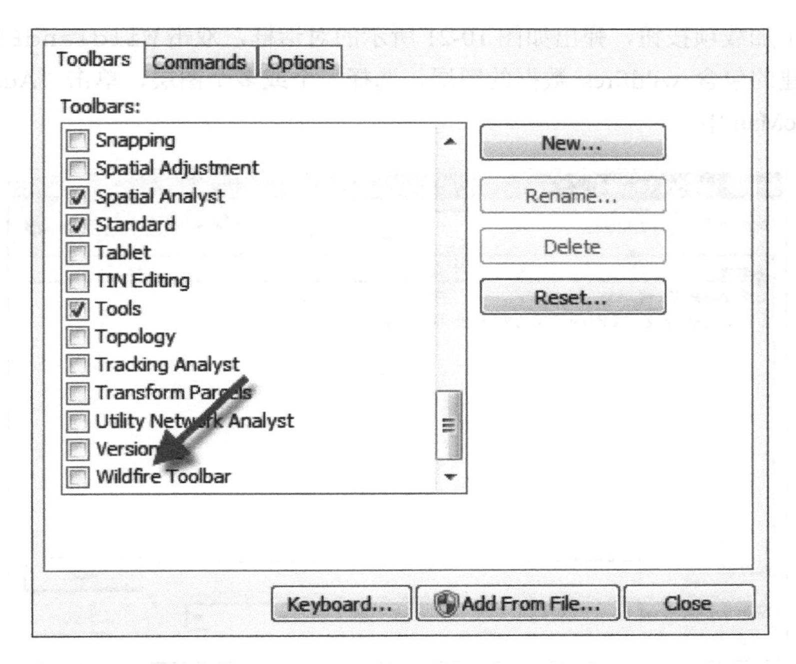

图 10-19 “Customize”对话框

此时加载项就显示在 ArcMap 窗口中，如图 10-20 所示。

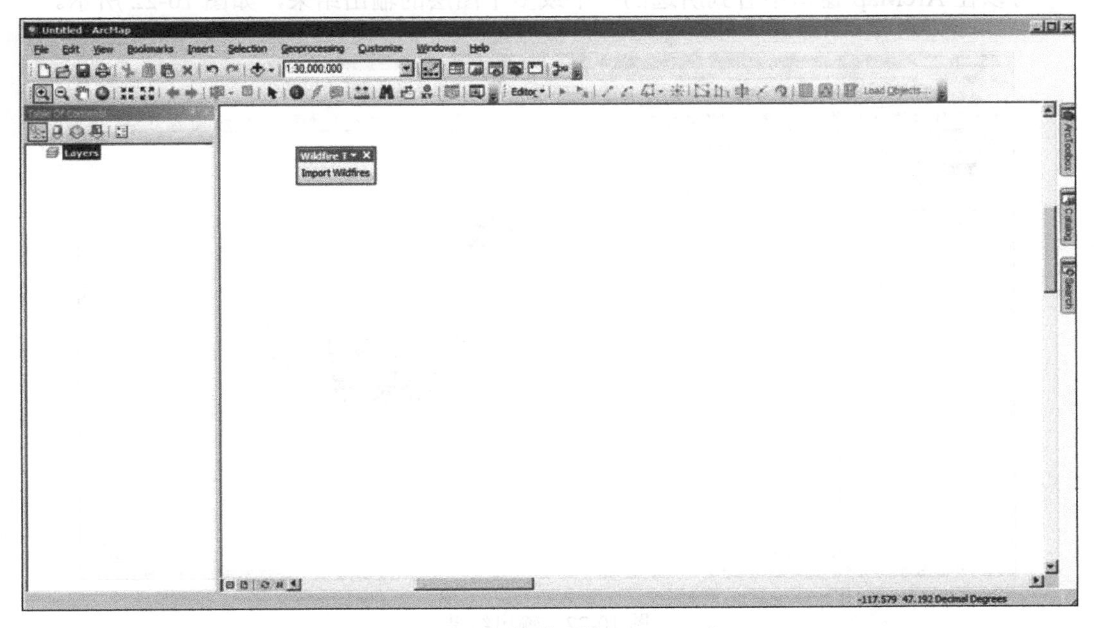

图 10-20 显示加载项的 ArcMap 窗口

（6）单击加载项按钮，弹出如图10-21所示的对话框，双击`WildlandFires.mdb`，打开之前创建的包含 wildfires 数据的图层，选择一个或多个图层，单击“Add”按钮，将其添加到ArcMap中。

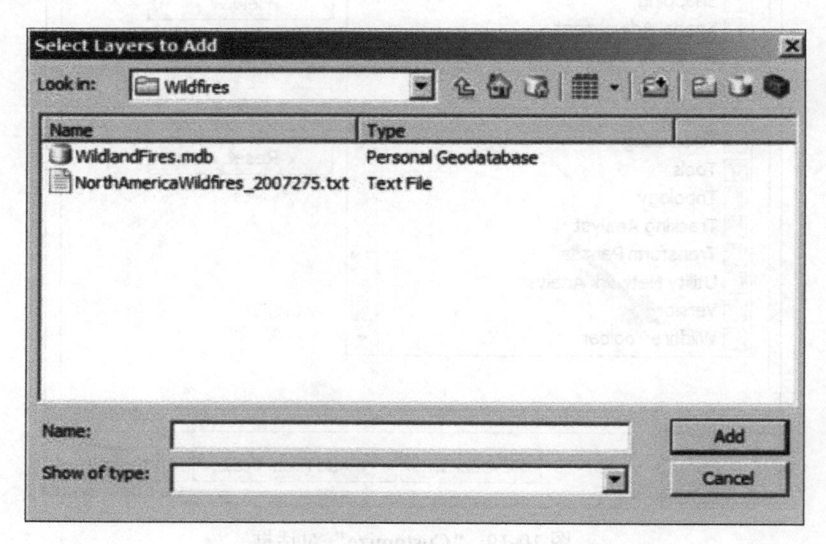

图10-21 选择添加的图层对话框

可以在ArcMap窗口中看到所选的一个或多个图层的输出结果，如图10-22所示。

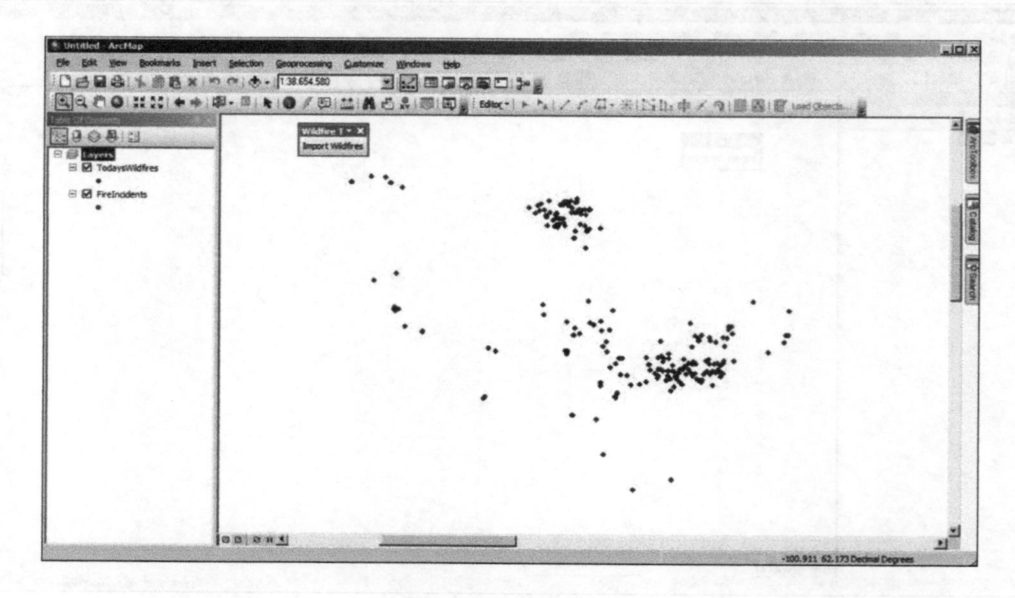

图10-22 输出结果

10.4.3 工作原理

安装加载项时，应用程序会将加载项放入一个桌面 ArcGIS 可检索到的默认加载项文件夹中。默认加载项文件夹在不同操作系统中的位置略有不同，具体如下所示。

- Windows 8 系统下，默认加载项文件夹位于 C:\Users\<username>\Documents\ArcGIS\AddIns\Desktop10.3。
- Windows Vista/7 系统下，默认加载项文件夹位于 C:\Users\<username>\Documents\ArcGIS\AddIns\Desktop10.3。
- Windows XP 系统下，默认加载项文件夹位于 C:\Documents and Settings\<username>\My Documents\ArcGIS\AddIns\Desktop10.3。

安装工具会在默认加载项文件夹下，根据加载项文件元数据中指定的全局唯一标识符（GUID）自动生成子文件夹，加载项将存储在这个子文件夹中，如图 10-23 所示。当桌面 ArcGIS 启动时，它会自动搜索这些目录并加载加载项。

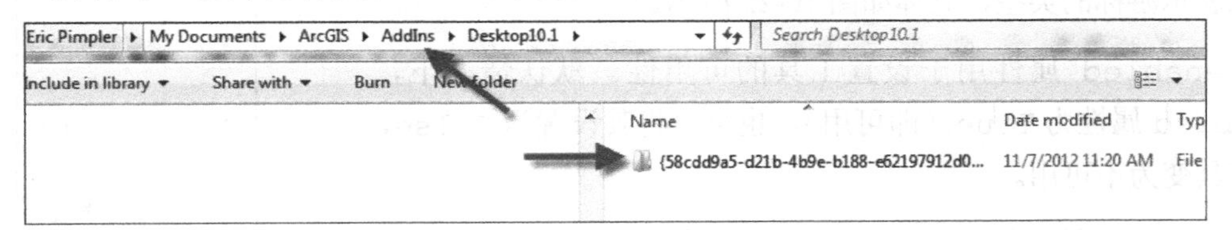

图 10-23　默认加载项文件夹的目录

子文件夹中包含的加载项如图 10-24 所示。

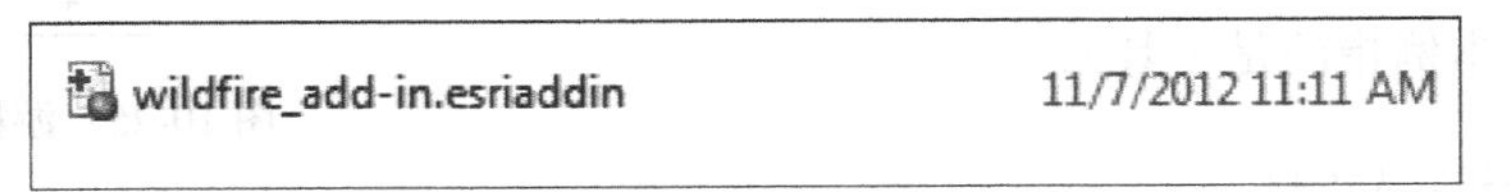

图 10-24　加载项文件

提示：
默认的加载项文件夹位于用户账户的 ArcGIS 文件夹内。例如，如果 ArcGIS 安装的版本是 10.1 且电脑的操作系统是 Windows Vista 或 Windows 7，那么安装工具会将加载项复制到“C:\user\<username>\Documents\ArcGIS \AddIns\Desktop10.1”文件夹下的子文件夹中。

可以使用个人网络驱动器将加载项分发给最终用户。桌面 ArcGIS 中的“Add-in Manager”会添加和维护文件夹列表，以使加载项能够搜索到它们。选择“Option”选项卡，然后单击“Add Folder”按钮可以将网络驱动器添加到列表中。

10.5 创建工具加载项

工具加载项与按钮类似，不同之处在于工具加载项需要与地图进行一些交互操作，ArcMap 中的“放大”工具便是一个典型的示例。工具应放在工具条或工具选项板中。工具的属性也与按钮类似，并且也需要编辑 Python 脚本。

10.5.1 准备工作

Tool 类有 3 种属性：cursor、enabled 和 shape。

cursor 属性用于设置单击工具时的游标，使用相应的整数值来表示游标的类型，具体如图 10-25 所示。

enabled 属性用于设置工具的可用性。默认情况下，enabled 属性为 True（即可用），也可以将其设置为 False，使工具变为不可用。

shape 属性用于指定要绘制的形状类型，它可以是线、矩形或圆形。这些属性通常在工具的构造函数—— __init__() 函数中设置，如下代码示例所示。self 对象是一个指向当前对象的变量（本例指的是工具）。

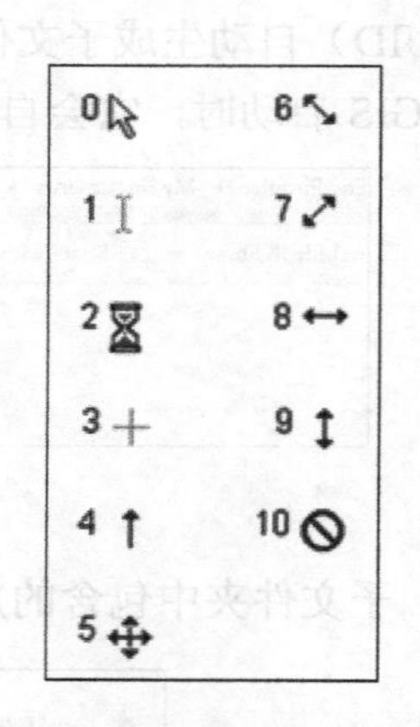

图 10-25 游标对应的整数值

```
def __init__(self):
  self.enabled = True
  self.cursor = 3
  self.shape = 'Rectangle'
```

与 Tool 类有关的函数有很多。所有类都有一个构造函数，也就是上面介绍的 __init__() 函数，它用来定义类的属性。除了 __init__() 函数，Tool 类还有很多重要的函数，如 onRectangle()、onCircle() 和 onLine() 等。当使用工具在地图上绘制形状时，便会调用这些函数，并将绘制的形状的几何结构传递给函数。还有很多可以使用的鼠标和按键函数。如要使工具不再活动时，可以调用 deactivate() 函数。

前面已经介绍过 Tool 类的构造函数 __init__() 函数，在创建工具时，该函数用于设置工具的各种属性。下面介绍 Tool 类的 onRectangle()函数，当在地图上绘制矩形时，便会调用此函数，并将对工具本身的引用（self 对象）和矩形的几何结构（extent 对象）作为参数传递给该函数。

```
def onRectangle(self, rectangle_geometry):
```

本节将介绍如何创建一个工具加载项来响应用户在地图上绘制的矩形，该加载项将使用“Generate Random Points”工具生成矩形内的点。

10.5.2　操作方法

下面按步骤介绍如何使用 ArcGIS Python Add-in Wizard 创建一个工具加载项。

（1）在解压后的 bin 文件夹内，双击 addin_assistant.exe 文件，打开 ArcGIS Python Add-in Wizard。

（2）新建一个名为 Generate_Random_Points 的项目文件夹并单击“OK”按钮。

（3）在“Project Setting”选项卡中输入属性信息，包括“Name”“Version”“Company”“Description”和“Author”等，如图 10-26 所示。

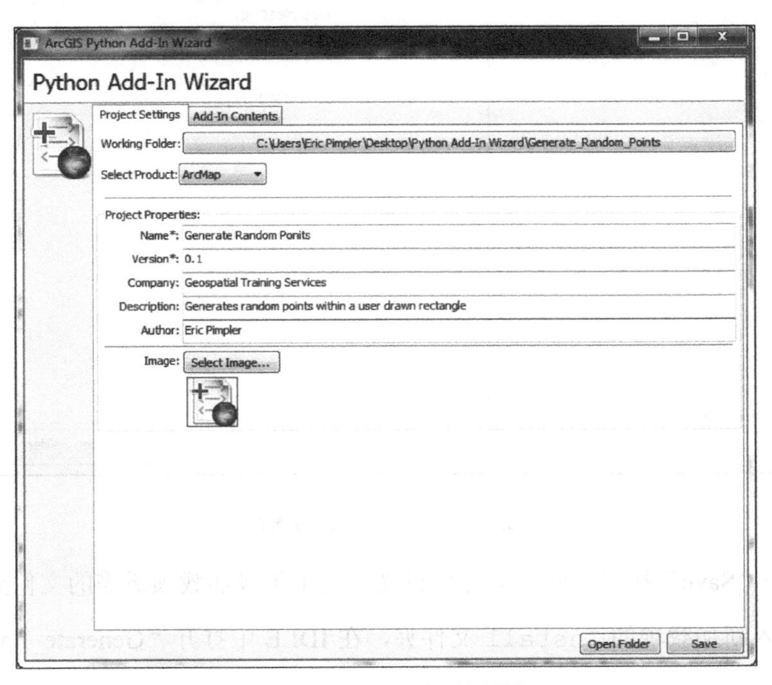

图 10-26　设置项目的属性

（4）单击“Add-in Contents”选项卡。

（5）右击“TOOLBARS”，选择“New Toolbar”。

（6）设置工具条的标题为“Random Points Toolbar”。

（7）右击新建的“Random Points Toolbar”工具条，选择“New Tool”。

（8）在“Python Tool”窗口中输入工具的信息，如图 10-27 所示。

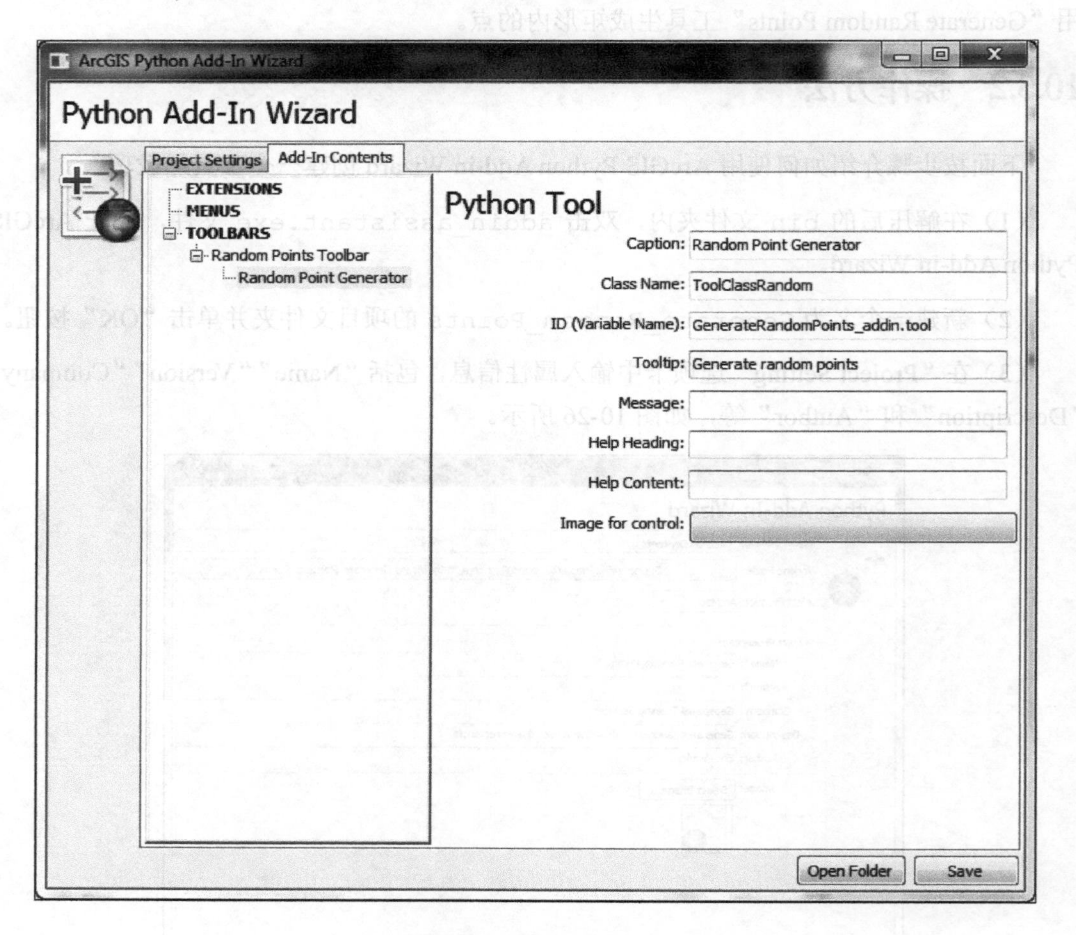

图 10-27 设置工具的属性

（9）单击“Save”按钮。此时会在项目文件夹中生成加载项所需的文件夹和文件。

（10）进入新加载项的 `Install` 文件夹，在 IDLE 中打开“Generate_Random_Points_addin.py”。

（11）将下面的代码添加到工具的构造函数__init__(self)中。

```
def __init__(self):
  self.enabled = True
  self.cursor = 3
  self.shape = 'Rectangle'
```

（12）在 onRectangle()函数中，键入如下代码，用于在屏幕上绘制的矩形范围内生成一组随机点。

```
import arcpy
import pythonaddins

class ToolClassRandom(object):
    def __init__(self):
      self.enabled = True
      self.cursor = 3
      self.shape = 'Rectangle'

    def onRectangle(self, rectangle_geometry):
        extent = rectangle_geometry
        arcpy.env.workspace = r'C:\ArcpyBook\Ch10'
        if arcpy.Exists('randompts.shp'):
            arcpy.Delete_management('randompts.shp')
            randompts = arcpy.CreateRandomPoints_management(arcpy.env.
workspace,'randompts.shp',"",rectangle_geometry)
        arcpy.RefreshActiveView()
    return randompts
```

（13）保存文件。

（14）可以通过查看 C:\ArcpyBook\code\Ch10\GenerateRandomPoints_addin.py 解决方案文件来检查代码。

（15）双击加载项主文件夹中的 makeaddin.py 文件，生成扩展名为.esriaddin 的压缩文件。

（16）双击 Generate_Random_Points.esriaddin 压缩文件，安装加载项。

（17）打开 **ArcMap**，如果需要的话，添加“Random Points Toolbar”工具条。

（18）将 C:\ArcpyBook\data\CityOfSanAntonio.gdb 中的 BexarCounty Boundaries 要素类添加到 **ArcMap** 地图文档中。

（19）通过在地图上绘制一个矩形来测试加载项，输出结果与图 10-28 类似。因为点是随机产生的，所以地图文档中的结果会有所不同。

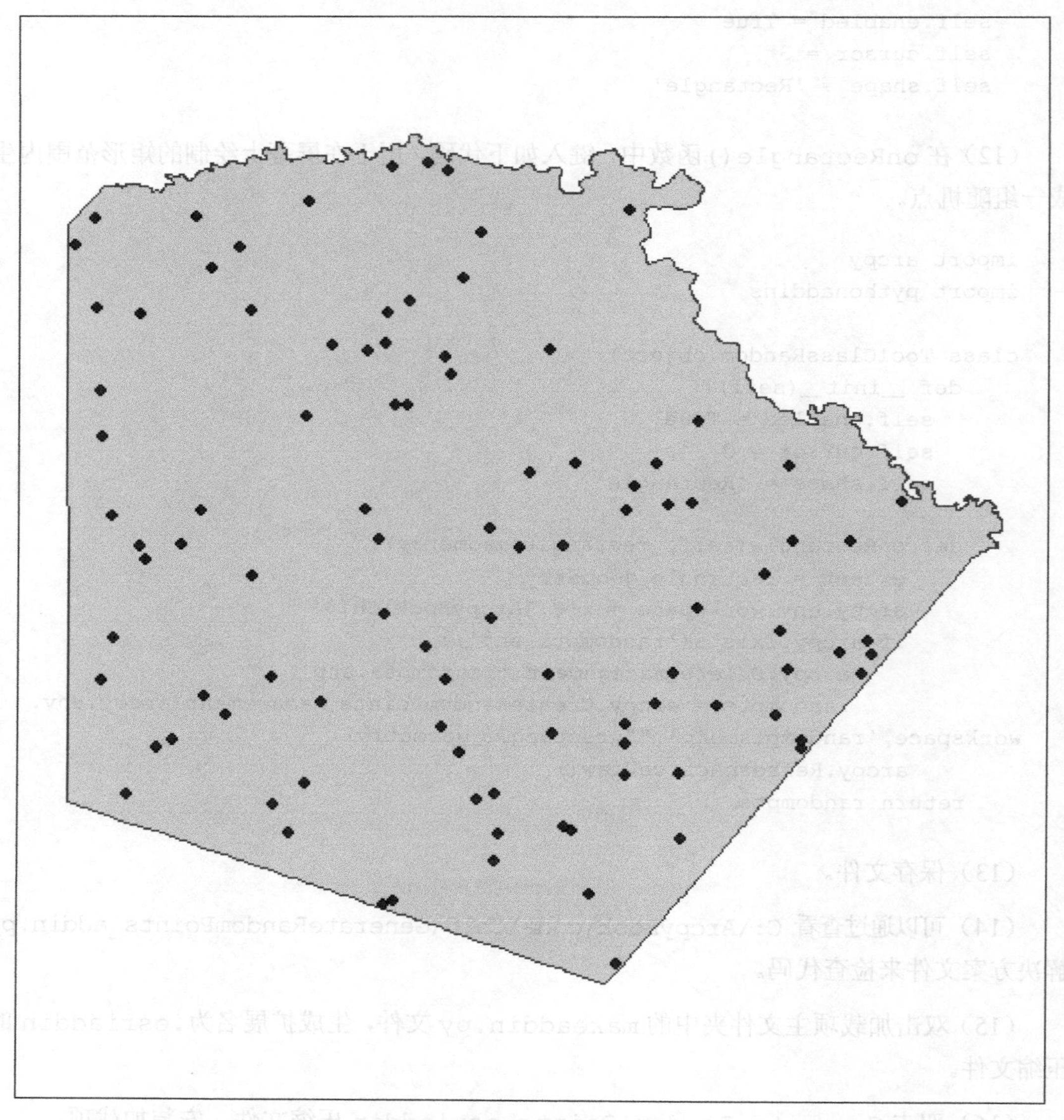

图 10-28 输出结果

10.5.3 工作原理

工具加载项与按钮加载项非常相似，不同之处在于工具加载项在触发功能之前，需要与地图进行交互操作。与地图的交互操作包括许多事件，如单击地图、绘制一个多边形或矩形、执行各种鼠标或按键事件等。可以编写 Python 代码来对一个或多个这类事件做出反应，本节介绍了如何编写响应 `onRectangle()` 事件的代码。还可以在构造函数中设置加载项的各种属性，如 `cursor` 和 `shape` 属性等，这些属性将会在地图上显示出来。

10.5.4 拓展

除了按钮和工具，还可以创建一些其他的加载项，如组合框、工具选项板、菜单和应用程序扩展模块等。组合框加载项包含可编辑字段和下拉列表，用户可以根据需要在下拉列表中选择值或在可编辑字段中输入值。与创建其他加载项一样，首先使用 Python Add-in Wizard 创建一个新项目和一个新工具条，然后在工具条中添加一个组合框。

工具选项板提供了一种将相关工具分组的方式，它需要添加到现有的工具条中。默认情况下，工具会添加到网格状的选项板中。

菜单加载项是按钮和其他菜单的容器。菜单不仅可以通过桌面 ArcGIS 的“Add-in Manager”对话框显示，还可以通过桌面 ArcGIS 的“Customize”对话框显示。

应用程序扩展模块用于在桌面 ArcGIS 中添加相关函数的特定集合，如 Spatial Analyst 扩展模块、3D Analyst 扩展模块和 Business Analyst 扩展模块等。通常情况下，应用程序扩展模块负责监听并响应各种事件。例如，可以创建一个应用程序扩展模块，用来保存用户每次往地图中添加图层所得到的地图文档文件。此外，应用程序扩展模块还可以协调组件之间的活动。

第 11 章 异常识别和错误处理

本章将介绍以下内容。

- 默认的 Python 错误消息。
- 添加 Python 异常处理结构（try/except/else）。
- 使用 GetMessages()函数获取工具消息。
- 根据严重性级别筛选工具消息。
- 测试和响应特定的错误消息。

11.1 引言

执行 ArcGIS 地理处理工具和函数时，会返回各种消息，这些消息可能是一般信息类的消息，也可能是导致工具不能生成预期结果的警告消息，或者是导致工具执行彻底失败的错误消息。这些消息并不会出现在消息框中，而是需要通过调用 ArcPy 函数来获取。在前面的章节中，我们忽略了这些一般信息类的消息、警告消息和错误消息，主要是希望读者能够专心学习 python 的基本概念，也就没有增加额外的代码来处理这些消息，但是增加处理错误情况的复杂代码能够有效地保证地理处理脚本的健壮性，所以，本章将介绍如何创建包含 Python 异常处理结构且功能健全的地理处理脚本。该脚本可以处理脚本运行时生成的各种消息，如警告消息、错误消息和其他一般信息类的消息。异常处理结构可以使脚本更加灵活，且不易出错。在前面的章节中，已经介绍了如何使用基本的 try 和 except 代码块来处理常见的错误，本章将进一步介绍为什么使用和如何使用这一异常处理结构。

11.2 默认的 Python 错误消息

默认情况下，无论脚本何时遇到问题，Python 都会生成一个错误消息。尽管这些错误消息对最终用户来说，并不总是有用的，但是，查看这些原始的信息还是有一定价值的。后面的章节将使用 Python 错误处理结构来获取一个更加清晰的错误提示，并根据不同的需求进行响应。

11.2.1 准备工作

本节将编写并运行一个包含错误的脚本，但该脚本中并没有任何的地理处理或 Python 异常处理的技巧，这样做的目的是希望得到 Python 返回的错误消息。

11.2.2 操作方法

下面按步骤介绍如何查看使用脚本执行工具时抛出异常所产生的原始 Python 错误消息。

（1）打开 IDLE，新建一个脚本。

（2）脚本保存为 C:\ArcpyBook\Ch11\ErrorHandling.py。

（3）导入 arcpy 模块。

```
import arcpy
```

（4）设置工作空间。

```
arcpy.env.workspace = "c:/ArcpyBook/data"
```

（5）调用 Buffer 工具。Buffer 工具需要输入一个参数——缓冲区距离，但是为了得到 Python 返回的错误消息，所以在这个代码中故意没有输入距离参数。

```
arcpy.Buffer_analysis("Streams.shp","Streams_Buff.shp")
```

（6）可以通过查看 C:\ArcpyBook\code\Ch11\ErrorHandling1.py 解决方案文件来检查代码。

（7）运行脚本，得到的输出结果如下所示。

```
Runtime error Traceback (most recent call last): File "<string>", line 1, in
```

```
<module> File "C:\program files (x86)\arcgis\ desktop10.1\arcpy\arcpy\analysis.py",
line 687, in Buffer raise e ExecuteError: Failed to execute. Parameters are not
valid. ERROR 000735: Distance [value or field]: Value is required Failed to execute
(Buffer).
```

11.2.3 工作原理

上述代码示例输出的错误消息尽管不能清楚地提示代码在哪里出现问题，但是对于一个经验丰富的程序员来说，会很容易发现代码中存在的问题（缺少缓冲距离）。实际上，在大多数情况下，脚本运行时返回的错误消息并不能直接帮助用户解决问题。在编程中出现错误是常见的现象，因此，程序员应该熟练掌握通过 Python 异常处理结构来处理 arcpy 产生的异常的方法。如果脚本中不使用 Python 异常处理结构，那么一旦脚本出现问题，程序会立即停止执行，将无法产生较好的用户体验。

11.3 添加 Python 异常处理结构（try/except/else）

Python 有内置的异常处理结构，可以捕获程序运行时生成的错误消息。使用这些错误消息，可以向最终用户显示一个更加有用的错误提示，并根据不同的需求进行响应。

11.3.1 准备工作

异常是发生在代码中的不正常或错误的情况。Python 中的异常处理语句可以捕获和处理代码中的错误，从而使代码恢复正常。除了处理错误外，异常语句还可用于其他情况，如事件通知和特殊情况的处理等。

Python 异常可以被捕获或抛出。抛出 Python 异常的方式通常有两种：自动抛出和手动抛出。当代码出现错误时，Python 自动抛出异常，此时需要程序员捕获这个自动抛出的异常，并决定是否处理它。异常也可以通过使用 raise 语句手动抛出，在这种情况下，也需要程序员编写一个异常处理程序来捕获这些手动抛出的异常。

try/except 语句是一个完整的、复合的 Python 语句，用于处理异常。try 语句以 try 为首行，后跟缩进语句，之后是一个或多个可选的 except 子句，以捕获的异常名称命名，最后是一个可选的 else 子句。

try/except/else 语句的工作原理如下所示。一旦在 try 语句中有异常抛出，代码都会跳转到相应的 except 语句中去处理。

try 代码块内的每条语句都会执行。如果没有异常抛出，那么代码将跳转到 else 语句，并执行其中的代码，然后执行整个 try 代码块后的代码。如果在 try 代码块中有异常抛出，那么 Python 会搜索与之相匹配的 except 语句。如果找到了与异常相匹配的 except 语句，则执行 except 语句块中的代码，然后再执行整个 try 代码块后的代码，在这种情况下，else 语句不执行。如果没有找到与异常匹配的 except 语句，那么异常会跳出 try 语句块的顶层，这就造成了未处理的异常，得到与 11.2 节一样的错误消息。try/except/else 工作原理如图 11-1 所示。

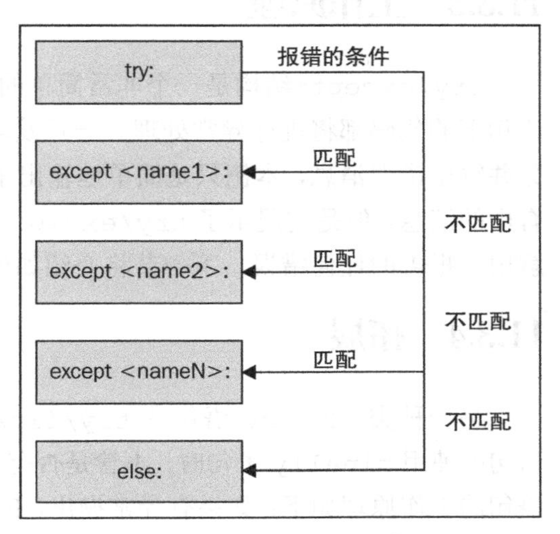

图 11-1 try/except/else 工作原理

本节将添加一些基本的 Python 异常处理结构来处理异常。try/except/else/finally 异常处理结构有多种组合方式。本节只介绍一种非常简单的 try/except 结构。

11.3.2 操作方法

下面按步骤介绍如何将 Python 错误处理结构添加到脚本中。

（1）如有需要，在 IDLE 中打开 C:\ArcpyBook\Ch11\ErrorHandling.py。

（2）更改脚本，添加 try/except 代码块，代码如下所示。

```
import arcpy
try:
  arcpy.env.workspace = "c:/ArcpyBook/data"
  arcpy.Buffer_analysis("Streams.shp","Streams_Buff.shp")
except:
  print("Error")
```

（3）可以通过查看 C:\ArcpyBook\code\Ch11\ErrorHandling2.py 解决方案文件来检查代码。

（4）保存并运行脚本，得到简单的 Error 消息，这个消息并不比 11.2 节得到的错误消息更有帮助。事实上，它几乎是没用的。但是，本节的重点是简单地介绍 try/except 错误处理结构。

11.3.3 工作原理

try/except 结构是一个非常简单的异常处理结构。try 代码块中所有缩进在 try 语句下的代码都将进行异常处理。一旦发现任何类型的异常，程序都将跳转到 except 部分并输出错误消息，本例只是简单地输出了 Error 消息。正如前文所提到的，这几乎是没有用的消息，但是它展示了 try/except 代码块的基本工作原理，可以使程序员更好地了解用户报告的任何错误。下一节将介绍如何在异常处理结构中添加工具生成消息。

11.3.4 拓展

另一种类型的 try 语句是 try/finally 语句，它可以确保操作的完成。当在 try 语句中使用 finally 子句时，不管是否有异常抛出，该子句最后总会执行。try/finally 语句的工作原理如下：如果有异常抛出，Python 先执行 except 语句，然后执行 finally 语句；如果在执行过程中没有异常抛出，则 Python 先执行 try 语句，然后执行 finally 语句。无论代码是否抛出异常，try/finally 语句都可以保证某个操作总会发生。

11.4 使用 GetMessages()函数获取工具消息

ArcPy 中的 GetMessages()函数可以用来获取 ArcGIS 工具执行时生成的消息。消息包括一般信息类的消息（如工具执行的起始和结束时间等）、警告消息和错误消息，其中警告和错误可能会导致工具执行达不到预期结果或完全失败。

11.4.1 准备工作

在执行工具的过程中，会生成各种消息。这些消息包括一般信息类的消息，如工具执行的起始和结束时间、传递给工具的参数值以及工具执行的进度信息等。此外，还会生成警告消息和错误消息，这些消息可通过 Python 脚本来读取，并且可以通过编写代码来妥善处理这些警告或错误。

ArcPy 存储最近一次执行工具时所生成的消息，可以使用 GetMessages()函数来获取这些消息，该函数将返回一个字符串，该字符串包含最近一次执行工具时所生成的所有消息。这些消息可以根据严重性级别来筛选，可以只返回某些类型的消息，如警告或错误。通常，第一个消息是执行工具的名称，最后一个消息是工具执行的起始和结束时间。

本节将在 except 语句中添加一行代码，来输出更多关于当前运行工具的描述性信息。

11.4.2 操作方法

下面按步骤介绍如何在脚本中添加 GetMessages()函数来获取最近一次执行工具时所生成的消息列表。

（1）如有需要，在 IDLE 中打开 C:\ArcpyBook\Ch11\ErrorHandling.py。

（2）更改脚本，添加 GetMessages()函数，代码如下所示。

```
import arcpy
try:
  arcpy.env.workspace = "c:/ArcpyBook/data"
  arcpy.Buffer_analysis("Streams.shp","Streams_Buff.shp")
except:
  print(arcpy.GetMessages())
```

（3）可以通过查看 C:\ArcpyBook\code\Ch11\ErrorHandling3.py 解决方案文件来检查代码。

（4）保存并运行脚本。此时生成的错误消息比之前更加详细。注意，同时还生成了一些其他类型的消息，如脚本执行的起始和结束时间等。

```
Executing: Buffer c:/ArcpyBook/data\Streams.shp c:/ArcpyBook/data\
Streams_Buff.shp # FULL ROUND NONE #
Start Time: Tue Nov 13 22:23:04 2012
Failed to execute. Parameters are not valid.
ERROR 000735: Distance [value or field]: Value is required
Failed to execute (Buffer).
Failed at Tue Nov 13 22:23:04 2012 (Elapsed Time: 0.00 seconds)
```

11.4.3 工作原理

GetMessages()函数可以返回最近一次执行工具时所生成的所有消息，需要强调的是，它只返回最近一次执行工具时所生成的消息。请注意，如果脚本中有多个正在运行的工具，使用此函数将不会返回历史工具消息，但若需要获取历史工具消息，可以使用 Result 对象来实现。

11.5 根据严重性级别筛选工具消息

正如前文所述，所有工具生成的消息都可归类为一般信息类的消息、警告消息或错误消息。GetMessages()函数可以通过使用参数来筛选返回的消息。例如，你可能只想返回脚本的错误消息，而不返回一般信息类的消息或警告消息，因为错误消息表示脚本中有严重的错误，将导致工具不能成功执行。使用 GetMessages()函数可以筛选返回的消息，使其只返回错误消息。

11.5.1 准备工作

消息按照严重性级别可分为 3 类：一般信息类的消息、警告消息和错误消息。一般信息类的消息提供关于对象的描述性信息，如工具的进度、执行工具的起始和结束时间、输出数据的特征等。

一般信息类的消息的严重性等级用数值 0 表示。当在执行工具过程中出现可能影响输出的问题时，会生成警告消息，警告消息的严重性等级用数值 1 表示，它通常不会终止工具的运行。最后一种类型的消息是错误消息，其严重性等级用数值 2 表示，它表明工具中有严重的错误终止了工具的运行。在执行工具的过程中会生成多种消息，它们存储在一个列表中。更多关于消息严重性级别的信息如表 11-1 所示。本节将介绍如何通过 GetMessages()函数筛选生成的消息。

表 11-1 消息的严重性级别

严重性	说明
0	• 一般信息类的消息 • 一般消息，如工具执行的起始和结束时间、工具进度等
1	• 警告消息 • 在工具执行过程中可能出现了问题 • 具有 6 位数代码
2	• 错误消息 • 有严重错误而终止了工具的运行（如无效参数、不存在的路径等） • 具有 6 位数代码

11.5.2 操作方法

下面按步骤介绍如何通过筛选工具返回消息，只需将代表严重性级别的数值作为参数传入 GetMessages()函数即可。

（1）如有需要，在 IDLE 中打开 C:\ArcpyBook\Ch11\ErrorHandling.py。

（2）更改 GetMessages()函数，输入数值 2 作为唯一的参数，代码如下所示。

```
import arcpy
try:
  arcpy.env.workspace = "c:/ArcpyBook/data"
  arcpy.Buffer_analysis("Streams.shp","Streams_Buff.shp")
except:
  print(arcpy.GetMessages(2))
```

（3）可以通过查看 C:\ArcpyBook\code\Ch11\ErrorHandling4.py 的解决方案文件来检查代码。

（4）保存并运行脚本，得到的输出结果如下所示。

```
Failed to execute. Parameters are not valid.
ERROR 000735: Distance [value or field]: Value is required
Failed to execute (Buffer).
```

11.5.3 工作原理

正如前文所述，GetMessages()函数可以接受整数参数 0、1 或 2。输入参数 0 表示只返回一般信息类的消息，而输入参数 1 表示只返回警告消息。在上述例子中，输入参数 2 表示只返回错误消息，因此，本例不会看到其他消息的返回，如脚本的起始和结束时间等。

11.6 测试和响应特定的错误消息

所有的警告消息和错误消息均具有一个特定的错误代码，可以在脚本中查看这些特定的错误代码，并根据这些错误执行某些类型的操作，以完善脚本功能。

11.6.1 准备工作

所有的警告消息和错误消息均由地理处理工具生成，且都具有一个 6 位数的代码及其说明。使用脚本可以测试特定的错误代码并进行相应的响应。在桌面 ArcGIS 帮助系统中单击“Geoprocessing | Tool errors and warnings”可以得到所有可能出现的工具错误的列表和错误对应的 6 位数代码。如图 11-2 所示，所有的工具错误都有一个独立的界面，每个错误都通过一个 6 位数的代码来简要介绍。

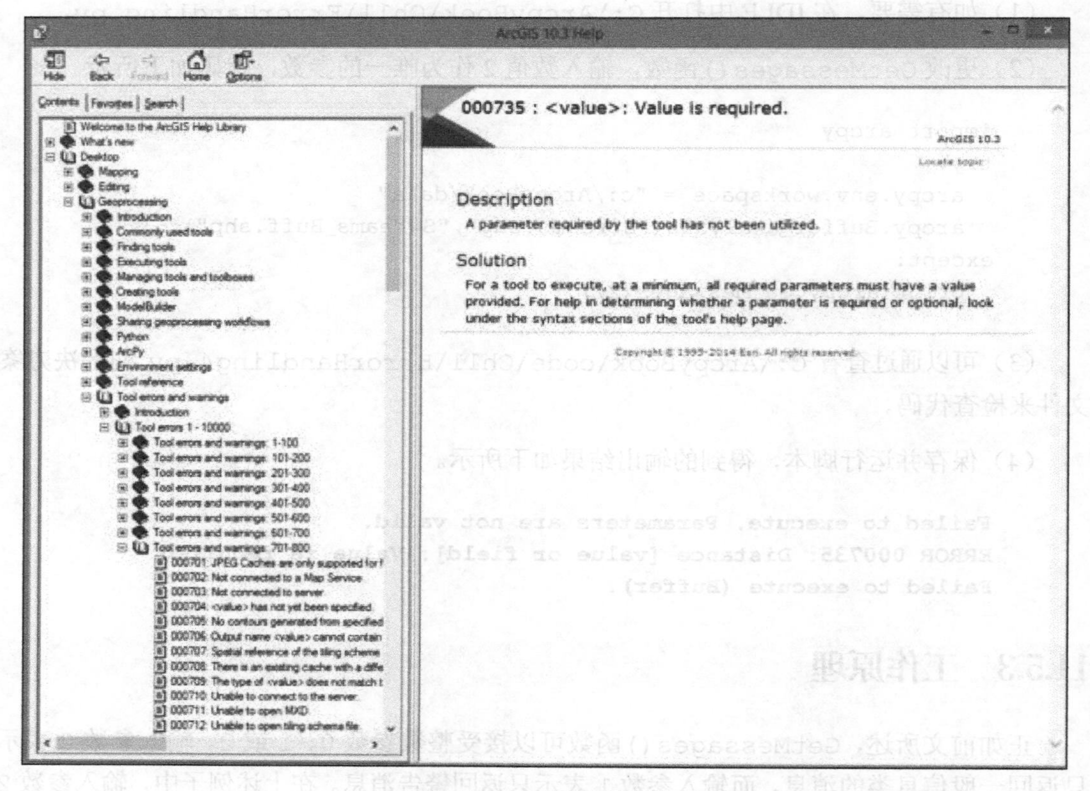

图 11-2 工具错误界面

11.6.2 操作方法

下面按步骤介绍如何通过编写代码来响应执行地理处理工具时生成的特定错误代码。

（1）单击“Start | All Programs | ArcGIS | ArcGIS for Desktop Help”，打开桌面 ArcGIS 帮助系统。

（2）单击“Desktop | Geoprocessing | Tool errors and warnings | Tool errors 1-10000 | Tool errors and warnings 701-800”。

（3）选择“000735:<value>:Value is required”，该错误表明没有提供工具所需的参数。读者应该记得在 11.2 节运行的没有提供缓冲区距离参数的脚本，它生成的错误消息对应的 6 位数代码正是帮助系统中的“000735”。生成的错误消息的内容如下所示，注意它的 6 位数代码。

```
ERROR000735:Distance[valueorfield]:Valueisrequired
```

（4）如有需要，在 IDLE 中打开 C:\ArcpyBook\Ch11\ErrorHandling.py。

（5）更改 except 语句，代码如下所示。

```
import arcpy
try:
  arcpy.env.workspace = "c:/ArcpyBook/data"
  arcpy.Buffer_analysis("Streams.shp", "Streams_Buff.shp")
except:
  print("Error found in Buffer tool \n")
  errCode = arcpy.GetReturnCode(3)
  if str(errCode) == "735":
    print("Distance value not provided \n")
    print("Running the buffer again with a default valuevalue \n")
    defaultDistance = "100 Feet"
    arcpy.Buffer_analysis("Streams.shp", "Streams_Buff",
defaultDistance)
    print("Buffer complete")
```

（6）可以通过查看 C:\ArcpyBook\code\Ch11\ErrorHandling5.py 解决方案文件来检查代码。

（7）保存并运行脚本，得到的输出结果如下所示。

```
Error found in Buffer tool
Distance value not provided for buffer
Running the buffer tool again with a default distance value
Buffer complete
```

11.6.3　工作原理

在本例代码中，首先使用 arcpy.GetReturnCode()函数来返回工具运行时生成的错误消息的 6 位数代码，然后使用 if 语句检验错误代码是否包含 000735（程序中用 735 表示），该错误代码表示没有提供工具所需的参数。最后，为缓冲区距离设置默认值，再次调用 Buffer 工具，这次因为提供了默认的缓冲区距离，所以代码执行成功。

第 12 章
使用Python实现ArcGIS的高级功能

本章将介绍以下内容。

- ArcGIS REST API 入门。
- 使用 Python 构建 HTTP 请求并解析响应。
- 使用 ArcGIS REST API 和 Python 获取图层信息。
- 使用 ArcGIS REST API 和 Python 导出地图。
- 使用 ArcGIS REST API 和 Python 查询地图服务。
- 使用 ESRI World Geocoding Service 进行地理编码。
- 使用 FieldMap 和 FieldMappings。
- 使用 ValueTable 将多值输入到工具中。

12.1 引言

本章将介绍一些高级的内容，具体来说，就是介绍如何使用 Python 的 `requests` 模块访问 ArcGIS REST API。在此过程中，还会介绍如何访问由 ArcGIS Server 和 ArcGIS Online 发布的数据和服务。Python 的 `requests` 模块允许脚本提交请求到 URL 端点并接收各种格式的响应，如常用的 JSON 格式等。在本章的最后，将介绍 ArcPy 的另外一些内容，即如何使用 `FieldMap` 和 `FieldMappings` 对象合并数据集，以及在工具可以接收多项输入的情况下如何使用 `ValueTables`。

12.2 ArcGIS REST API 入门

在深入学习编码之前，首先需要了解 ArcGIS REST API 的基本概念，还要掌握如何构建一个 URL 并解析返回的响应。

ArcGIS REST API 提供了简单、开放的接口来访问和使用 ArcGIS Server 发布的服务。ArcGIS REST API 通过 URL 可以获取和操作每一个服务中的所有资源和操作。

12.2.1 准备工作

ArcGIS REST API 的所有资源和操作都是通过端点的层次结构来显示的，本章将会对此进行详细的介绍。下面将介绍使用 Python 向 API 提交请求的具体步骤。首先使用 ArcGIS Server 服务目录构建 URL 请求。

12.2.2 操作方法

下面通过一个公开的 ArcGIS Server 实例来介绍如何使用 Services 目录提供的工具来构建 URL 请求。

（1）打开 Web 浏览器（最好是 Google Chrome 或 Firefox 浏览器）。

（2）访问 http://sampleserver1.arcgisonline.com/arcgis/rest/services，打开如图 12-1 所示的页面。

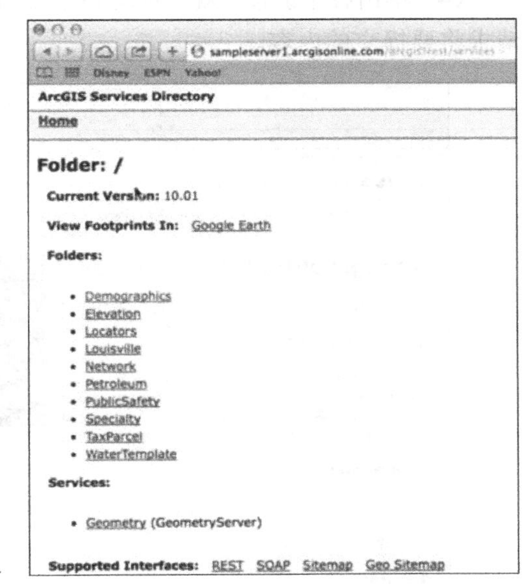

图 12-1 ArcGIS Services Directory

（3）接下来，确定服务的端点。每个 GIS 服务都有一个端点，它代表服务器的目录，该目录是 ArcGIS 服务或其他特定服务可以执行的一系列操作。单击“Demographics | ESRI_Census_USA”，可以看到如图 12-2 所示的页面，页面中地址栏的 URL 如下所示。

```
http://sampleserver1.arcgisonline.com/ArcGIS/rest/services/Demographics/
ESRI_Census_USA/MapServer
```

注意端点的格式为：

```
http://<host>/<site>/rest/services/<folder>/<serviceName>/<serviceType>
```

提示：

对于 ArcGIS 服务器，默认的端点是：

```
http://<host>/<instance>/ services/<folder>
```

说明：

- http://<host>是 ArcGIS 服务器的主机名。
- <instance>是实例名，也就是建立的 ArcGIS 服务器的实例名，默认为："/arcgis/rest"。
- services 是 REST 的服务终端。你在根目录下你可以看到这个 ArcGIS 服务器的所有服务。
- 如果这个 URL 中包括 folder，你可以看到在这个目录下的所有服务。

（4）单击各个链接，观察地址栏中 URL 的变化。URL 非常重要，因为它提供了 Python 请求将要提交的内容。

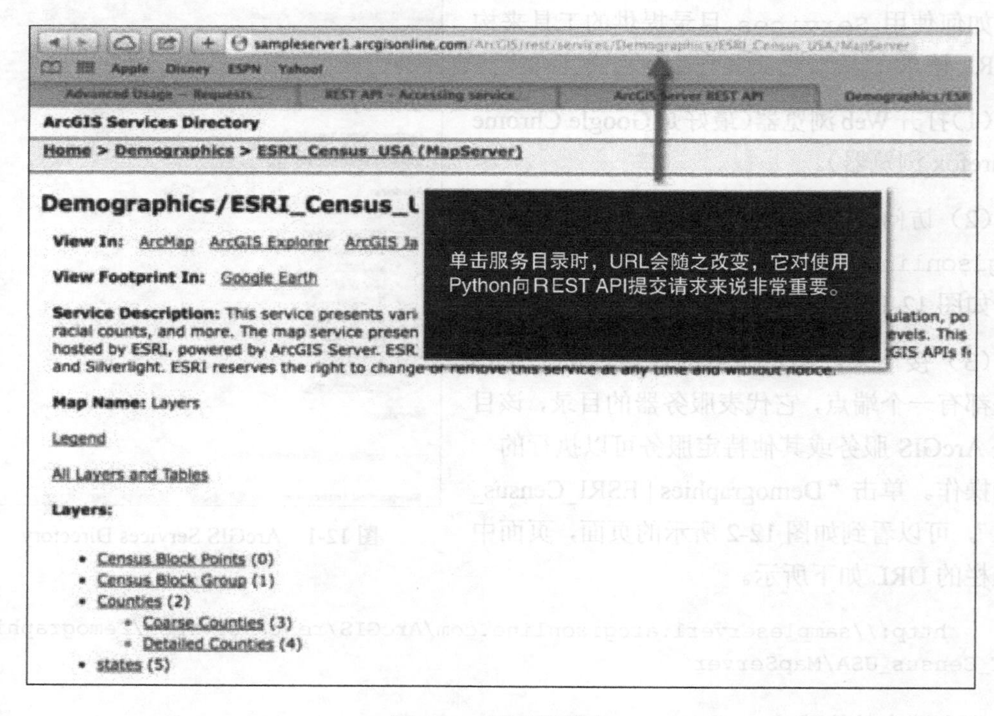

图 12-2　服务的端点

（5）接下来，将进一步介绍如何构建可以作为请求提交给 ArcGIS REST API 的 URL，这是非常重要的一步。请求的语法中包括资源的路径、操作名称和参数列表等。操作名称指明了对资源执行的操作，如将地图导出为图像文件等。

（6）问号标志着参数列表的开始。每个参数都以键/值对的形式表示，并由“&”符号分隔开。所有的这些信息就组合成了一个 URL 字符串，如下所示。

```
http://<resource-url>/<operation>?<parameter1=value1>&<paramete r2=value2>
```

现在，将 URL 输入到浏览器的地址栏中。复制并粘贴如下 URL 到浏览器的地址栏中：`http://sampleserver1.arcgisonline.com/ArcGIS/rest/services/Demographics/ESRI_Census_USA/MapServer/3/query?text=&geometry=&geometryType=esriGeometryPoint&inSR=&spatialRel=esriSpatialRelIntersects&relationParam=&objectIds=&where=name+%3D+%27Bexar%27&time=&returnCountOnly=false&returnIdsOnly=false&returnGeometry=true&maxAllowableOffset=&outSR=&outFields=&f=json`。可以使用本书的电子版复制和粘贴这个 URL，而不需要将其逐字地敲入地址栏中。单击回车键，可以看到输出的结果如图 12-3 所示。

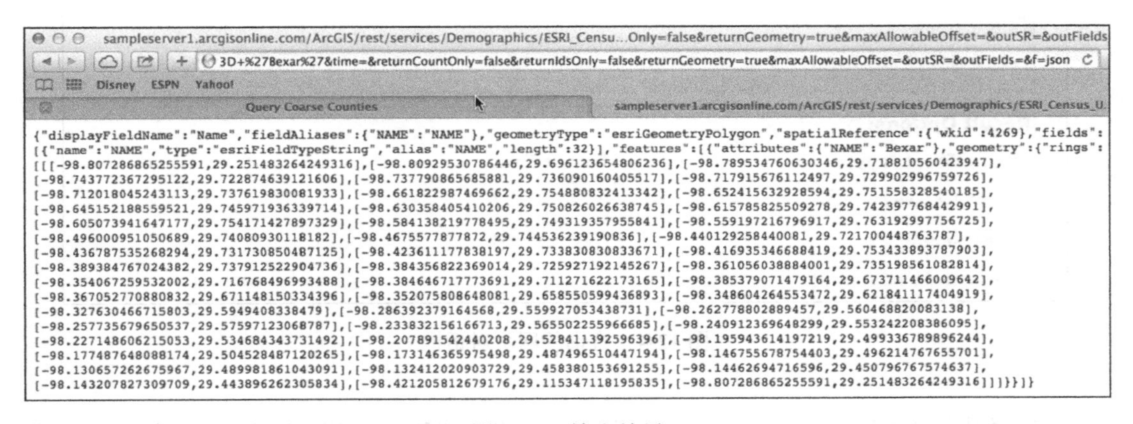

图 12-3　输出结果

可以使用 Python 的 `requests` 模块简化这个过程，并直接从地理处理脚本中访问响应的信息。`requests` 模块允许将参数列表定义为 Python 字典，并且它会处理 URL 查询字符串，如 URL 编码等。下节将介绍如何使用 Python 的 `requests` 模块来实现这个过程。本节主要介绍如何使用网页对话框返回的结果来构建 URL 请求。

（7）服务目录中包含对话框，可以用它来生成参数值。在服务页面的底部，可以找到访问这些对话框的链接。在浏览器中，访问 `http://sampleserver1.arcgisonline.com/ArcGIS/rest/services/Demographics/ESRI_Census_USA/MapServer/1`。

（8）转至页面底部，单击“Query”链接来显示对话框，如图 12-4 所示。

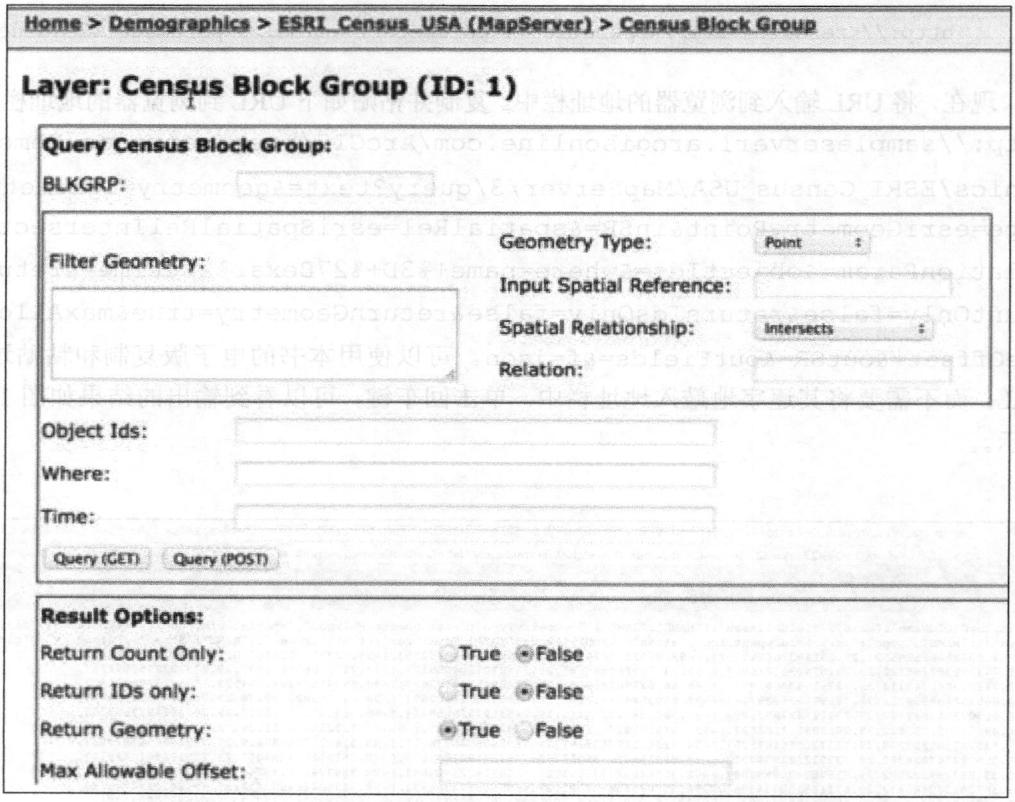

图 12-4 查询的网页对话框

（9）如图 12-5 所示，添加“`where`”字段，设置“Return Fields(Comma Seperated)”为“`POP2000,POP2007,BLKGRP`”。然后，把“Format”改为“`JSON`”，“Return Geometry”改为“`False`”。最后，单击“Query(GET)”按钮。

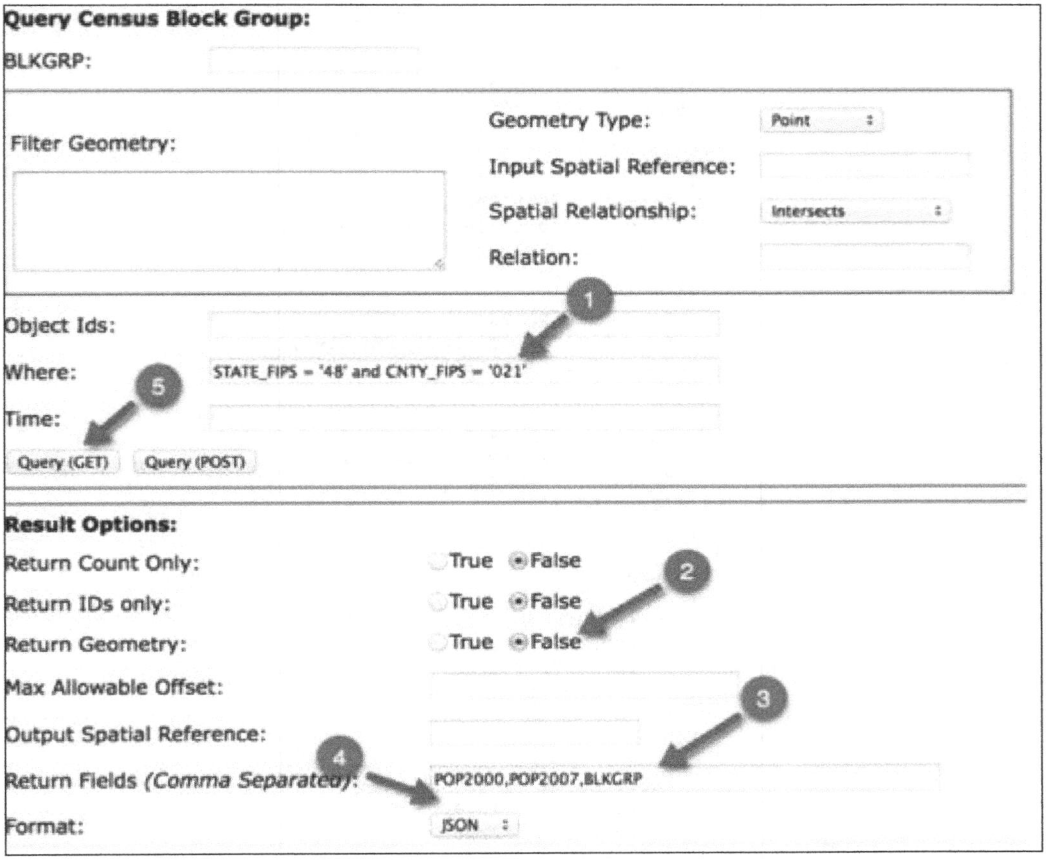

图 12-5 设置查询参数

（10）执行查询并返回结果，如图 12-6 所示。

（11）查看浏览器中的地址栏，可以看到生成的 URL，如下所示。

```
http://sampleserver1.arcgisonline.com/ArcGIS/rest/services/Demographics/
ESRI_Census_USA/MapServer/1/query?text=&geometry=&geometryType=esriGeometryP
olygon&inSR=&spatialRel=esriSpatialRelIntersects&relationParam=&objectIds=&w
here=STATE_FIPS+%3D+%2748%27+and+CNTY_FIPS+%3D+%27021%27&time=&returnCountOn
ly=false&returnIdsOnly=false&returnGeometry=false&maxAllowableOffset=&outSR=
&outFields=POP2000%2CPOP2007%2CBLKGRP&f=pjson
```

（12）在 12.6 节中，将使用该 URL 提交请求，然后使用 Python 来处理返回的结果。

```
{
  "displayFieldName" : "BLKGRP",
  "fieldAliases" : {
    "POP2000" : "POP2000",
    "POP2007" : "POP2007",
    "BLKGRP" : "BLKGRP"
  },
  "fields" : [
    {
      "name" : "POP2000",
      "type" : "esriFieldTypeInteger",
      "alias" : "POP2000"
    },
    {
      "name" : "POP2007",
      "type" : "esriFieldTypeDouble",
      "alias" : "POP2007"
    },
    {
      "name" : "BLKGRP",
      "type" : "esriFieldTypeString",
      "alias" : "BLKGRP",
      "length" : 1
    }
  ],
  "features" : [
    {
      "attributes" : {
        "POP2000" : 986,
        "POP2007" : 1285,
        "BLKGRP" : "1"
      }
    },
    {
      "attributes" : {
        "POP2000" : 1794,
        "POP2007" : 2208,
        "BLKGRP" : "2"
      }
```


图 12-6　查询结果

12.2.3　工作原理

ArcGIS Server 实例的服务目录提供了很多工具，可以使用这些工具来生成 URL 请求并查看这些请求返回的响应。本节介绍了如何使用查询任务来构建属性查询，在此过程中，还介绍了如何构建 URL 请求。

12.3　使用 Python 构建 HTTP 请求并解析响应

可以用来构建 REST 请求的 Python 模块有很多，如 urllib2、httplib2、pycurl

和 requests 等，其中 requests 模块是最常用的模块。在与 RESTful APIs 进行重复交互时，使用 requests 模块将更加简洁方便。一旦请求构建完成，就可以使用 Python 的 json 模块解析 JSON 响应。本节将介绍如何实现这些功能。

12.3.1 准备工作

Python 的 requests 模块可用于提交请求给 ArcGIS Server 资源并处理返回的响应。下面将按步骤介绍如何使用 requests 模块提交请求和处理响应。

12.3.2 操作方法

在开始操作之前，请确保已经使用 pip 下载并安装了 requests 模块。如果还没有，可以按照下面的提示来安装 pip 和 requests 模块。

提示：

本节以及本章的所有后续小节都使用了 Python 的 requests 模块。如果还没有安装该模块，就需要先进行模块的安装。requests 模块需要使用 pip 来安装，所以在安装 requests 模块之前，需要先安装 pip。

Python 2>=2.7.9 以及 Python 3>=3.4 的版本中都包含 pip，所以 pip 可能已经安装了。可以在 DOS 提示符下输入“pip install requests”来测试是否已经安装了 pip。如果没有安装，会得到一个错误的信息，此时就需要进行 pip 的安装（参见 https://pip.pypa.io/en/latest/installing.html）。安装完成后，可以使用前面的安装命令（“pip install requests”）下载并安装 requests 模块。注意，在输入安装命令之前，要确保 pip 的安装路径已经在环境变量中设置。

（1）打开 IDLE（或其他 Python 开发环境），单击“File | New Window”，并把文件保存为 C:\ArcpyBook\Ch12\ReqJSON.py。

（2）导入 requests 和 json 模块。

```
import requests
import json
```

（3）新建一个变量来存储 URL，该 URL 是 ArcGIS Online 提供的服务列表，其中包含 pjson 的输出格式。JSON 格式以“名称/值对”的形式表示，提高了代码的可读性。

```
import requests
import json
agisurl =
"http://server.arcgisonline.com/arcgis/rest/
services?f=pjson"
```

（4）在 requests 模块中使用 get() 方法提交 HTTP 请求给 ArcGIS REST API，然后把响应存储在 r 变量中。

```
import requests
import json
agisurl = "http://server.arcgisonline.com/arcgis/rest/services?f=pjson"
r = requests.get(agisurl)
```

（5）输出返回的响应。

```
import requests
import json
agisurl = "http://server.arcgisonline.com/arcgis/rest/services?f=pjson"
r = requests.get(agisurl)
print(r.text)
```

（6）保存脚本。

（7）运行脚本，得到的输出结果如图 12-7 所示，这是由 ArcGIS REST API 返回的 JSON 响应。

（8）删除步骤 5 的 print 语句，然后使用 json.loads() 方法将返回的 JSON 响应解析成 Python 字典对象，并输出该 Python 字典对象。

```
import requests
import json
agisurl = "http://server.arcgisonline.com/arcgis/rest/services?f=pjson"
r = requests.get(agisurl)
decoded = json.loads(r.text)
print(decoded)
```

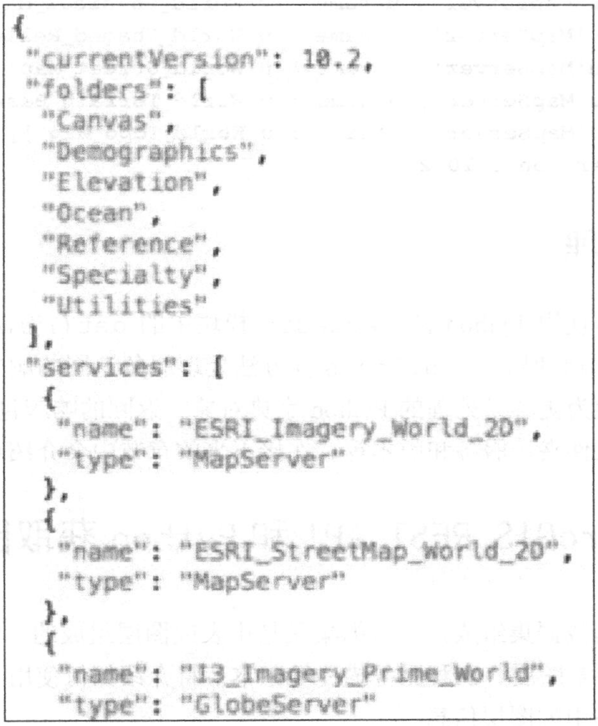

```
{
 "currentVersion": 10.2,
 "folders": [
  "Canvas",
  "Demographics",
  "Elevation",
  "Ocean",
  "Reference",
  "Specialty",
  "Utilities"
 ],
 "services": [
  {
   "name": "ESRI_Imagery_World_2D",
   "type": "MapServer"
  },
  {
   "name": "ESRI_StreetMap_World_2D",
   "type": "MapServer"
  },
  {
   "name": "I3_Imagery_Prime_World",
   "type": "GlobeServer"
```


图 12-7 返回的 JSON 响应

(9) 可以通过查看 C:\ArcpyBook\code\Ch12\ReqJSON.py 解决方案文件来检查代码。

(10) 保存并运行脚本，得到的输出结果如下所示。此时，loads()方法已经将 json 输出转换成 Python 字典。


```
{u'folders': [u'Canvas', u'Demographics', u'Elevation',
u'Ocean', u'Reference', u'Specialty', u'Utilities'],
u'services': [{u'type': u'MapServer', u'name':
u'ESRI_Imagery_World_2D'}, {u'type': u'MapServer', u'name':
u'ESRI_StreetMap_World_2D'}, {u'type': u'GlobeServer',
u'name': u'I3_Imagery_Prime_World'}, {u'type':
u'GlobeServer', u'name': u'NASA_CloudCover_World'},
{u'type': u'MapServer', u'name': u'NatGeo_World_Map'},
{u'type': u'MapServer', u'name': u'NGS_Topo_US_2D'},
{u'type': u'MapServer', u'name': u'Ocean_Basemap'},
{u'type': u'MapServer', u'name': u'USA_Topo_Maps'},
{u'type': u'MapServer', u'name': u'World_Imagery'},
```

```
{u'type': u'MapServer', u'name': u'World_Physical_Map'},
{u'type': u'MapServer', u'name': u'World_Shaded_Relief'},
{u'type': u'MapServer', u'name': u'World_Street_Map'},
{u'type': u'MapServer', u'name': u'World_Terrain_Base'},
{u'type': u'MapServer', u'name': u'World_Topo_Map'}],
u'currentVersion': 10.2}
```

12.3.3 工作原理

本节介绍了如何使用 Python 的 `requests` 模块中的 `get()`方法提交请求给 ArcGIS Server 实例，以及如何使用 `json.loads()`方法处理服务返回的响应。`json.loads()`方法可以将响应转换为更容易处理的 Python 字典对象。返回的响应包含 ArcGIS Server 实例的基本数据，如文件夹、服务和版本等。在接下来的章节中会介绍更为复杂的例子。

12.4 使用 ArcGIS REST API 和 Python 获取图层信息

地图服务资源由数据集组成，而数据集又是由表或图层组成的。地图服务资源包含服务的基本信息，如要素图层、表和服务描述等。本节将介绍如何使用 ArcGIS REST API 和 Python 返回地图服务中的图层信息。

12.4.1 准备工作

要获取地图服务中特定图层的信息，需要引用与该图层相关联的索引值。当检查地图服务的服务目录页面时，可以看到地图服务中的图层列表部分，并且每个图层都有一个索引值。在请求图层信息时，使用的是索引值而不是图层名。正如前几节介绍过的，本节也将使用 Python 的 `requests` 模块来构建请求和处理响应。

12.4.2 操作方法

下面按步骤介绍如何获取地图服务中图层的信息。

（1）在 IDLE 或者其他 Python 开发环境中，新建一个名为 `GetLayerInformation.py` 的 Python 脚本，并将其保存到 `C:\ArcpyBook\Ch12` 文件夹中。

（2）导入 `requests` 和 `json` 模块。

```
import requests
import json
```

（3）创建 agisurl 变量，如下所示，该变量将作为引用 ESRI_CENSUS_USA 地图服务中特定图层的基本 URL。该 URL 使用索引值 1 来引用一个特定的图层。

```
import requests
import json
agisurl =
"http://sampleserver1.arcgisonline.com/ArcGIS/rest/
services/Demographics/ESRI_Census_USA/MapServer/1?f=pjson"
```

（4）创建 payload 变量。该变量用于存储包含参数的 Python 字典对象，这些参数将作为请求的一部分传递给 ArcGIS REST API。payload 变量中包含 where 子句，并设置了一些其他属性。

```
import requests
import json

agisurl = "http://sampleserver1.arcgisonline.com/ArcGIS/rest/
services/Demographics/ESRI_Census_USA/MapServer/1"
payload = { 'where': 'STATE_FIPS = \'48\' and CNTY_FIPS =
\'021\'','returnCountyOnly': 'false',
'returnIdsOnly': 'false', 'returnGeometry': 'false',
'f': 'pjson'}
```

（5）调用 requests.get()方法，传入 agisurl 变量，并将响应存储在 r 变量中。

```
import requests
import json
agisurl ="http://sampleserver1.arcgisonline.com/ArcGIS/rest/
services/Demographics/ESRI_Census_USA/MapServer/1?f=pjson
payload = { 'where': 'STATE_FIPS = \'48\' and CNTY_FIPS =
\'021\'','returnCountyOnly': 'false', \
            'returnIdsOnly': 'false', 'returnGeometry': 'false', \
            'f': 'pjson'}

r = requests.get(agisurl, params=payload)
```

（6）将 JSON 响应转换为 Python 字典。

```
r = requests.get(agisurl, params=payload)
decoded = json.loads(r.text)
```

（7）输出图层的名称、地理范围和字段。

```
r = requests.get(agisurl, params=payload)

decoded = json.loads(r.text)

print("The layer name is: " + decoded['name'])
print("The xmin: " + str(decoded['extent']['xmin']))
print("The xmax: " + str(decoded['extent']['xmax']))
print("The ymin: " + str(decoded['extent']['ymin']))
print("The ymax: " + str(decoded['extent']['ymax']))
print("The fields in this layer: ")
for rslt in decoded['fields']:
    print(rslt['name'])
```

（8）可以通过查看 `C:\ArcpyBook\code\Ch12\GetLayerInformation.py` 解决方案文件来检查代码。

（9）保存并运行脚本，得到的输出结果如图 12-8 所示。

```
The layer name is: Census Block Group
The xmin: -178.227822
The xmax: -65.2442339474
The ymin: 17.8812420006
The ymax: -65.2442339474
The fields in this layer:
ObjectID
Shape
STATE_FIPS
CNTY_FIPS
STCOFIPS
TRACT
BLKGRP
FIPS
POP2000
POP2007
POP00_SQMI
```

图 12-8　输出结果

12.4.3　工作原理

在本节中，首先将包含地图服务中特定图层路径的 URL 赋值给 `agisurl` 变量，其中图层要使用索引值来指定（本节使用的是 1）。其次，将 URL 传递给 Python 的 `requests.get()` 方法。然后，以 `json` 格式返回响应，并将返回的响应转换为 Python 字典。字典以键/值对的形式表示图层的名称、地理范围和字段信息等。最后，输出这些信息。

12.5 使用 ArcGIS REST API 和 Python 导出地图

ArcGIS REST API 中有一系列操作可用于请求 ArcGIS Server 实例中的信息，如导出地图、查询图层、地理编码地址等。本节将介绍如何导出地图服务中的地图切片。

12.5.1 准备工作

使用 export 操作可以导出地图服务中的地图切片。该请求返回的响应包括切片的 URL、宽度、高度、范围和比例等。本节将介绍如何使用 export 操作将地图导出为地图切片。

12.5.2 操作方法

（1）在 Python 开发环境中，新建一个脚本并将其保存为 C:\ArcpyBook\ch12\ExportMapToImage.py。

（2）导入 requests 和 json 模块。

```
import requests
import json
```

（3）新建一个名为 agisurl 的变量，并将 URL 和 export 操作赋值给该变量，如下代码所示。

```
import requests
import json
agisurl = "http://sampleserver1.arcgisonline.com/ArcGIS/rest/
services/Specialty/ESRI_StateCityHighway_USA/MapServer/export"
```

（4）新建一个字典对象，用于存储定义查询字符串的键/值对。这些键/值对参数将传递给 export 操作。

```
import requests
import json
agisurl = "http://sampleserver1.arcgisonline.com/ArcGIS/rest/
services/Specialty/ESRI_StateCityHighway_USA/MapServer/export"
payload = { 'bbox':'-115.8,30.4, 85.5,50.5',
```

```
'size':'800,600',
'imageSR': '102004',
'format':'gif',
'transparent':'false',
'f': 'pjson'}
```

（5）调用 requests.get()方法，传入 URL 和参数的 Python 字典对象，并将响应存储在 r 变量中。

```
import requests
import json
agisurl =
"http://sampleserver1.arcgisonline.com/ArcGIS/rest/services/
Specialty/ESRI_StateCityHighway_USA/MapServer/export"
payload = { 'bbox':'-115.8,30.4, 85.5,50.5',
            'size':'800,600',
            'imageSR': '102004',
            'format':'gif',
            'transparent':'false',
            'f': 'pjson'}
r = requests.get(agisurl, params=payload)
```

（6）输出响应的内容。

```
import requests
import json
agisurl = "http://sampleserver1.arcgisonline.com/ArcGIS/rest/
services/Specialty/ESRI_StateCityHighway_USA/MapServer/export"
payload = { 'bbox':'-115.8,30.4, 85.5,50.5',
            'size':'800,600',
            'imageSR': '102004',
            'format':'gif',
            'transparent':'false',
                'f': 'pjson'}
r = requests.get(agisurl, params=payload)
print(r.text)
```

（7）可以通过查看 C:\ArcpyBook\code\Ch12\ExportMapToImage.py 解决方案文件来检查代码。

（8）保存并运行脚本，得到的输出结果如图 12-9 所示。

```
{
  "href" : "http://sampleserver1b.arcgisonline.com/arcgisoutput/_ags_map0cd30b23f8ae4228a12a1380ff2afd4d.gif",
  "width" : 800,
  "height" : 600,
  "extent" : {
    "xmin" : -2034271.95615396,
    "ymin" : -952407.265726716,
    "xmax" : 1148422.50936727,
    "ymax" : 1434613.5834142,
    "spatialReference" : {
      "wkid" : 102004
    }
  },
  "scale" : 15036321.7329085
}
```


图 12-9 输出结果

（9）复制输出结果中生成的 `gif` 文件的 URL，并将其粘贴到浏览器的地址栏中，按键盘上的回车键，就可以看到如图 12-10 所示的地图切片。

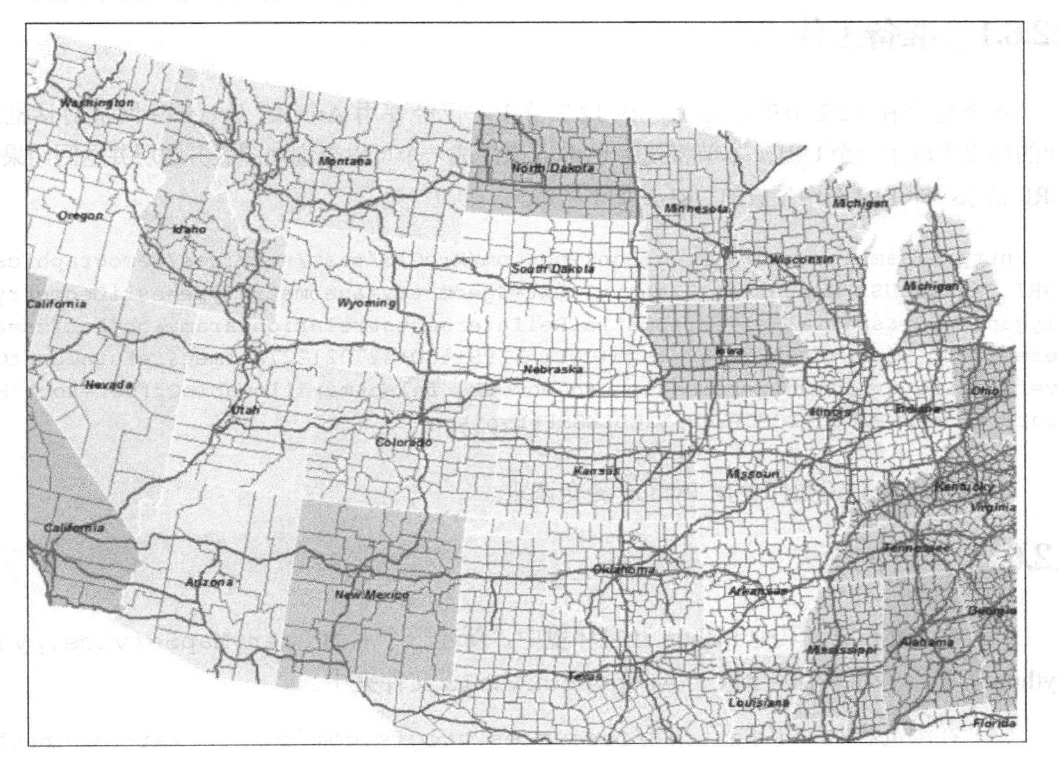

图 12-10 返回的地图切片

12.5.3 工作原理

ArcGIS REST API 中的 `export` 操作可用于导出地图服务中的地图切片。查看本节用于生成地图切片的 URL：http://sampleserver1.arcgisonline.com/ArcGIS/rest/services/Specialty/ESRI_StateCityHighway_USA/MapServer/export，可以发现该 URL 的末尾是“export”，用于触发 export 操作的执行。除此之外，还通过 payload 变量添加了边框（地图范围）、大小、切片的空间参考和格式等参数。最后，调用 requests.get()方法，传入 URL 和 payload 变量，将请求发送给服务。

12.6 使用 ArcGIS REST API 和 Python 查询地图服务

ArcGIS REST API 中的 query 操作可以对地图服务执行查询操作并返回一个要素集。该要素集包含用户请求的字段值，如果请求几何形状，也能返回几何形状。

12.6.1 准备工作

本节建立在 12.2 节的基础上，在 12.2 节中，已经使用 ArcGIS Services 网页对话框返回的结果生成了一个 URL。本节将使用 Python 来生成一个可以查询地图服务图层并返回结果的 URL 请求，即 12.2 节中生成的 URL，如下所示。

```
http://sampleserver1.arcgisonline.com/ArcGIS/rest/services/Demographics/
ESRI_Census_USA/MapServer/1/query?text=&geometry=&geometryType=esriGeometryP
olygon&inSR=&spatialRel=esriSpatialRelIntersects&relationParam=&objectIds=&w
here=STATE_FIPS+%3D+%2748%27+and+CNTY_FIPS+%3D+%27021%27&time=&returnCountOn
ly=false&returnIdsOnly=false&returnGeometry=false&maxAllowableOffset=&outSR=
&outFields=POP2000%2CPOP2007%2CBLKGRP&f=pjson
```

下面按步骤介绍如何使用 Python 提交请求。

12.6.2 操作方法

（1）在 IDLE 或者其他 Python 开发环境中，新建一个名为 QueryMapService.py 的 Python 脚本，并将其保存到 C:\ArcpyBook\Ch12 文件夹中。

（2）在浏览器中，访问 http://resources.arcgis.com/en/help/arcgis-rest-api/index.html#//02r3000000p1000000，这是对地图服务中的图层进行 query 操作的 ArcGIS REST API 帮助页面。向下滚动帮助页面，可以看到使用对话框生成的一些参数，如 geometry、geometryType、inSR、spatialRel、where 等。

（3）在脚本中导入 requests 和 json 模块。

```
import requests
import json
```

（4）创建 agisurl 变量，如下代码所示。该变量将作为基本的 URL，用于对 ESRI_CENSUS_USA 地图服务中的 census block group 图层（在 URL 中使用标识符 1 来标识）进行 query 操作。

```
import requests
import json
agisurl =
"http://sampleserver1.arcgisonline.com/ArcGIS/rest/services
/Demographics/ESRI_Census_USA/MapServer/1/query"
```

（5）创建 Python 字典对象，如下代码所示。移除对话框中一些没有定义或者无需使用的参数，本例只创建一个属性查询，因此可以移除所有的几何参数。

```
import requests
import json
agisurl = "http://sampleserver1.arcgisonline.com/ArcGIS/rest/
services/Demographics/ESRI_Census_USA/MapServer/1/query"
payload = { 'where':'STATE_FIPS = \'48\' and CNTY_FIPS =
\'021\'','returnCountOnly':'false',
'returnIdsOnly': 'false', 'returnGeometry':'false',
'outFields':'POP2000,POP2007,BLKGRP',
'f': 'pjson'}
```

（6）requests.get()方法可以接收 Python 字典对象作为第 2 个参数，其中字典以键/值对的形式表示，用于定义查询字符串。添加 requests.get()方法，如下列代码所示。

```
import requests
import json
agisurl = "http://sampleserver1.arcgisonline.com/ArcGIS/rest/
services/Demographics/ESRI_Census_USA/MapServer/1/query"
payload = { 'where':'STATE_FIPS = \'48\' and CNTY_FIPS =
\'021\'','returnCountOnly':'false', \
'returnIdsOnly': 'false', 'returnGeometry':'false', \
'outFields':'POP2000,POP2007,BLKGRP', \
'f': 'pjson'}
r = requests.get(agisurl, params=payload)
```

（7）添加 print 语句，输出返回的响应。

```
import requests, json
agisurl = "http://sampleserver1.arcgisonline.com/ArcGIS/rest/
services/Demographics/ESRI_Census_USA/MapServer/1/query"
payload = { 'where':'STATE_FIPS = \'48\' and CNTY_FIPS =
\'021\'','returnCountOnly':'false', \
'returnIdsOnly': 'false', 'returnGeometry':'false', \
'outFields':'POP2000,POP2007,BLKGRP', \
'f': 'pjson'}
r = requests.get(agisurl, params=payload)
print(r.text)
```

（8）保存并运行脚本，得到的输出结果如图 12-11 所示。

```
{
  "displayFieldName" : "BLKGRP",
  "fieldAliases" : {
    "POP2000" : "POP2000",
    "POP2007" : "POP2007",
    "BLKGRP" : "BLKGRP"
  },
  "fields" : [
    {
      "name" : "POP2000",
      "type" : "esriFieldTypeInteger",
      "alias" : "POP2000"
    },
    {
      "name" : "POP2007",
      "type" : "esriFieldTypeDouble",
      "alias" : "POP2007"
    },
    {
      "name" : "BLKGRP",
      "type" : "esriFieldTypeString",
      "alias" : "BLKGRP",
      "length" : 1
    }
  ],
  "features" : [
    {
      "attributes" : {
        "POP2000" : 986,
        "POP2007" : 1285,
        "BLKGRP" : "1"
      }
    },
```

图 12-11 输出结果

（9）将 JSON 对象转换为 Python 字典对象，并注释上一步添加的 print 语句。

```
r = requests.get(agisurl, params=payload)
#print(r.text)
decoded = json.loads(r.text)
```

（10）由 json.loads()方法返回的 Python 字典对象将包含 JSON 对象的内容，可以从中获取个别的数据元素。本例将获取每个返回要素的属性（BLKGRP、POP2007 和 POP2000），在脚本中添加如下代码，可以实现该功能。

```
r = requests.get(agisurl, params=payload)
#print(r.text)
decoded = json.loads(r.text)
for rslt in decoded['features']:
    print("Block Group: " +
str(rslt['attributes']['BLKGRP']))
    print("Population 2000: " +
str(rslt['attributes']['POP2000']))
    print("Population 2007: " +
str(rslt['attributes']['POP2007']))
```

（11）可以通过查看 C:\ArcpyBook\code\Ch12\QueryMapService.py 解决方案文件来检查代码。

（12）保存并运行脚本，得到的输出结果如图 12-12 所示。

```
Block Group: 1
Population 2000: 986
Population 2007: 1285
Block Group: 2
Population 2000: 1794
Population 2007: 2208
Block Group: 3
Population 2000: 3064
Population 2007: 4279
Block Group: 4
Population 2000: 1442
Population 2007: 1802
Block Group: 1
Population 2000: 1409
Population 2007: 1531
Block Group: 2
Population 2000: 762
Population 2007: 917
```

图 12-12 输出结果

12.6.3　工作原理

ArcGIS REST API中的query操作可以用来对ArcGIS Server地图服务中的图层执行空间和属性查询。首先，使用requests.get()方法对census block group图层执行属性查询，其中第2个参数——Python字典对象包含各种参数，如where子句，它用于返回ST_FIPS代码是48以及CNTY_FIPS代码是021（得克萨斯州比尔县）的记录。然后，将响应对象转换为Python字典对象。最后，使用for循环遍历每个返回的记录，并输出每个block group的名称及其2000年和2007年的人口数。

12.7　使用Esri World Geocoding Service进行地理编码

Esri World Geocoding Service能够在支持该服务的国家查找地址和地点。此服务包含免费操作和付费操作。find操作是一项完全免费的服务，用于查找每个请求的地址；geocodeAddresses操作是唯一一项确定的付费服务，用于接收地理编码的地址列表。其他的操作可能免费也可能付费。如果在临时空间中使用操作，那么它们都是免费的，临时空间意味着不能保存结果以备后用。如果想保存结果，那么它就是一个付费服务。本节将介绍如何使用Esri World Geocoding Service进行地理编码。

12.7.1　准备工作

ArcGIS REST API中的find操作可以用来查找单个地址的地理坐标。正如前几节操作过的，本节也将使用Python的requests模块来构建请求和处理响应。

12.7.2　操作方法

（1）在IDLE或者其他Python开发环境中，新建一个名为GeocodeAddress.py的Python脚本，并将其保存到C:\ArcpyBook\Ch12文件夹中。

（2）导入requests和json模块。

```
import requests
import json
```

（3）创建agisurl变量，如下所示，该变量将指向Esri World Geocoding Service和该服务的find操作。此外，定义一个Python字典对象，用于保存提交的地址和输出格式，其中提交的地址是可以更改的。

```
import requests
import json

agisurl = "http://geocode.arcgis.com/arcgis/rest/services/World/
GeocodeServer/find"
payload = { 'text': '1202 Sand Wedge, San Antonio, TX,
78258','f':'pjson'}
```

（4）调用 requests.get()方法，传入 URL 和参数，并将响应存储在 r 变量中。然后，将返回的 JSON 对象转换为 Python 字典。

```
import requests
import json
agisurl = "http://geocode.arcgis.com/arcgis/rest/services/World/
GeocodeServer/find"
payload = { 'text': '1202 Sand Wedge, San Antonio, TX,
78258','f':'pjson'}

r = requests.get(agisurl, params=payload)

decoded = json.loads(r.text)
```

（5）输出部分返回的结果。

```
import requests
import json
agisurl = "http://geocode.arcgis.com/arcgis/rest/services/World/
GeocodeServer/find"
payload = { 'text': '1202 Sand Wedge, San Antonio, TX,
78258','f':'pjson'}

r = requests.get(agisurl, params=payload)

decoded = json.loads(r.text)

print("The geocoded address: " +
decoded['locations'][0]['name'])
print("The longitude: " + str(decoded['locations'][0]['feature']
['geometry']['x']))
print("The lattitude: " + str(decoded['locations'][0]['feature']
['geometry']['y']))
```

```
print("The geocode score: " +
str(decoded['locations'][0]['feature']['attributes']
['Score']))
print("The address type: " +
str(decoded['locations'][0]['feature']['attributes']
['Addr_Type']))
```

（6）可以通过查看 `C:\ArcpyBook\code\Ch12\GeocodeAddress.py` 解决方案文件来检查代码。

（7）保存并运行脚本，得到的输出结果如下所示。

```
The geocoded address: 1202 Sand Wedge, San Antonio, Texas,
78258
The longitude: -98.4744442811
The lattitude: 29.6618639681
The geocode score: 100
The address type: PointAddress
```

12.7.3 工作原理

ArcGIS REST API 中的 `find` 操作可以用来对单个地址进行地理编码操作。正如前几节操作过的，使用 Python 的 `requests.get()` 方法来提交操作请求（本节是 `find` 操作），其中第 2 个参数——Python 字典对象包含进行地理编码的地址。该方法返回的响应包括地址的经度和纬度、地址解析评分以及地址类型等。

12.8 使用 FieldMap 和 FieldMappings

到目前为止，本章已经介绍了如何使用 ArcGIS REST API 和 Python 来访问 ArcGIS Server 服务。现在，返回到 ArcPy 模块来讨论 `FieldMap` 和 `FieldMappings` 类。

12.8.1 准备工作

一个常见的 GIS 操作是将多个不同的数据集合并成一个较大的数据集。通常要合并的数据集的字段是相同的，在这种情况下，合并不会出现任何问题。但是，有时候会存在各种数据集的字段不匹配的情况，在这种情况下，需要将一个数据集的字段映射到另一个数据集的字段中。

图 12-13 展示了各种用于定义字段映射的 ArcPy 类之间的关系。首先，创建 FieldMap 对象。FieldMap 对象包含一个字段定义和一个输入字段列表，其中输入字段列表来自一个或多个为该字段定义提供值的表或要素类。然后，将每个创建的 FieldMap 对象添加到 FieldMappings 对象中，FieldMappings 对象是 FieldMap 对象的容器。最后，将 FieldMappings 对象作为输入传递给各个地理处理工具，如 Merge 工具等。

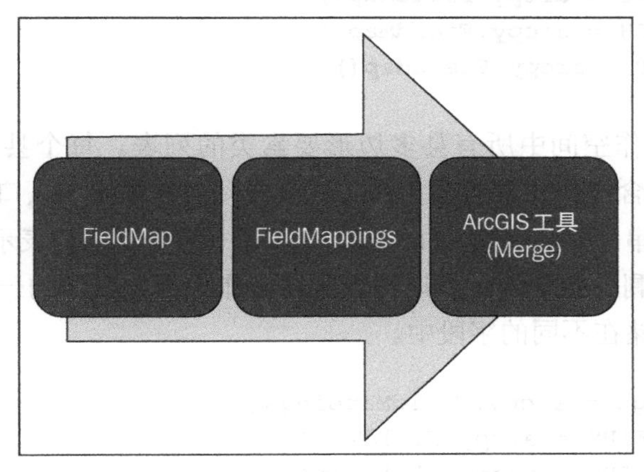

图 12-13 ArcPy 类之间的关系

12.8.2 操作方法

下面按步骤介绍如何使用 FieldMap 和 FieldMappings 对象。

（1）在 IDLE 或其他 Python 开发环境中，新建一个名为 UsingFieldMap.py 的 Python 脚本，并将其保存到 C:\ArcpyBook\Ch12 文件夹。

（2）导入 arcpy 模块。

```
import arcpy
```

（3）设置工作空间环境变量和指向输出要素类的变量。

```
import arcpy

arcpy.env.workspace = r"C:\ArcpyBook\data"
outFeatureClass = r"C:\ArcpyBook\data\AllTracts.shp"
```

（4）创建一个 FieldMappings 对象和 3 个 FieldMap 对象。FieldMap 对象将用于存储州 FIPS（Federal Information Processing Standard，美国联邦信息处理标准）编码、县

FIPS 编码和人口普查区域等字段的引用。

```
arcpy.env.workspace = r"C:\ArcyBook\data"
outFeatureClass = r"C:\ArcpyBook\data\AllTracts.shp"

fieldmappings = arcpy.FieldMappings()
fldmap_STFIPS = arcpy.FieldMap()
fldmap_COFIPS = arcpy.FieldMap()
fldmap_TRACT = arcpy.FieldMap()
```

（5）获取当前工作空间中所有县多边形要素类的列表。每个县要素类都有一个名为 STFID 的字段，它包含每个要素的州 FIPS 编码、县 FIPS 编码和人口普查区域。这些信息会存储为一个长字符串（例如 48491020301），其中前两个字符表示州编码，第 3 到第 5 个字符表示县编码，剩余字符表示人口普查区域。作为合并操作的一部分，需要获取每个单独的元素并将其存储在不同的字段中。

```
fieldmappings = arcpy.FieldMappings()
fieldmap_STFIPS = arcpy.FieldMap()
fieldmap_COFIPS = arcpy.FieldMap()

fieldmap_TRACT = arcpy.FieldMap()

#List all feature classes that start with 'County' and type
Polygon
fclss = arcpy.ListFeatureClasses("County*", "Polygon")
```

（6）创建 ValueTable 对象来存储需要合并的要素类。ValueTable 用作容器对象，用于存储工作空间中每个要素类的映射信息。虽然所有的信息都是从单个字段（STFID）中获取的，但还需要为 STFIPS、COFIPS 和 TRACT 创建单独的 FieldMap 输入字段，如下代码所示。

```
fclss = arcpy.ListFeatureClasses("County*", "Polygon")

vTab = arcpy.ValueTable()
for fc in fclss:
  fieldmappings.addTable(fc)
  fldmap_STFIPS.addInputField(fc, "STFID")
  fldmap_COFIPS.addInputField(fc, "STFID")
  fldmap_TRACT.addInputField(fc, "STFID")
  vTab.addRow(fc)
```

（7）添加 STFIPS 字段的内容。使用 setStartTextPosition()函数和 setEndText

Position()函数输入 STFID 的前两个字符。第 1 个字符的位置为 0，所以需要使用 setStartTextPosition(X,0)来定义输入文本值的起始位置。在这一步中，还将 STFIPS FieldMap 对象的输出字段（fldmap_STFIPS.outputField）赋值给了 fld_STFIPS 变量，并为该变量的 name 属性赋值。然后，将 fld_STFIPS 变量赋值给 fldmap_STFIPS.outputField 来定义输出字段的名称。

```
vTab = arcpy.ValueTable()
for fc in fclss:
  fieldmappings.addTable(fc)
  fldmap_STFIPS.addInputField(fc, "STFID")
  fldmap_COFIPS.addInputField(fc, "STFID")
  fldmap_TRACT.addInputField(fc, "STFID")
  vTab.addRow(fc)

# STFIPS field
for x in range(0, fldmap_STFIPS.inputFieldCount):
  fldmap_STFIPS.setStartTextPosition(x, 0)
  fldmap_STFIPS.setEndTextPosition(x, 1)

fld_STFIPS = fldmap_STFIPS.outputField
fld_STFIPS.name = "STFIPS"
fldmap_STFIPS.outputField = fld_STFIPS
```

（8）添加 COFIPS 字段的内容。输入 STFID 的第 3 到第 5 个字符，其对应的位置为 2～4。

```
# STFIPS field
for x in range(0, fldmap_STFIPS.inputFieldCount):
  fldmap_STFIPS.setStartTextPosition(x, 0)
  fldmap_STFIPS.setEndTextPosition(x, 1)

fld_STFIPS = fldmap_STFIPS.outputField
fld_STFIPS.name = "STFIPS"
fldmap_STFIPS.outputField = fld_STFIPS

# COFIPS field
for x in range(0, fldmap_COFIPS.inputFieldCount):
  fldmap_COFIPS.setStartTextPosition(x, 2)
  fldmap_COFIPS.setEndTextPosition(x, 4)

fld_COFIPS = fldmap_COFIPS.outputField
fld_COFIPS.name = "COFIPS"
fldmap_COFIPS.outputField = fld_COFIPS
```

（9）添加 TRACT 字段的内容。

```
# COFIPS field
for x in range(0, fldmap_COFIPS.inputFieldCount):
        fldmap_COFIPS.setStartTextPosition(x, 2)
        fldmap_COFIPS.setEndTextPosition(x, 4)

fld_COFIPS = fldmap_COFIPS.outputField
fld_STFIPS.name = "COFIPS"
fldmap_COFIPS.outputField = fld_COFIPS

# TRACT field
for x in range(0, fldmap_TRACT.inputFieldCount):
  fldmap_TRACT.setStartTextPosition(x, 5)
  fldmap_TRACT.setEndTextPosition(x, 12)

fld_TRACT = fldmap_TRACT.outputField
fld_TRACT.name = "TRACT"
fldmap_TRACT.outputField = fld_TRACT
```

（10）将 FieldMap 对象添加到 FieldMappings 对象中。

```
# TRACT field
for x in range(0, fldmap_TRACT.inputFieldCount):
        fldmap_TRACT.setStartTextPosition(x, 5)
        fldmap_TRACT.setEndTextPosition(x, 12)

fld_TRACT = fldmap_TRACT.outputField
fld_TRACT.name = "TRACT"
fldmap_TRACT.outputField = fld_TRACT

#Add fieldmaps into the fieldmappings object
fieldmappings.addFieldMap(fldmap_STFIPS)
fieldmappings.addFieldMap(fldmap_COFIPS)
fieldmappings.addFieldMap(fldmap_TRACT)
```

（11）运行 Merge 工具，传入 vTab、输出要素类和 FieldMappings 对象等参数。

```
#Add fieldmaps into the fieldmappings object
fieldmappings.addFieldMap(fldmap_STFIPS)
fieldmappings.addFieldMap(fldmap_COFIPS)
fieldmappings.addFieldMap(fldmap_TRACT)
```

```
arcpy.Merge_management(vTab, outFeatureClass,fieldmappings)
print("Merge completed")
```

（12）完整的代码如下所示。

```
import arcpy

Arcpy.env.workspace = r"C:\ArcyBook\data"
outFeatureClass = r"C:\ArcpyBook\data\AllTracts.shp"

fieldmappings = arcpy.FieldMappings()
fldmap_STFIPS = arcpy.FieldMap()
fldmap_COFIPS = arcpy.FieldMap()
fldmap_TRACT = arcpy.FieldMap()

#List all feature classes that start with 'County' and type
Polygon
fclss = arcpy.ListFeatureClasses("County*", "Polygon")

vTab = arcpy.ValueTable()
for fc in fclss:
  fieldmappings.addTable(fc)
  fldmap_STFIPS.addInputField(fc,"STFID")

  fldmap_COFIPS.addInputField(fc, "STFID")
  fldmap_TRACT.addInputField(fc, "STFID")
  vTab.addRow(fc)

# STFIPS field
for x in range(0, fldmap_STFIPS.inputFieldCount):
  fldmap_STFIPS.setStartTextPosition(x, 0)
  fldmap_STFIPS.setEndTextPosition(x, 1)

fld_STFIPS = fldmap_STFIPS.outputField
fld_STFIPS.name = "STFIPS"
fldmap_STFIPS.outputField = fld_STFIPS

# COFIPS field
for x in range(0, fldmap_COFIPS.inputFieldCount):
  fldmap_COFIPS.setStartTextPosition(x, 2)
  fldmap_COFIPS.setEndTextPosition(x, 4)

fld_COFIPS = fldmap_COFIPS.outputField
fld_COFIPS.name = "COFIPS"
```

```
        fldmap_COFIPS.outputField = fld_COFIPS

        # TRACT field
        for x in range(0, fldmap_TRACT.inputFieldCount):
            fldmap_TRACT.setStartTextPosition(x, 5)
            fldmap_TRACT.setEndTextPosition(x, 12)

        fld_TRACT = fldmap_TRACT.outputField
        fld_TRACT.name = "TRACT"
        fldmap_TRACT.outputField = fld_TRACT

        #Add fieldmaps into the fieldmappings object
        fieldmappings.addFieldMap(fldmap_STFIPS)
        fieldmappings.addFieldMap(fldmap_COFIPS)
        fieldmappings.addFieldMap(fldmap_TRACT)

        arcpy.Merge_management(vTab, outFeatureClass,fieldmappings)
        print("Merge completed")
```

（13）可以通过查看 `C:\ArcpyBook\code\Ch12\UsingFieldMap.py` 解决方案文件来检查代码。

（14）保存并运行脚本。

（15）在 ArcMap 中，添加 `AllTracts.shp` 文件，脚本的运行结果保存在该文件中。如图 12-14 所示，打开属性表，可以看到合并的县集，以及新建的和原有的字段。

AllTracts

FID	Shape	GIST_ID	FIPSSTCO	TRT2000	STFID	TRACTID	EditedBy	STFIPS	COFIPS	TRACT
0	Polygon	6	48491	020301	48491020301	203.01		48	491	020301
1	Polygon	8	48491	020303	48491020303	203.03		48	491	020303
2	Polygon	9	48491	020305	48491020305	203.05		48	491	020305
3	Polygon	10	48491	020306	48491020306	203.06		48	491	020306
4	Polygon	11	48491	020307	48491020307	203.07		48	491	020307
5	Polygon	12	48491	020308	48491020308	203.08		48	491	020308
6	Polygon	17	48491	020404	48491020404	204.04		48	491	020404
7	Polygon	18	48491	020405	48491020405	204.05		48	491	020405
8	Polygon	20	48491	020407	48491020407	204.07		48	491	020407
9	Polygon	23	48491	020503	48491020503	205.03		48	491	020503
10	Polygon	24	48491	020504	48491020504	205.04		48	491	020504
11	Polygon	28	48491	020703	48491020703	207.03		48	491	020703
12	Polygon	31	48491	020801	48491020801	208.01		48	491	020801
13	Polygon	32	48491	020802	48491020802	208.02		48	491	020802
14	Polygon	33	48491	020900	48491020900	209		48	491	020900
15	Polygon	1	48453	000101	48453000101	1.01		48	453	000101
16	Polygon	2	48453	000102	48453000102	1.02		48	453	000102
17	Polygon	3	48453	000201	48453000201	2.01		48	453	000201

图 12-14 属性表

（16）在 `AllTracts.shp` 文件的数据视图中，可以看到一个合并的多边形图层，如图 12-15 所示。

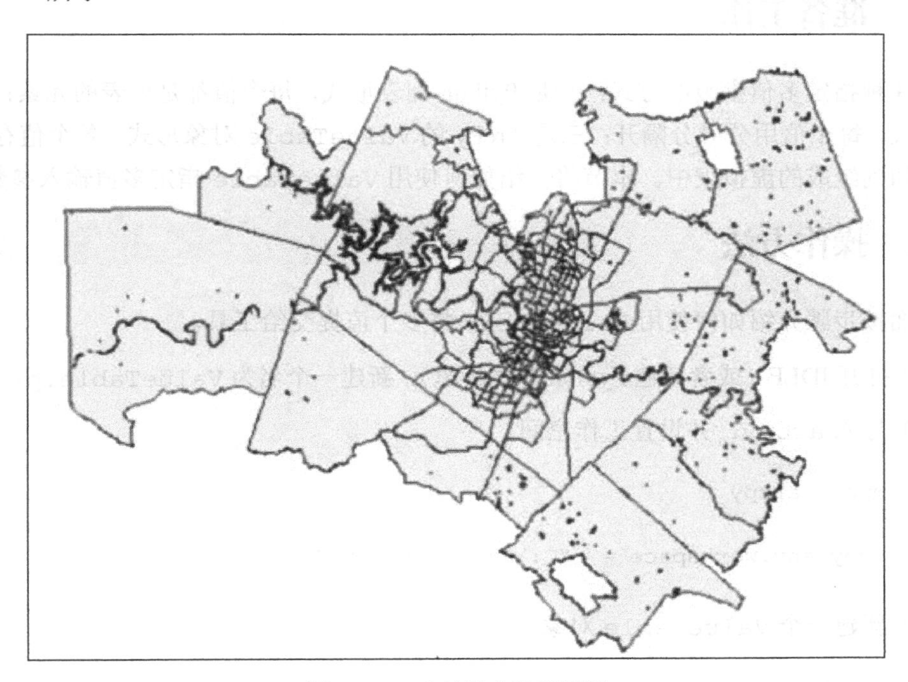

图 12-15 合并的多边形图层

12.8.3 工作原理

ArcPy 模块中的 `FieldMap` 和 `FieldMapping` 对象以及 `Merge` 工具，可用于需要合并具有不匹配字段的数据集的 GIS 操作。其中 `FieldMap` 对象可以获取一个长字符串值序列中的连续字符串值。本节首先介绍如何使用 `FieldMap` 对象从单个字段（`STFID`）中获取州、县和人口普查资料。然后，创建单个 `FieldMap` 对象来保存这些信息，并将其添加到 `FieldMappings` 对象中。最后，将 `FieldMappings` 对象传递给 `Merge` 工具来创建一个新图层，该图层中包含 3 个字段以存储这些不同的信息。

12.9 使用 ValueTable 将多值输入到工具中

许多地理处理工具的输入参数都可以接受多个值。例如，多环缓冲区工具可以接受多个缓冲距离，删除字段工具可以接受多个可删除的字段等。本节将介绍如何创建 `ValueTable` 对象将多值输入到工具中。

12.9.1 准备工作

有 3 种指定多值参数的方式：一是 Python 列表形式，每个值都是列表的元素；二是字符串形式，每个值用分号分隔开；三是 ArcPy 的 ValueTable 对象形式，各个值存储在一个由行和列组成的虚拟表中。本节将介绍如何使用 ValueTable 指定多值输入参数。

12.9.2 操作方法

下面按步骤介绍如何使用 ValueTable 将多个值提交给工具。

（1）打开 IDLE（或者其他 Python 开发环境），新建一个名为 ValueTable.py 的脚本。

（2）导入 arcpy，并设置工作空间。

```
import arcpy

arcpy.env.workspace = r"C:\ArcyBook\data"
```

（3）新建一个 ValueTable 对象。

```
import arcpy

arcpy.env.workspace = r"C:\ArcyBook\data"
vTab = arcpy.ValueTable()
```

（4）在表中创建 3 个行，并分别为其指定 5、10 和 20 的缓冲距离值。

```
vTab = arcpy.ValueTable()
vTab.setRow(0, "5")
vTab.setRow(1, "10")
vTab.setRow(2, "20")
```

（5）定义输入要素类、输出要素类、距离和缓冲区单位等变量，其中距离变量（dist）引用已创建的 ValueTable 来创建。

```
vTab = arcpy.ValueTable()
vTab.setRow(0, "5")
vTab.setRow(1, "10")
vTab.setRow(2, "20")
```

```
inFeature = 'Hospitals.shp'
outFeature = 'HospitalMBuff.shp'
dist = vTab
bufferUnit = "meters"
```

（6）调用 MultipleRingBuffer 工具，传入刚创建的变量作为参数。

```
inFeature = 'Hospitals.shp'
outFeature = 'HospitalMBuff.shp'
dist = vTab
bufferUnit = "meters"

arcpy.MultipleRingBuffer_analysis(inFeature, outFeature, dist,
bufferUnit, '', 'ALL')
print("Multi-Ring Buffer Complete")
```

（7）可以通过查看 C:\ArcpyBook\code\Ch12\ValueTable.py 解决方案文件来检查代码。

（8）保存并运行脚本。查看输出结果，可以看到多个缓冲环。

12.9.3 工作原理

ValueTable 是一个简单的虚拟表，可以将多个值输入到工具中。在本节中，首先创建了一个 ValueTable 对象，并为其添加了 3 个值。然后，将 ValueTable 对象传递给 MultipleRingBuffer 工具。最后，MultipleRingBuffer 工具利用传入的信息创建新的多边形图层，该多边形图层是基于 ValueTable 对象提供的缓冲距离来创建的。

第 13 章
在 ArcGIS Pro 中使用 Python

本章将介绍以下内容。

- 在 ArcGIS Pro 中使用新的 Python 窗口。
- 桌面 ArcGIS 与 ArcGIS Pro 中 Python 的编码差异。
- 为独立的 ArcGIS Pro 脚本安装 Python。
- 将桌面 ArcGIS 中的 Python 代码转换到 ArcGIS Pro 中。

13.1 引言

本章将简单介绍几个在 ArcGIS Pro 中使用 Python 的相关概念。在 ArcGIS Pro 中使用 Python 与在桌面 ArcGIS 中使用 Python 类似，如 ArcGIS Pro 也有一个可以使用的 Python 窗口。所以，之前掌握的知识几乎都可以运用到新的 ArcGIS Pro 环境中。但是，两者也存在不同之处。

通常将两者之间的差异分为以下几点。

- 功能不同。
- ArcGIS Pro 中使用的是 Python 3 系列的版本而不是 Python 2 系列的版本。
- ArcGIS Pro 中有不支持的数据格式。

ArcGIS Pro 中的 ArcPy 功能也做了一些更改，包括移除一些地理处理工具，如移除了 `Coverage`、`Data Interoperability`、`Parcel Fabric`、`Schematics` 和 `Tracking Analyst` 等工具箱中所包含的工具。还有一些其他工具箱中的其他工具，ArcGIS Pro

也不能使用。有关 ArcGIS Pro 不能使用的完整的地理处理工具列表，请参阅：http://pro.arcgis.com/en/pro-app/tool-reference/appendices/unavailable-tools.htm。

ArcGIS Pro 使用的 Python 版本是 Python 3.4，而桌面 ArcGIS 10.3 使用的是 Python 2.7。这两个版本存在显著的差异，且它们是不兼容的。不过，这两个版本的语法大部分是相同的，尽管在字符串、字典和其他对象等方面存在着显著的差异。

ArcGIS Pro 中有一些不受支持的数据格式，如个人地理数据库、栅格目录、几何网络、拓扑结构、图层和地图包等。如果曾经在桌面 ArcGIS 中使用过其中一种数据格式，因为 ArcGIS Pro 不支持这种数据格式，因此任何使用这些格式的脚本都无法在 ArcGIS Pro 中执行。

13.2 在 ArcGIS Pro 中使用新的 Python 窗口

如果已经在桌面 ArcGIS 中使用过 Python 窗口，那么对于 ArcGIS Pro 中的 Python 窗口也应当会相当熟悉。不过，两者还是存在差异的，ArcGIS Pro 中的 Python 窗口做了一些改进。本节将介绍如何使用 ArcGIS Pro 中的 Python 窗口。

ArcGIS Pro 中的 Python 窗口的功能与桌面 ArcGIS 中的 Python 窗口大致相同，它作为一个集成工具，用于执行地理处理操作的 Python 代码。可以使用 Python 窗口访问 Python 的相关模块，如 ArcPy、Python 的核心模块和第三方模块等。还可以保存窗口中编写的 Python 代码，以及从已有的脚本文件中加载代码。此外，代码还具有自动补全功能，这样可以简化编码操作，如调用工具和传入参数等。本节将介绍如何使用 ArcGIS Pro 的 Python 窗口。

下面按步骤介绍如何使用 ArcGIS Pro 的 Python 窗口。

（1）打开 ArcGIS Pro，选择一个项目或者新建一个项目。

（2）在 ArcGIS Pro 中，选择“ANALYSIS”菜单项，单击“Python”工具，如图 13-1 所示。

（3）此时，Python 窗口会显示在 ArcGIS Pro 窗口的底部，如图 13-2 所示。

（4）Python 窗口可以处于固定状态，也可以处于浮动状态，并且可以调整其大小。

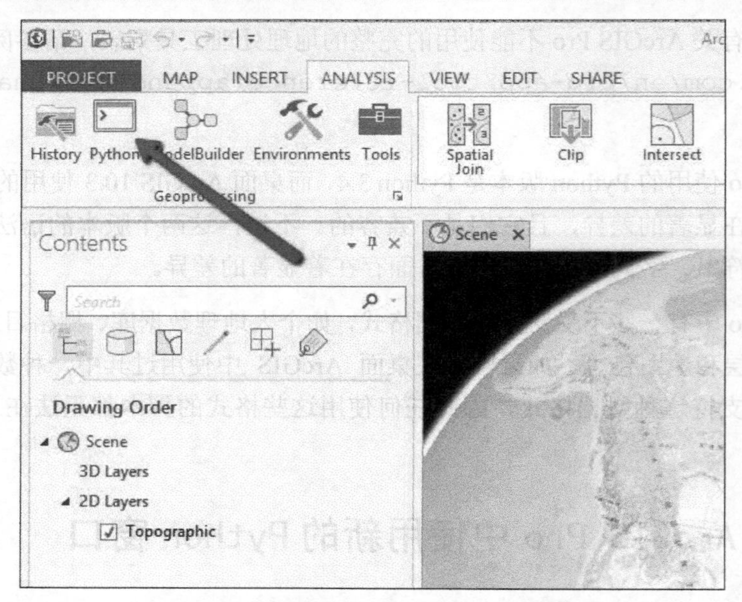

图 13-1 在 ArcGIS Pro 中选择“Python”工具

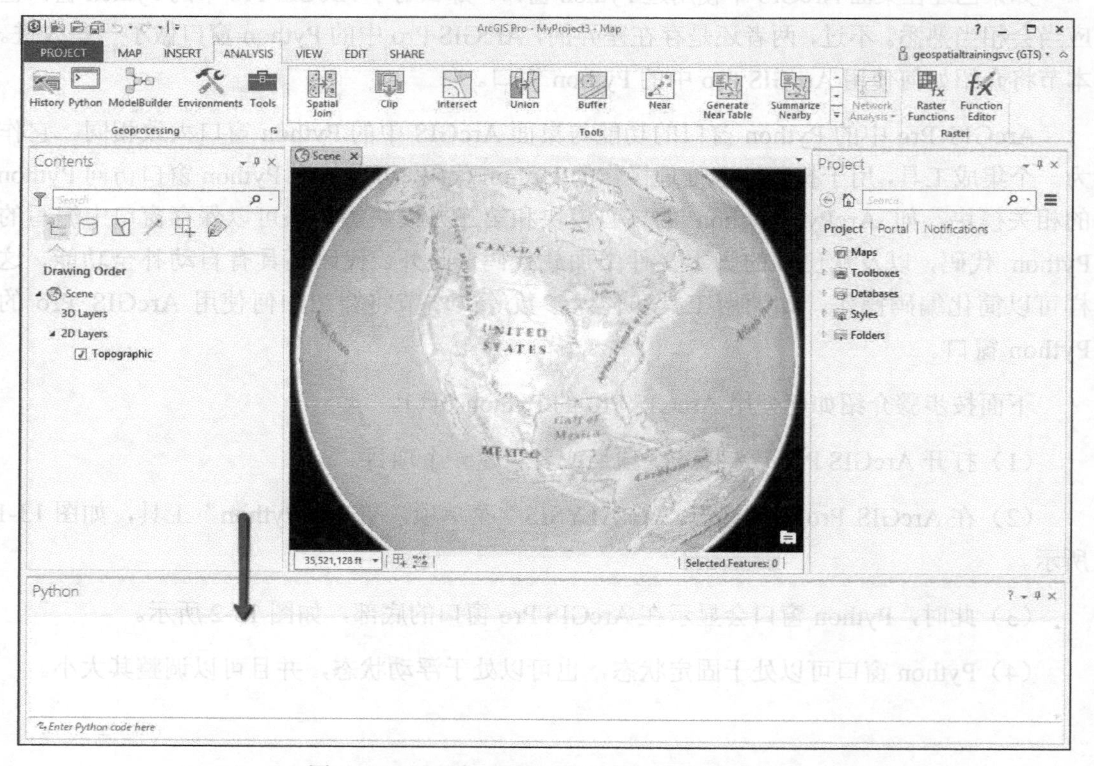

图 13-2 显示在 ArcGIS Pro 中的 Python 窗口

（5）ArcGIS Pro 中的 Python 窗口有两个基本组成部分：Transcript（记录副本）和 Python prompt（Python 提示），如图 13-3 所示。Python prompt 部分用于写入代码，且一次只能写入一行。Transcript 部分用于显示执行过的 Python 代码的记录。

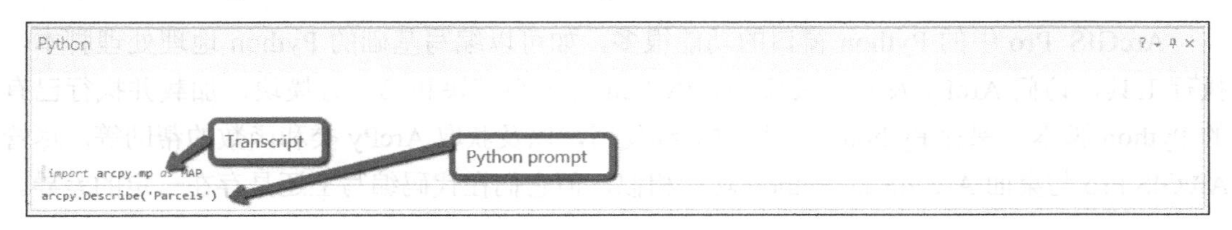

图 13-3　Python 窗口的基本组成部分

（6）当键入一行代码后，按键盘上的<Enter>键，就可以执行该代码。执行完成后该代码会自动移入 Transcript 部分，输出的消息或错误也会写入到 Transcript 窗口中。例如，键入如下代码来导入 ArcPy 制图模块。

```
import arcpy.mp as MAP
```

（7）ArcGIS Pro 中的 Python 窗口具有代码补全功能，因此在键入代码时，会根据当前的键入内容自动提供各种匹配项，读者可以从显示的列表中选择一个选项来完成输入。例如，在 Python prompt 部分输入“arc”来验证该功能，此时代码补全功能会提供两个选项——arcgis 和 arcpy。

（8）可以使用 help()方法来访问内置的帮助系统。例如，通过输入 help(arcpy.ListFeatureClasses())来查看帮助文档提供的一个相关示例，如图 13-4 所示。

```
Python                                                    ? ▾ □ ×

help(arcpy.ListFeatureClasses())
Help on list object:

class list(object)
 |  list() -> new empty list
 |  list(iterable) -> new list initialized from iterable's items
 |
 |  Methods defined here:
 |
 |  __add__(self, value, /)
 |      Return self+value.
 |
 |  __contains__(self, key, /)
 |      Return key in self.
 |
```

图 13-4　帮助文档提供的示例

（9）通过右键单击 Transcript 部分并选择“Save Transcript”，可以保存编写好的 Python 代码。此外，通过右击 Python prompt 部分并选择“Load Code”，可以将已有的 Python 脚本加载到窗口中。

ArcGIS Pro 中的 Python 窗口的功能很多，如可以编写基础的 Python 地理处理脚本，执行工具，访问 ArcPy 及其相关模块、Python 的核心模块和第三方模块，加载并执行已有的 Python 脚本，保存 Python 脚本以供后续使用，以及获取 ArcPy 类和函数的帮助等。尽管 ArcGIS Pro 与桌面 ArcGIS 的 Python 功能相似，但它们在代码编写上还是存在一定的差异。

13.3 桌面 ArcGIS 与 ArcGIS Pro 中 Python 的编码差异

本节将介绍桌面 ArcGIS 与 ArcGIS Pro 之间编写 Python 代码的差异，不过它们之间的差别并不大。

ArcPy 支持各种模块，如数据访问、制图、空间分析、网络分析和时间等模块。正如前文所述，要使用这些模块，必须先将相应的模块导入到脚本中。对于大多数模块来说，不管是在桌面 ArcGIS 还是在 ArcGIS Pro 中，模块的导入方式都是相同的。但在导入 ArcPy 制图模块时，其导入方式有所不同。

ArcGIS Pro 中移除了 `arcpy.mapping` 模块，并将其替换为 `arcpy.mp` 模块，以支持在 ArcGIS Pro 中的制图工作流。所以，在 ArcGIS Pro 的 Python 环境中，需要使用如下语法来导入制图模块。代表制图模块的两个字符（`mp`）的用法与导入其他模块的方式是一致的，即 `importarcpy.xx`。

```
import arcpy.mp
```

这与在桌面 ArcGIS 中导入 ArcPy 制图模块的方式不同，在桌面 ArcGIS 中导入 ArcPy 制图模块的代码如下所示。

```
import arcpy.mapping
```

13.4 为独立的 ArcGIS Pro 脚本安装 Python

许多人可能对在独立的环境中执行桌面 ArcGIS 的 Python 地理处理脚本已经相当熟悉，例如，可以在集成开发环境中（如 ArcGIS 自带的 IDLE）或者操作系统提示符后执行一个脚本。默认情况下，ArcGIS Pro 不具有该功能。虽然 ArcGIS Pro 带有一个内置的 Python 编辑器，可以在该 Python 窗口中将代码作为一个脚本工具或地理处理工具来执行，但是如果想在一个独立的环境中访问 ArcGIS Pro 的功能，就需要下载并安装 Python 安装文件，该安装文件可以从 My Esri（https://my.esri.com/#/downloads）网站下载。此安装文件将安装 Python 3.4.1 版本以及 ArcGIS Pro 所需的其他工具。

13.5 将桌面 ArcGIS 中的 Python 代码转换到 ArcGIS Pro 中

正如本章前面所提到的，在桌面 ArcGIS 中编写 Python 代码与在 ArcGIS Pro 中编写 Python 代码的差别不大。13.3 节已经讨论过两者的主要差别，即在代码编写上的差异。两者使用的 Python 版本不同，桌面 ArcGIS 10.3 使用的是 Python 2.7，而 ArcGIS Pro 1.0 使用的是 Python 3.4。这两个版本的 Python 是不兼容的，但是可以通过一些工具将桌面 ArcGIS 中已有的代码转换到 ArcGIS Pro 中。

下面介绍第 1 个工具——AnalyzeToolsForPro，该地理处理工具可以在 Management 工具箱中找到。该工具可以分析 Python 脚本、自定义地理处理工具和工具箱，来识别 ArcGIS Pro 中不支持的功能，它将标识出 ArcGIS Pro 不支持的所有地理处理工具和环境设置、所有没有用 arcpy.mp 替换的 arcpy.mapping 以及所有不支持的数据格式，如 ArcGIS Pro 不支持的个人地理数据库。对于 Python 2 系列和 Python 3 系列的版本兼容性问题，该工具将使用 2to3 实用程序来识别特定的 Python 问题。

AnalyzeToolsForPro 工具的使用语法如下所示。

```
AnalyzeToolsForPro_management(input, {report})
```

该工具中的 input 参数可以是地理处理工具箱、Python 文件或工具名。可选的 report 参数是一个包含所有问题的输出文本文件。

还可以使用单独的 2to3 Python 工具来处理任何与两个 Python 版本间的编码差异有关的问题。该工具是 Python 2 和 Python 3 安装时自带的一个实用程序，可以在类似的路径中找到：C:\Python34\Tools\Scripts\2to3.py 或 C:\Python27\Tools\Scripts\2to3.py。但它并不是一个完美的工具，不过据估计，它可以识别约 95%的差异。

附录 A
自动化 Python 脚本

本章将介绍以下内容。

- 在命令行中运行 Python 脚本。
- 使用 sys.argv[]捕获命令行的输入。
- 添加 Python 脚本到批处理文件。
- 在规定的时间运行批处理文件。

A.1 引言

Python 地理处理脚本既可以作为独立的脚本在 ArcGIS 外运行，也可以作为脚本工具在 ArcGIS 内运行。这两种方法各有其优缺点。到目前为止，本书中的所有脚本既有在 ArcGIS 中作为脚本工具运行的，也有在 Python 开发环境（如 IDLE）中运行的，还有在 ArcGIS 的 Python 窗口中运行的。事实上，Python 脚本还可以在 Windows 操作系统的命令行中运行。命令行程序（cmd.exe）是一个窗口，使用键入方式执行命令，而不是 Windows 通常采用的单击方式执行命令。这种运行 Python 脚本的方法对于安排脚本的运行非常有用。安排脚本的运行有很多原因，例如，很多地理处理脚本需要花费很长时间才能够运行完成，这就需要将其安排在非工作时间内运行。此外，一些脚本需要定期（每天、每周、每月等）运行，这也需要更有效地对脚本的运行进行合理的安排。本章将介绍如何在命令行中运行脚本，添加脚本到批处理文件，设定脚本在规定的时间运行等内容。注意，在命令行中运行脚本，如果使用 ArcPy 模块，仍然需要桌面 ArcGIS 的许可。

A.2 在命令行中运行 Python 脚本

到目前为止，本书中的所有 Python 脚本既有在 ArcGIS 中作为脚本工具来运行的，也有在 Python 开发环境中运行的。Windows 命令提示符提供了运行 Python 脚本的另一种方式。使用命令提示符运行的脚本主要是作为批处理文件或计划任务的一部分。

A.2.1 准备工作

在命令行中运行 Python 地理处理脚本有很多优点。这些脚本可以安排到批处理进程中，使其在非工作时间运行，以便更有效地处理数据。由于 Python 中有内置的错误处理和调试功能，所以脚本更容易调试。

本节将介绍如何使用 Windows 命令提示符来运行 Python 脚本。完成本节的操作需要管理员权限。

A.2.2 操作方法

下面按步骤介绍如何从 Windows 命令提示符中运行脚本。

（1）单击“Start | All Programs | Accessories | Command Prompt”，弹出如图 A-1 所示的窗口。

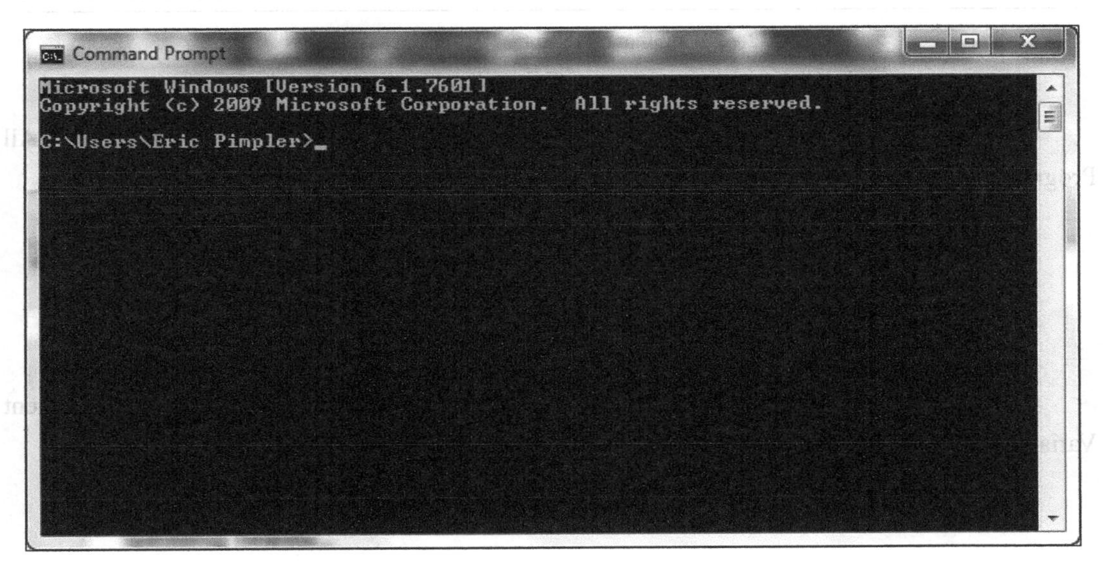

图 A-1 “Command Prompt”窗口

窗口中会显示当前目录。不同计算机上显示的目录可能有所不同，在这里将其更改为本附录指定的目录。

（2）输入“`cdc:\ArcpyBook\Appendix1`”。

（3）输入“`dir`”来查看文件和子目录列表，可以看到一个名为 `listfields.py` 的 Python 脚本文件，如图 A-2 所示。

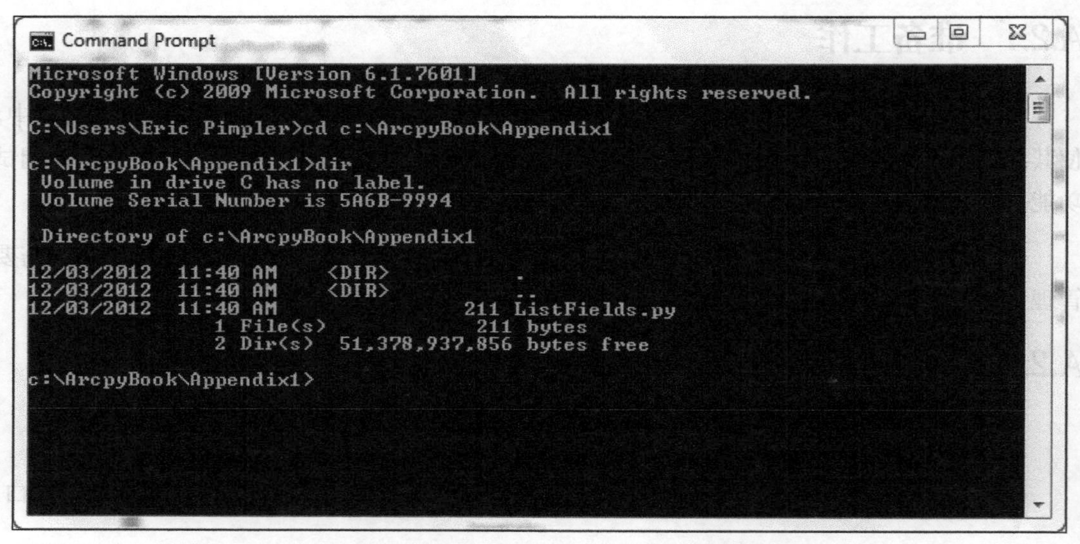

图 A-2 “Command Prompt”窗口的文件目录显示

（4）需要确保 Python 解释器可以从目录结构的任何地方开始运行。单击“Start | All Programs | Accessories | System Tools | Control Panel”，打开如图 A-3 所示的窗口。

（5）单击“System and Security”。

（6）单击“System”。

（7）单击“Advanced system settings”。

（8）在“System Properties”对话框中，选择“Advanced”选项卡，单击“Environment Variables”按钮，如图 A-4 所示。

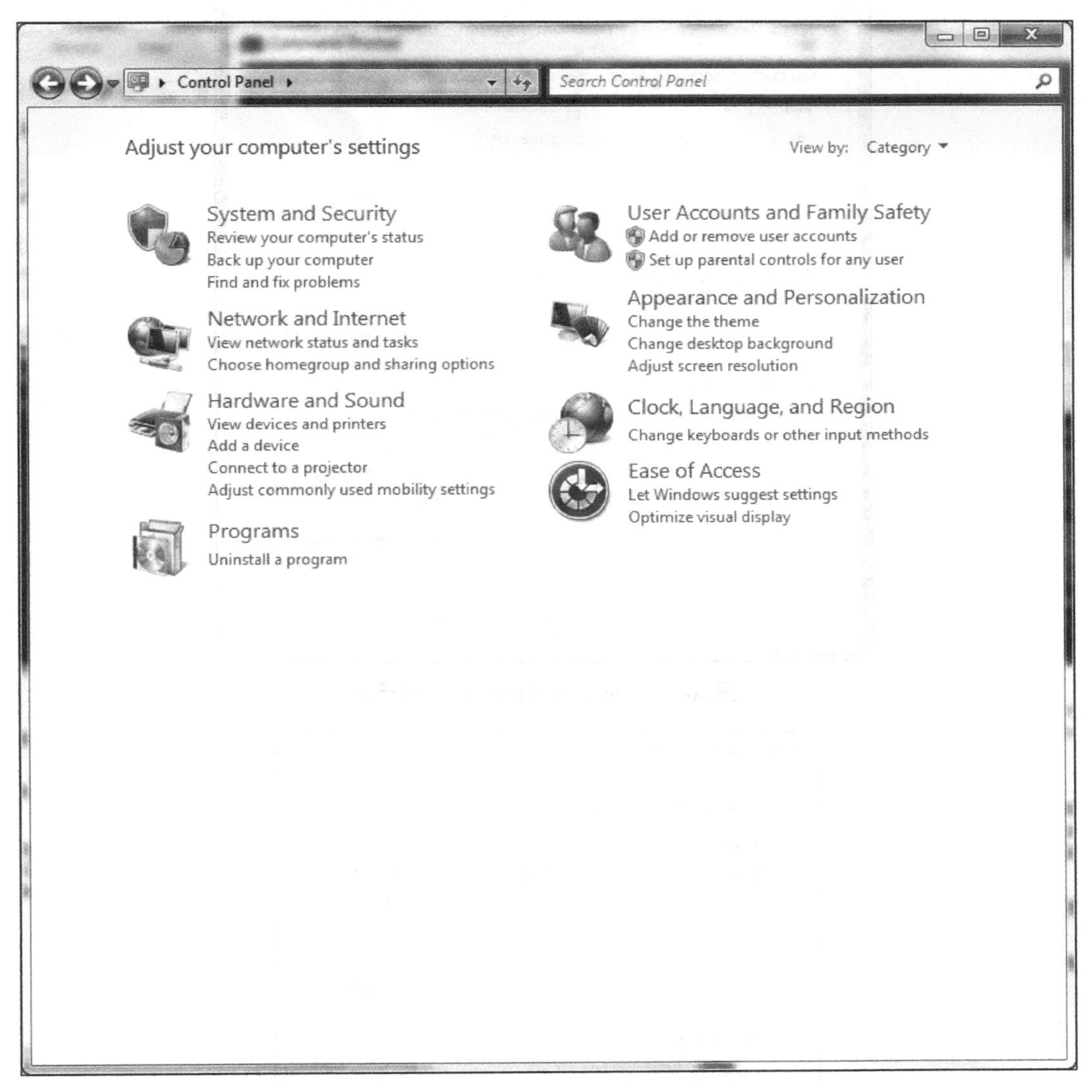

图 A-3 “Control Panel”窗口

（9）如图 A-5 所示，在“system variable”中找到“Path”并选中，然后单击“Edit…”。

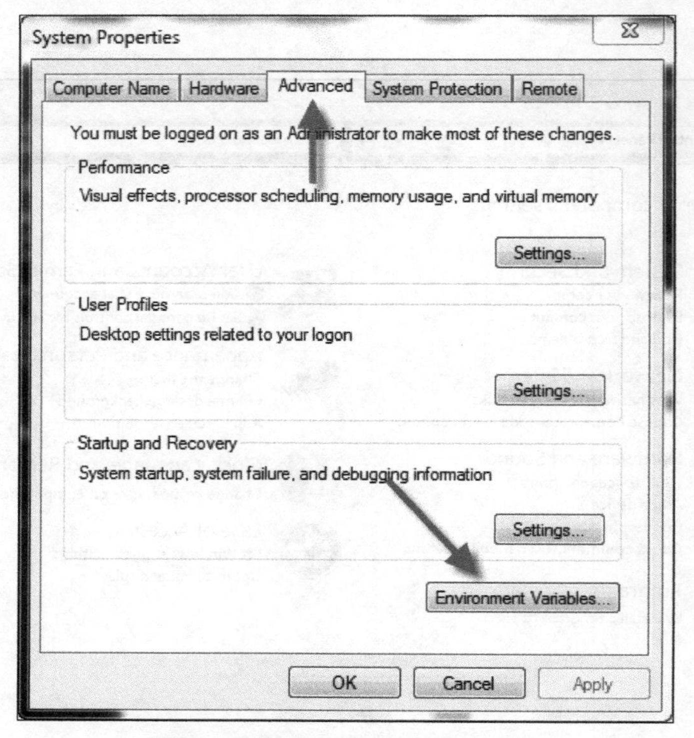

图 A-4 “System Properties”对话框

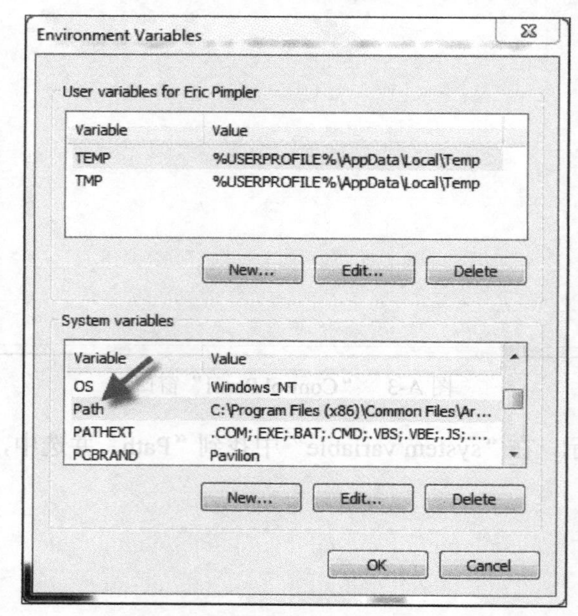

图 A-5 编辑“Path”系统变量

（10）检查“Path”变量的值中是否包含 `C:\Python27\ArcGIS10.3` 目录，如果不包含，将该目录添加到“Path”变量的值的末尾，如图 A-6 所示。注意，在添加路径之前，要添加一个分号。添加路径后，当在命令提示符中键入 Python 时，系统将逐一搜索“Path”变量中的每一个目录，查找名为 python.exe 的可执行文件。

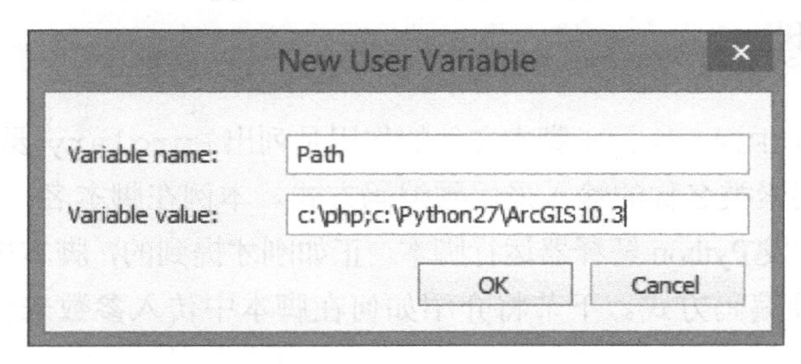

图 A-6 “New User Variable”对话框

（11）单击“OK”，返回“Edit System Variable”对话框。

（12）单击“OK”，返回“Environment Variables”对话框。

（13）单击“OK”，返回“System Properties”对话框。

（14）返回命令提示符窗口。

（15）键入“`python ListFields.py`”，单击<Enter>键，此时会运行 `ListFields.py` 脚本。经过短暂的时间延迟，可以得到如图 A-7 所示的结果。

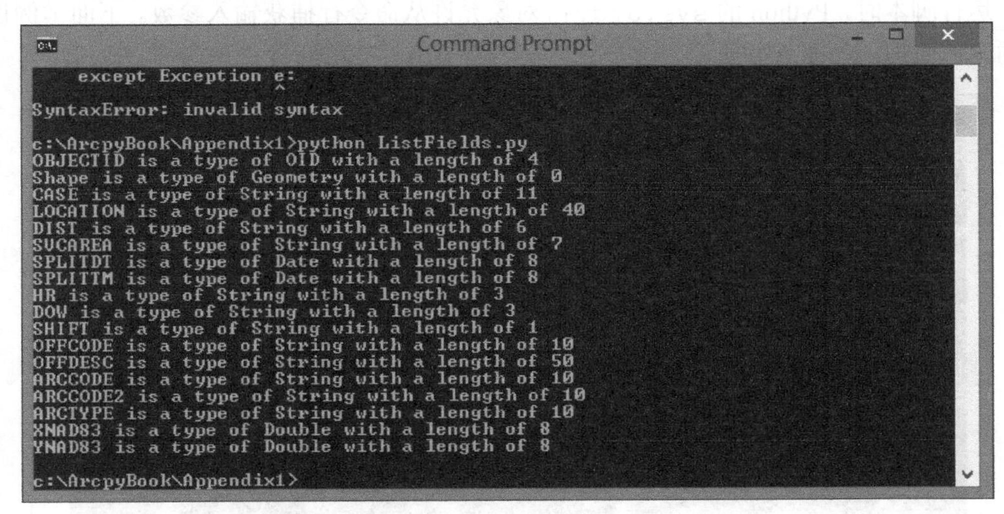

图 A-7 输出结果

延迟是由第 1 行代码——导入 `arcpy` 模块——引起的。

小技巧：

可以考虑在导入模块之前添加一个 print 语句，告知用户有时间延迟。

A.2.3 工作原理

本节提供的 `ListFields.py` 脚本文件的作用是列出 `Burglary` 要素类的属性字段，脚本中的工作空间和要素类名称的输入采用硬编码方式。本例在脚本名——`ListFields.py` 后键入“Python”，触发 Python 解释器运行脚本。正如刚才提到的，脚本中的工作空间和要素类名称的输入采用硬编码方式。下节将介绍如何在脚本中传入参数来代替硬编码方式，使脚本更加灵活。

A.3 使用 sys.argv[]捕获命令行的输入

除了采用硬编码的方式将路径连接到指定数据集外，还可以在命令提示符下输入参数来连接数据集，以使脚本更加灵活。使用 Python 的 `sys.argv[]` 对象可以捕获这些输入参数。

A.3.1 准备工作

运行脚本时，Python 的 `sys.argv[]` 对象允许从命令行捕获输入参数。下面举例说明它的工作原理，如图 A-8 所示。

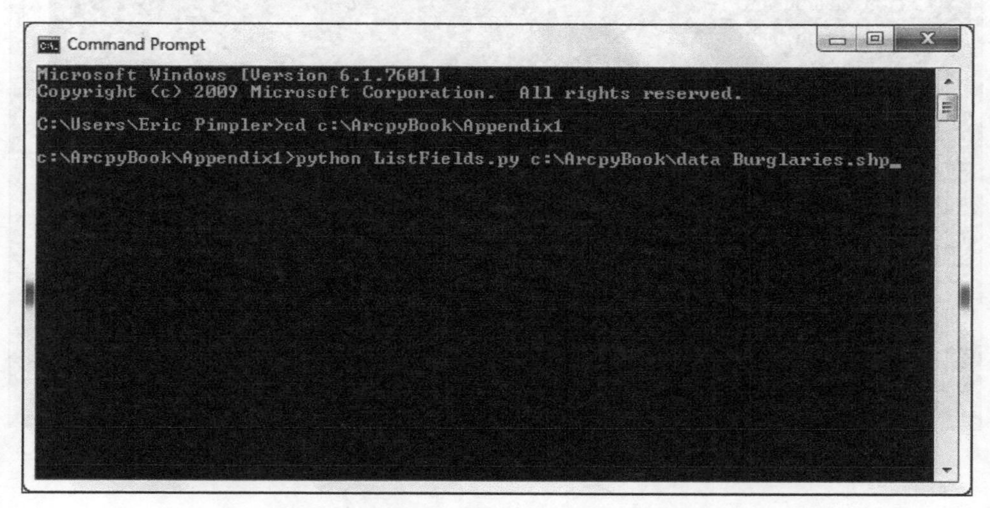

图 A-8　捕获参数的“Command Prompt”窗口

在命令行中，每个词之间必须用一个空格分隔开，这些词会保存到一个名为 sys.argv[] 的列表对象中，该列表对象的索引从 0 开始。在 sys.argv[]对象中，索引值 0 引用的是列表中的第 1 项，用于存储脚本的名称，在本例中指的是 ListFields.py。接下来的每个连续的词依次被下一个索引值引用，第 1 个参数 C:\ArcpyBook\data 存储在 sys.argv[1]中，第 2 个参数 Burglaries.shp 存储在 sys.argv[2]中。sys.argv[] 对象中的每一个参数都可以被地理处理脚本访问和处理。本节将更新 ListFields.py 脚本，以便能捕获命令行的输入参数。

A.3.2　操作方法

下面按步骤介绍如何编写一个 Python 脚本，使用 sys.argv[]来捕获命令行的输入参数。

（1）在 IDLE 中打开 C:\ArcpyBook\Appendix1\ListFields.py。

（2）导入 arcpy 和 sys 模块。

```
import arcpy
import sys
```

（3）新建一个变量来存储脚本的工作空间。

```
wkspace = sys.argv[1]
```

（4）新建一个变量来存储脚本的要素类。

```
fc = sys.argv[2]
```

（5）更新设置工作空间的代码行，并调用 ListFields()函数。

```
arcpy.env.workspace = wkspace
fields = arcpy.ListFields(fc)
```

完整的脚本如下所示。

```
import arcpy
import sys
wkspace = sys.argv[1]
fc = sys.argv[2]
try:
  arcpy.env.workspace = wkspace
  fields = arcpy.ListFields(fc)
```

```
    for fld in fields:
      print(fld.name)
  except Exception as e:
    print(e.message)
```

（6）可以通过查看 C:\ArcpyBook\code\Appendix1\ListFields_Step2.py 解决方案文件来检查代码。

（7）保存脚本。

（8）如有需要，可以打开命令提示符窗口，输入 C:\ArcpyBook\Appendix1。

（9）在命令行中输入以下内容，并单击<Enter>键。

```
python ListFields.py C:\ArcpyBook\data Burglaries_2009.shp
```

（10）之后会再次看到关于 Burglaries_2009.shp 文件的属性字段的详细输出。不同之处在于脚本中不再有硬编码的工作空间和要素类名称。因此脚本更具有灵活性，可以列出任何要素类的属性字段。

A.3.3 工作原理

sys 模块中包含名为 argv[] 的列表对象，可以用来存储运行 Python 脚本时的命令行输入参数。存储在列表中的第 1 项通常是脚本的名称，所以在本例中，sys.argv[0] 存储了 ListFields.Py 脚本的名称。传入脚本的另外两个参数是工作空间和要素类，分别存储在 sys.argv[1] 和 sys.argv[2] 中，然后将这些值赋值给变量，并在脚本中使用。

A.4 添加 Python 脚本到批处理文件

要使 Python 脚本在规定的时间运行，需要创建一个批处理文件，该文件中包含一个或多个脚本，或者操作系统命令。然后可以将这些批处理文件添加到 Windows 计划程序中以指定的时间间隔运行。

A.4.1 准备工作

批处理文件是包含运行 Python 脚本的命令行序列，或者是执行操作系统命令的文本文件，其文件扩展名为.bat，Windows 将其视为一个可执行文件。由于批处理文件仅包含命令行序列，因此可以使用任意的文本编辑器来编写命令行代码，但是建议使用常见的文本编辑器，如 Notepad 等，因为它可以避免将不可见的特殊字符插入到命令行中，像 Microsoft Word 等文字处理程序则不能避免此类问题。本节将介绍如何创建一个简单的批处理文件，该文件会导航到包含 ListFields.py 脚本的目录并执行该脚本。

A.4.2 操作方法

下面按步骤介绍如何创建一个批处理文件。

（1）打开 Notepad。

（2）在文件中添加以下文本行。

```
cd C:\ArcpyBook\Appendix1
python ListFields.py C:\ArcpyBook\data Burglaries_2009.shp
```

（3）将文件命名为 `ListFields.bat` 并保存到桌面上。确保将“Save as Type”下拉列表更改为“All Files”，否则会保存为 `ListFields.bat.txt` 文件。

（4）找到桌面上的 `ListFields.bat` 文件并双击，执行该命令行序列。

（5）在执行过程中会显示一个命令提示符，当所有的命令执行完毕后，命令提示符会自动关闭。

A.4.3 工作原理

Windows 将批处理文件视为可执行文件，所以双击文件会在新的命令提示窗口下自动执行文件所包含的命令行序列，所有的 `print` 语句都会在窗口中显示出来。在命令执行完毕后，命令提示符会自动关闭。如果要保存输出的历史记录，可以编写语句来输出日志文件。

A.4.4 拓展

批处理文件中可以包含变量、循环、注释和条件逻辑等，这里不作详细介绍。如果读者正在编写和运行大量的脚本，学习有关批处理文件的知识就很有必要。网上有很多关于批处理文件的信息，可以访问 Wikipedia（维基百科）页面了解更多关于批处理文件的详细信息。

A.5 在规定的时间运行批处理文件

一旦创建了批处理文件，就可以使用 Windows 计划程序在规定的时间运行该批处理文件。

A.5.1 准备工作

许多地理处理脚本的运行都非常耗时，当脚本可以充分利用系统资源时，程序员可以腾出时间完成其他的任务。本节将介绍如何使用 Windows 计划程序来安排批处理文件的运行。

A.5.2 操作方法

（1）单击“Start | All Programs | Accessories | System Tools | Control Panel | System and Security | Administrative Tools”，选择“Task Scheduler”，打开 Windows 计划程序，如图 A-9 所示。

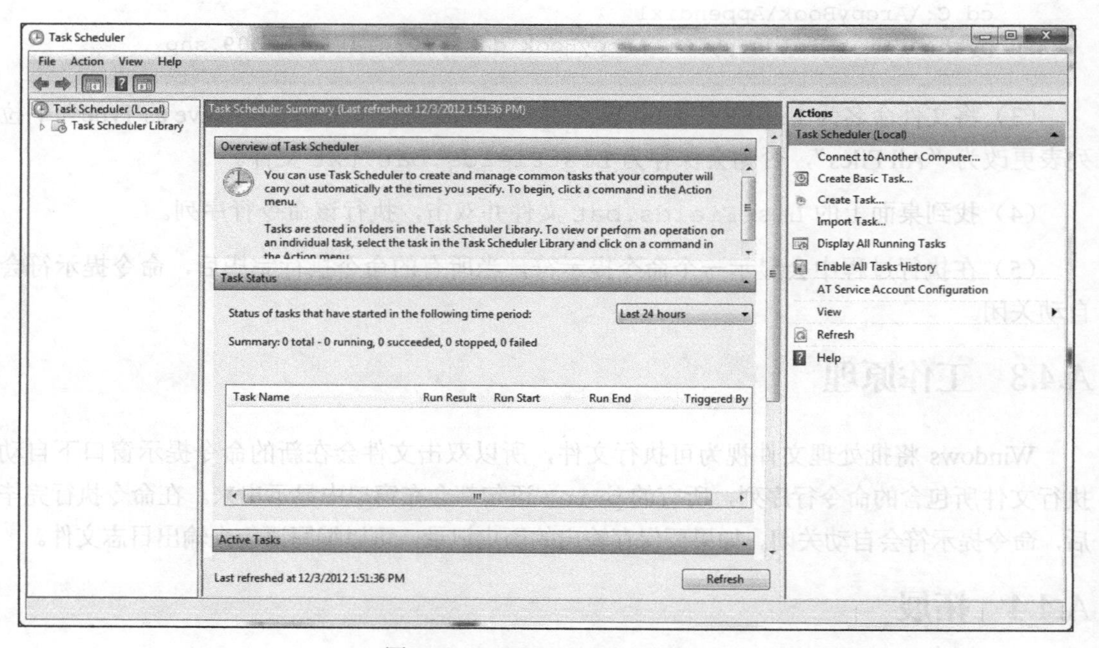

图 A-9 “Task Scheduler”窗口

（2）单击“Action”目录项，选择“Create Basic Task”，弹出“Create Basic Task Wizard”对话框，如图 A-10 所示。

（3）将该任务命名为“`List Fields from a FeatureClass`”，单击“Next”。

（4）当需要执行任务时，选择“trigger”，这通常是一个基于时间的触发器，但是可以选择其他的触发类型，如用户登录时或计算机启动时执行任务等。在这里选择“Daily”，单击“Next”，如图 A-11 所示。

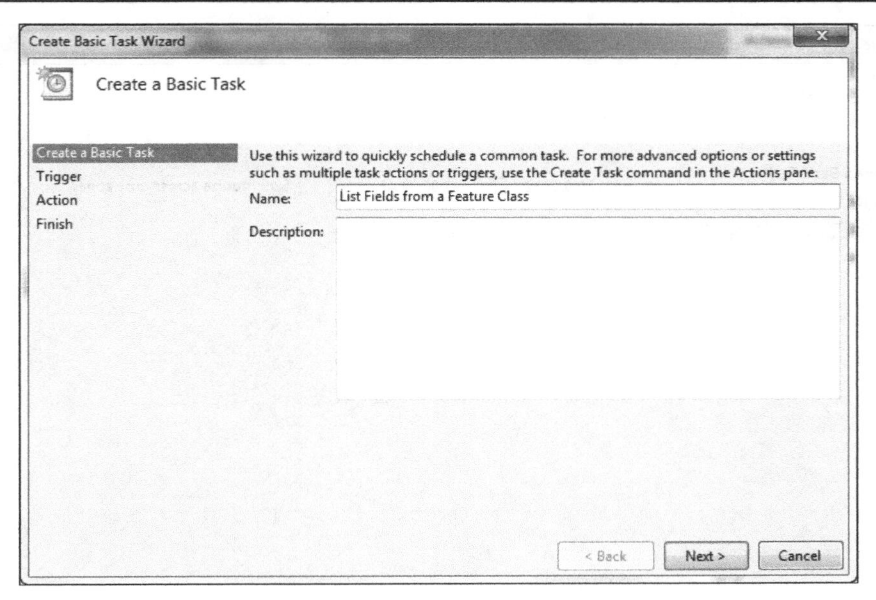

图 A-10　“Create BasicTask Wizard”窗口

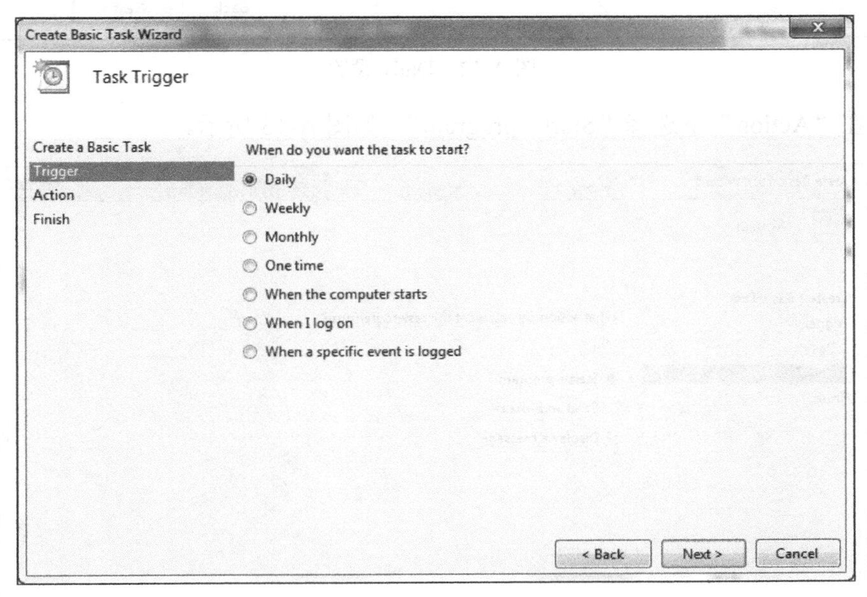

图 A-11　Trigger 的选择

（5）选择 start date/time（起始日期/时间）和 recurrence interval（循环间隔），如图 A-12 所示，设置起始日期为“12/3/2012”，时间为“1:00:00 AM”，循环间隔为 1 天。所以，每天 1:00 AM 时，该任务就会执行一次。单击“Next”。

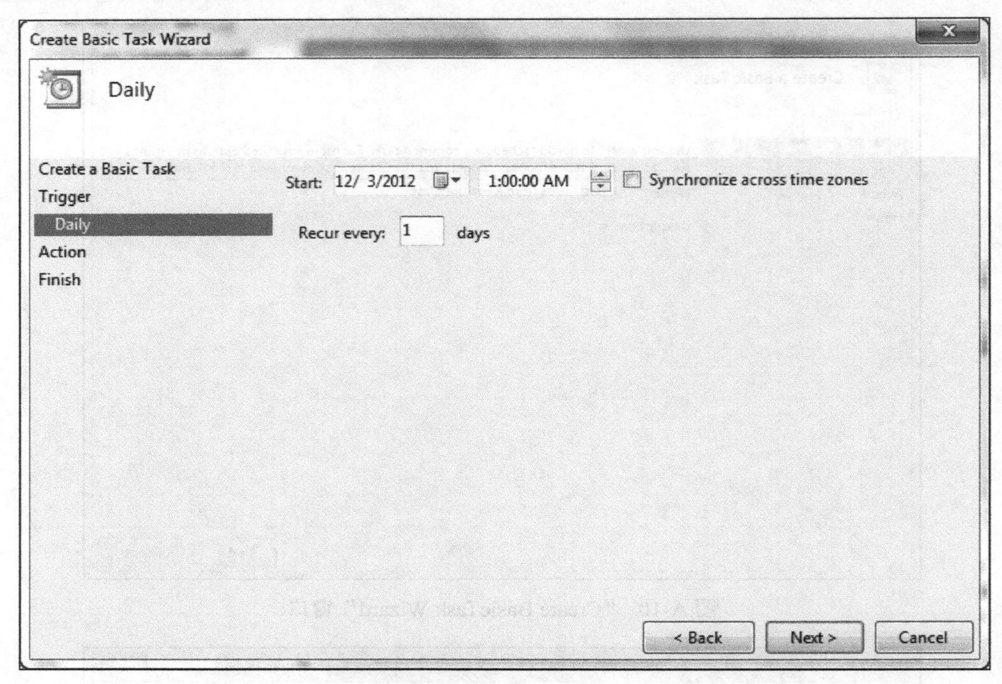

图 A-12 Daily 设置

（6）在“Action”下选择“Start a program”，如图 A-13 所示。

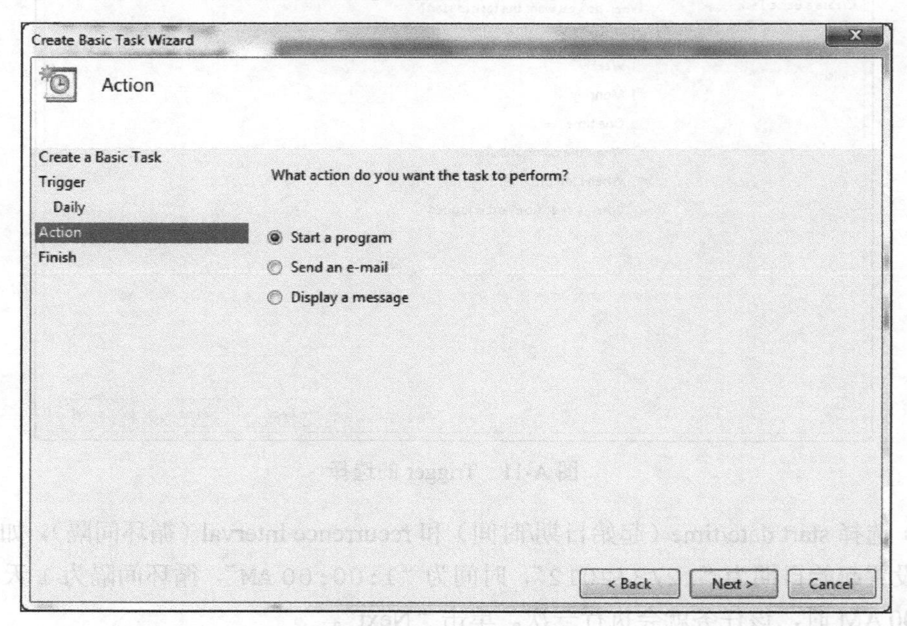

图 A-13 Action 设置

（7）在“Program/script”文本框中通过单击“Browse...”找到程序（`ListFields.bat`），添加可选参数，如图 A-14 所示。单击“Next”。

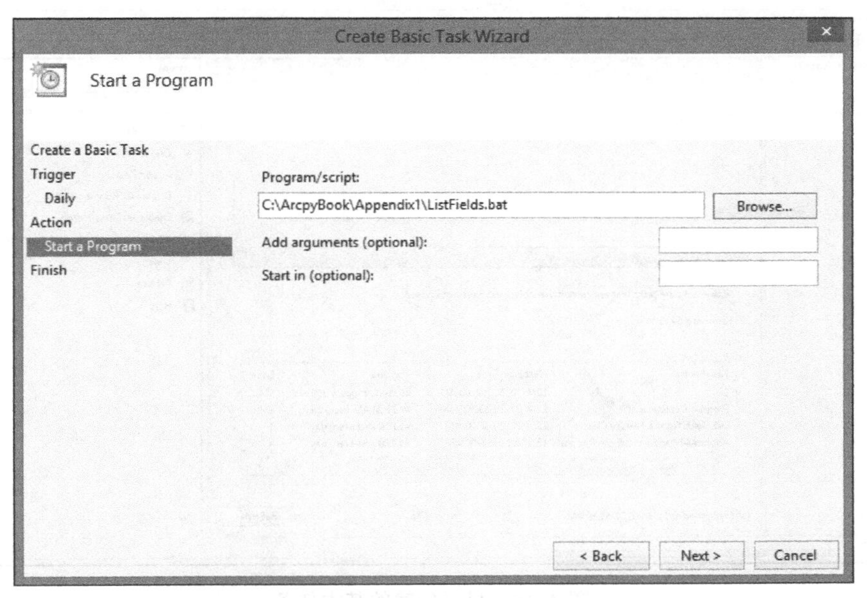

图 A-14 Start a program 设置

（8）单击“Finish”，将任务添加到计划程序中，如图 A-15 所示。

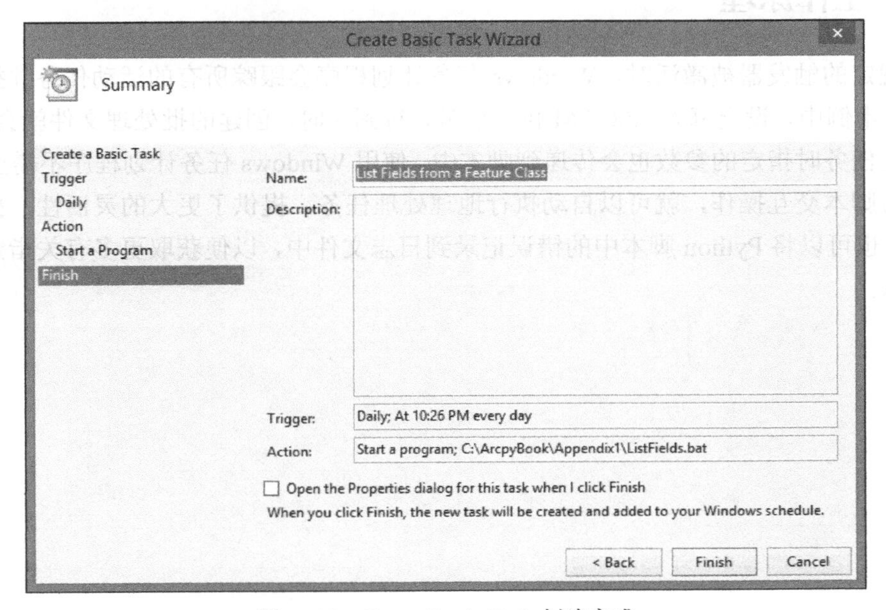

图 A-15 Create Basic Task 创建完成

（9）此时，创建的基本任务会显示在活动任务列表中，如图 A-16 所示。

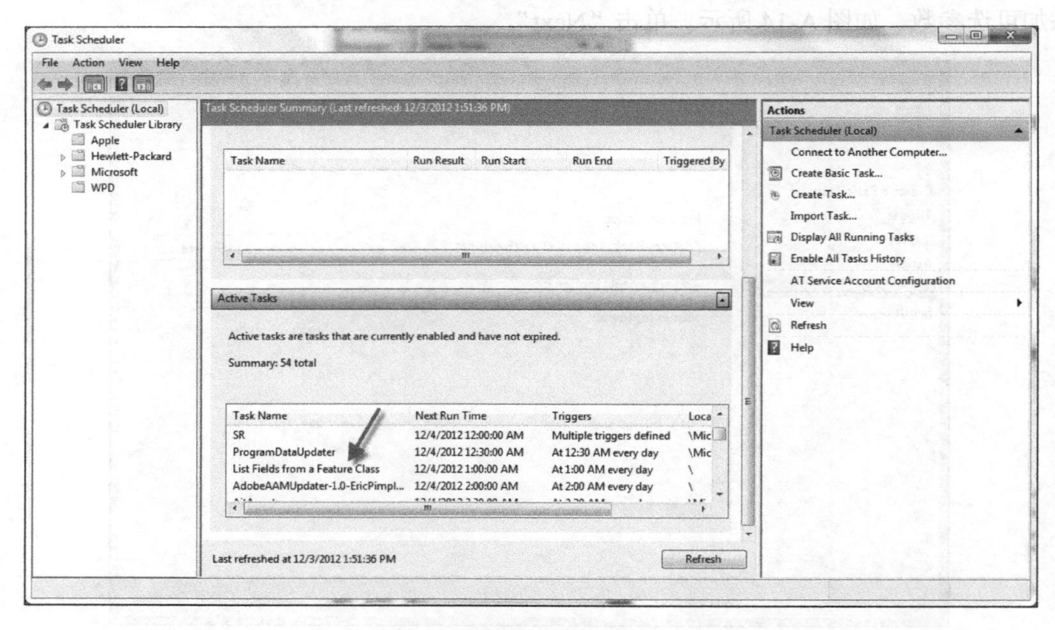

图 A-16 显示创建的基本任务

A.5.3 工作原理

当规定的触发器被激活时，Windows 任务计划程序会跟踪所有的活动任务并执行这些任务。在本例中，设定每天 1:00 AM 执行任务，每到此时，创建的批处理文件就会被触发，并且创建任务时指定的参数也会传递到脚本中。使用 Windows 任务计划程序不需要 GIS 工作人员与脚本交互操作，就可以自动执行地理处理任务，提供了更大的灵活性，提高了工作效率。也可以将 Python 脚本中的错误记录到日志文件中，以便获取更多有关指定问题的详细信息。

附录 B GIS 程序员不可不知的 5 个 Python 功能

本章将介绍以下内容。

- 读取带分隔符的文本文件。
- 发送电子邮件。
- 检索 FTP 服务中的文件。
- 创建 ZIP 文件。
- 读取 XML 文件。

B.1 引言

本章将介绍如何使用 Python 编写脚本来执行一些常规的任务，如读取和编辑带分隔符的文本文件、发送邮件、访问 FTP 服务、创建`.zip`文件、读取和编辑 JSON 与 XML 文件等。每个 GIS 程序员都应该知道如何编写 Python 脚本来实现这些功能。

B.2 读取带分隔符的文本文件

GIS 程序员会经常需要使用 Python 进行文件的处理。文本文件是不同系统进行数据交换的常用格式，它格式简单、可跨平台且容易操作。使用逗号和<tab>键分隔的文本文件是文本文件中最常见的格式，因此需要掌握使用 Python 处理这种文本文件的方法。GIS 程序员通常要读取存储了用逗号分隔的 *X*，*Y* 坐标以及其他属性信息的文本文件，然后将这些信息转换成 GIS 数据格式，如 shapefile 文件或地理数据库等。

B.2.1 准备工作

要使用 Python 内置的文件处理功能，首先需要打开文件，然后才能使用 Python 提供的函数来处理文件内的数据，最后关闭文件。

小技巧：

注意，完成工作后要关闭文件。因为 Python 不一定会自动关闭文件，所以未关闭的文件可能会占用资源或覆盖其他文件。另外，一些操作系统平台不允许同时以只读模式和写入模式来打开文件。

本节将介绍如何打开、读取和处理逗号分隔的文本文件。

B.2.2 操作方法

下面按步骤介绍如何创建一个 Python 脚本来读取逗号分隔的文本文件。

（1）在 `C:\ArcpyBook\data` 文件夹中，找到名为 `N_America. A2007275.txt` 的文本文件。然后在文本编辑器中打开该文件，文件内容如下所示。

```
18.102,-94.353,310.7,1.3,1.1,10/02/2007,0420,T,72
19.300,-89.925,313.6,1.1,1.0,10/02/2007,0420,T,82
19.310,-89.927,309.9,1.1,1.0,10/02/2007,0420,T,68
26.888,-101.421,307.3,2.7,1.6,10/02/2007,0425,T,53
26.879,-101.425,306.4,2.7,1.6,10/02/2007,0425,T,45
36.915,-97.132,342.4,1.0,1.0,10/02/2007,0425,T,100
```

提示：

这个文件包含了 2007 年某天卫星传感器拍摄的火灾事件的数据。每行数据都包含火灾的经纬度信息，以及其他信息，如日期、时间、卫星类型、置信度值和其他细节等。本节仅需要导出纬度、经度和置信度值，其中第 1 项是纬度，第 2 项是经度，最后一项是置信度值。

（2）打开IDLE，新建一个名为`C:\ArcpyBook\Appendix2\ReadDelimitedTextFile.`

py 的脚本文件。

（3）使用 Python 的 open()函数，打开要读取的文件。

```
f = open("C:/ArcpyBook/data/N_America.A2007275.txt','r')
```

（4）添加 for 循环遍历文件中所有的行。

```
for fire in f:
```

（5）调用 split()函数，该函数以逗号为分隔符，将每行的值切分到一个列表中，并将该列表赋值给 lstValues 变量。需要确保这行代码缩进在 for 循环内。

```
lstValues = fire.split(",")
```

（6）创建 latitude、longitude 和 confid 变量，使用索引值分别引用纬度、经度和置信度值。

```
latitude = float(lstValues[0])
longitude = float(lstValues[1])
confid = int(lstValues[8])
```

（7）使用 print 语句输出每个值。

```
print("The latitude is: " + str(latitude) + " The longitude
is: " + str(longitude) + " The confidence value is: " +
str(confid))
```

（8）关闭文件。

```
f.close()
```

（9）完整的脚本如下所示。

```
f = open('C:/ArcpyBook/data/N_America.A2007275.txt','r')
for fire in f.readlines():
  lstValues = fire.split(',')
  latitude = float(lstValues[0])
  longitude = float(lstValues[1])
  confid = int(lstValues[8])

  print("The latitude is: " + str(latitude) + " The
longitude is: " + str(longitude) + " The confidence value
```

```
    is: " + str(confid))
    f.close()
```

（10）可以通过查看 C:\ArcpyBook\code\Appendix2\ReadDelimitedTextFile.py 解决方案文件来检查代码。

（11）保存并运行脚本，得到的输出结果如下所示。

```
The latitude is: 18.102 The longitude is: -94.353 The confidence
value is: 72
The latitude is: 19.3 The longitude is: -89.925 The confidence
value is: 82
The latitude is: 19.31 The longitude is: -89.927 The confidence
value is: 68
The latitude is: 26.888 The longitude is: -101.421 The confidence
value is: 53
The latitude is: 26.879 The longitude is: -101.425 The confidence
value is: 45
The latitude is: 36.915 The longitude is: -97.132 The confidence
value is: 100
```

B.2.3 工作原理

首先，调用 Python 语言的 open()函数来创建一个文件对象，该对象作为文件的链接存储在计算机中。在读取或编辑文件中的数据之前，必须先调用 open()函数。open()函数的第 1 个参数是要打开的文件路径，第 2 个参数是文件打开的模式，包括只读模式(r)、写入模式（w）或追加模式（a）。“r”表明对打开的文件进行只读操作，“w”表明对打开的文件进行写入操作。如果以写入模式打开已有的文件，进行写入操作时将会覆盖文件原有的数据，所以应谨慎使用写入模式。如果以追加模式（a）打开文件进行写入操作，将不会覆盖原有的数据，而是在文件原有数据的末尾添加数据。本节以只读模式来打开 N_America.A2007275.txt 文件。

然后，使用 for 循环来遍历文本文件中的数据，一次循环只读取一行数据。在 for 循环内部，split()函数用来创建一个列表对象，列表中的元素是被指定的分隔符号分隔的文本行的各项数据。本例中的文件以逗号来分隔文本行，所以使用 split(",")来进行切分。当然，还可以使用其他分隔符进行分隔，如<tab>键、<space>（空格）键等。split()函数创建的列表对象存储在 lstValues 变量中。这个变量包含每个 wildfire 点的相关数据，如图 B-1 所示。可以注意到，列表索引从 0 开始，第 1 个位置（索引值 0）对应纬度值，第 2 个位置（索引值 1）对应经度值，以此类推。

```
0        1        2     3   4      5          6  7 8
36.913,-97.143,320.1,1.0,1.0,10/02/2007,0425,T,100
```

图 B-1 切分文本对应的索引值

最后，使用索引值（它引用了纬度、经度和置信度值）来创建新变量 latitude、longitude 和 confide，并输出每个新变量的值。另外，还可以使用 InsertCursor 对象把信息写入要素类，因为这样可使地理处理脚本更具健壮性。在第 8 章“在要素类和表中使用 ArcPy 数据访问模块”中使用过这种方法。

B.2.4 拓展

与读取文件类似，把数据写入文件也有很多种方法。write()函数可能是最容易使用的函数，因为它只需一个字符串参数，就可以把这个字符串写入文件。writelines()函数则用于把列表结构的内容写入文件。注意，无论是使用写入模式还是追加模式，都需要先打开文件。

可以使用 readlines()函数将文本文件的全部内容读入一个 Python 列表中，然后可以迭代该列表。列表中的每个值都唯一对应本文件中的一行数据。由于此函数是将整个文件读入列表，因此需要谨慎使用此方法，因为大文件可能会导致严重的性能问题。

B. 3 发送电子邮件

在实际工作中，可能经常需要使用 Python 脚本来发送电子邮件，例如，在地理处理操作持续运行过程中，成功完成或发生错误时会生成消息。在这种情况或其他情况下，将提示消息以电子邮件的形式发送给用户，有助于用户更好地进行地理处理操作。

B.3.1 准备工作

通过 Python 脚本发送电子邮件时，需要访问邮件服务，这既可以是一个公共的电子邮件服务，如 Yahoo、Gmail 等，也可以是使用应用程序配置的输出邮件服务，如 Microsoft Outlook 等。这两种情况都需要知道电子邮件服务的主机名和端口。Python 的 smtplib 模块可用来创建与邮件服务的连接并发送电子邮件。

Python 的 email 模块包含 Message 类，用来表示电子邮件消息，每个消息都包括标题和邮件的具体信息。Message 类不能直接用于发送电子邮件，只能处理它的实例对象。本节将介绍如何在脚本中使用 smtp 类发送带有附件的电子邮件。Message 类中的 message_from_string()或 message_from_file()函数可以解析电子邮件中的字符或文件，并且这两个函数都将新建一个 Message 对象。调用 Message.getpayload() 函数可以获取邮件的正文。

> **提示：**
> 本例使用的是Google Mail服务。如果读者已经有Gmail账户，只需输入用户名和密码来作为变量值。如果读者没有Gmail账户，就需要申请一个账户或使用其他邮件服务来完成这项操作。Gmail账户都是免费的。但是，Google可能会阻止通过脚本发送电子邮件，因此需要注意，如果使用Gmail可能无法完成预期的工作。

B.3.2 操作方法

下面按步骤介绍如何通过创建脚本来发送电子邮件。

（1）打开IDLE，新建一个名为 C:\ArcpyBook\Appendix2\SendEmail.py 的脚本。

（2）若要发送带有附件的电子邮件，需要导入 smtplib 和 os 模块，以及 email 模块中的几个类，代码如下所示。

```
Import smtplib
from email.MIMEMultipart import MIMEMultipart
from email.MIMEBase import MIMEBase
from email.MIMEText import MIMEText
from email import Encoders
import os
```

（3）创建 gmail_user 和 gmail_pwd 变量，分别赋值为Gmail的用户名和密码。注意，通过Python脚本发送电子邮件的方法可能会出现问题，因为它需要用户的用户名和密码。

```
gmail_user = "<username>"
gmail_pwd = "<password>"
```

> **小技巧：**
> 注意，脚本中有电子邮件的用户名和密码是不安全的，所以，程序员一般不会编写包含用户名和密码的脚本。当然，有对这些信息进行加密的方法，但在这里不予介绍。

（4）新建一个名为mail()的Python函数，该函数有4个参数：to（收件人）、subject（主题）、text（正文）和attach（附件），每个参数的含义都很明确。新建MIMEMultipart对象并为from、to和subject键赋值，然后使用MIMEMultipart.attach()把邮件的正文添加到msg对象中。

```
def mail(to, subject, text, attach):
  msg = MIMEMultipart()
  msg['From'] = gmail_user

  msg['To'] = to
  msg['Subject'] = subject

  msg.attach(MIMEText(text))
```

（5）添加电子邮件的附件。

```
  part = MIMEBase('application', 'octet-stream')
  part.set_payload(open(attach, 'rb').read())
  Encoders.encode_base64(part)
  part.add_header('Content-Disposition',
    'attachment; filename="%s"' %
    os.path.basename(attach))
  msg.attach(part)
```

（6）新建SMTP对象来引用Google Mail服务，传入用户名和密码等参数来连接邮件服务，发送电子邮件，然后关闭连接。

```
mailServer = smtplib.SMTP("smtp.gmail.com", 587)
mailServer.ehlo()
mailServer.starttls()
mailServer.ehlo()
mailServer.login(gmail_user, gmail_pwd)
mailServer.sendmail(gmail_user, to, msg.as_string())
mailServer.close()
```

（7）调用mail()函数，输入邮件的收件人、主题、正文和附件。

```
mail("<email to send to>",
"Hello from python!",
"This is an email sent with python",
"C:/ArcpyBook/data/bc_pop1996.csv")
```

（8）完整的脚本如下所示。

```
import smtplib
from email.MIMEMultipart import MIMEMultipart
from email.MIMEBase import MIMEBase
from email.MIMEText import MIMEText
from email import Encoders
import os

gmail_user = "<username>"
gmail_pwd = "<password>"

def mail(to, subject, text, attach):
 msg = MIMEMultipart()

 msg['From'] = gmail_user

msg['To'] = to
msg['Subject'] = subject

msg.attach(MIMEText(text))

part = MIMEBase('application', 'octet-stream')
part.set_payload(open(attach, 'rb').read())
Encoders.encode_base64(part)
part.add_header('Content-Disposition',
    'attachment; filename="%s"' % os.path.basename(attach))
msg.attach(part)

mailServer = smtplib.SMTP("smtp.gmail.com", 587)
mailServer.ehlo()
mailServer.starttls()
mailServer.ehlo()
mailServer.login(gmail_user, gmail_pwd)
mailServer.sendmail(gmail_user, to, msg.as_string())
mailServer.close()

mail("<email to send to>", "Hello from python!", "This is
an email sent with python", "bc_pop1996.csv")
```

（9）可以通过查看 C:\ArcpyBook\code\Appendix2\SendEmail.py 解决方案文件来检查代码。

（10）保存并运行脚本。为了进行测试，笔者用自己的 Yahoo 账户作为收件人。可以发现，收件箱中有来自 Gmail 账户的新消息，注意其中还含有附件，如图 B-2 所示。

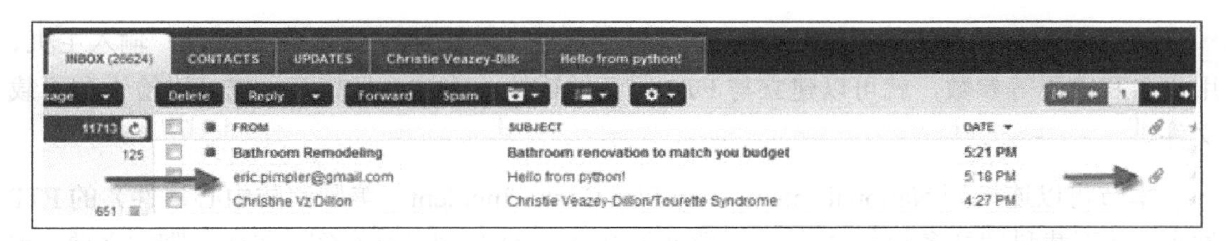

图 B-2 发送电子邮件的结果

B.3.3 工作原理

首先，定义一个 mail()函数，mail()函数的第 1 个参数是收件人的电子邮件地址，它可以是任何有效的电子邮件地址，最好事先检查一下这个邮件账户是否可用，以确保脚本的正常运行。第 2 个参数是电子邮件的主题，第 3 个参数是正文，最后一个参数是电子邮件附件的名称。本例简单地定义了“bc_pop1996.csv”文件作为附件，读者可以使用任意可访问的文件作为附件。

然后，在 mail()函数中新建一个 MimeMultipart 对象，并为 from、to 和 subject 键赋值。使用 MIMEMultipart.attach()函数把邮件的正文添加到 msg 对象中。最后，使用 MIMEBase 对象将 bc_pop1996.csv 文件连接到电子邮件，并使用 msg.attach(part)将其添加到电子邮件中。

到目前为止，本节已经介绍了如何发送文本电子邮件。但是，要发送更加复杂的包含文本和附件的电子邮件，还需要使用 MIME 消息，它可以处理多部分的电子邮件。MIME 消息需要指定电子邮件多个部分之间的界限以及额外的标题来指定发送的内容。MIMEBase 类是 Message 的一个抽象子类，可以发送复杂类型的电子邮件。因为它是抽象类，所以不能创建该类的实例，但是，可以使用其中的子类，如 MIMEText 等。使用 mail()函数的最后一步是新建 SMTP 对象，用来引用 Google Mail 服务，传入用户名和密码等参数来连接邮件服务，发送电子邮件，然后关闭连接。

B.4 检索 FTP 服务中的文件

对于 GIS 程序员来说，检索 FTP 服务中需要处理的文件也是一个非常常见的操作，同样可以使用 Python 脚本来实现自动化操作。

B.4.1 准备工作

使用ftplib模块可以连接到FTP服务并下载文件。通过创建FTP对象，输入主机、用户名和密码等参数，就可以建立与FTP服务的连接。连接一旦打开，就可以检索和下载文件。

本节将以连接到National Interagency Fire Center Incident（美国消防中心事件）的FTP站点，并下载科罗拉多州wildfire数据的PDF文件为例进行介绍。在运行脚本之前，需要在http://gis.nwcg.gov/data_nifcftp.html中注册一个账户。

B.4.2 操作方法

下面按步骤介绍如何编写连接到FTP服务并下载文件的脚本。

（1）打开IDLE，新建一个名为C:\ArcpyBook\Appendix2\ftp.py的脚本。

（2）连接NIFC的FTP服务，可以通过访问http://gis.nwcg.gov/data_nifcftp.html网站了解更多关于该服务的信息。

（3）导入ftplib、os和socket模块。

```
import ftplib
import os
import socket
```

（4）添加以下变量，定义URL、目录和文件名等。

```
HOST = 'ftp.nifc.gov'
USER = '<your username here>'
PASSW = '<your password here>'
DIRN = '/Incident_Specific_Data/2012
HISTORIC/ROCKY_MTN/Arapaho/GIS/20120629'
FILE = '20120629_0600_Arapaho_PIO_0629_8x11_land.pdf'
```

（5）添加以下代码块来创建连接。如果连接有错误，将输出错误消息；如果连接成功，将输出成功消息。

```
try:

  f = ftplib.FTP(HOST,USER,PASS)
except (socket.error, socket.gaierror), e:
```

```
    print('ERROR: cannot reach "%s"' % HOST)
  print('*** Connected to host "%s"' % HOST)
```

（6）添加以下代码块，以匿名方式登录服务。

```
try:
  f.login()
except ftplib.error_perm:
  print('ERROR: cannot login')
  f.quit()
print('*** Logged in ')
```

（7）添加以下代码块，更改 DIRN 变量指定的目录。

```
try:
  f.cwd(DIRN)
except ftplib.error_perm:
  print('ERROR: cannot CD to "%s"' % DIRN)
  f.quit()
print('*** Changed to "%s" folder' % DIRN)
```

（8）使用 FTP.retrbinary()函数检索 PDF 文件。

```
try:
  f.retrbinary('RETR %s' % FILE,
     open(FILE, 'wb').write)
except ftplib.error_perm:
  print('ERROR: cannot read file "%s"' % FILE)
  os.unlink(FILE)
else:
  print('*** Downloaded "%s" to CWD' % FILE)
```

（9）断开与服务的连接。

```
f.quit()
```

（10）完整的脚本如下所示。

```
import ftplib
import os
import socket

HOST = 'ftp.nifc.gov'
USER = '<your username here>'
```

```
PASSW = '<your password here>'
DIRN = '/Incident_Specific_Data/2012
HISTORIC/ROCKY_MTN/Arapaho/GIS/20120629'
FILE = '20120629_0600_Arapaho_PIO_0629_8x11_land.pdf'

try:
  f = ftplib.FTP(HOST,USER,PASSW)
except (socket.error, socket.gaierror), e:
  print('ERROR: cannot reach "%s"' % HOST)
print('*** Connected to host "%s"' % HOST)

try:
  f.login()
except ftplib.error_perm:
  print('ERROR: cannot login')
  f.quit()
print('*** Logged in ')

try:
  f.cwd(DIRN)
except ftplib.error_perm:
  print('ERROR: cannot CD to "%s"' % DIRN)
  f.quit()
print('*** Changed to "%s" folder' % DIRN)

try:
  f.retrbinary('RETR %s' % FILE,
     open(FILE, 'wb').write)
except ftplib.error_perm:
  print('ERROR: cannot read file "%s"' % FILE)
  os.unlink(FILE)
else:
  print('*** Downloaded "%s" to CWD' % FILE)
f.quit()
```

（11）可以通过查看 C:\ArcpyBook\code\Appendix2\ftp.py 解决方案文件来检查代码。

（12）保存并运行脚本。如果运行成功，得到的输出结果如下所示。

```
*** Connected to host "ftp.nifc.gov"
*** Logged in as "anonymous"
*** Changed to "'/Incident_Specific_Data/2012
```

```
HISTORIC/ROCKY_MTN/Arapaho/GIS/20120629'" folder
*** Downloaded "'20120629_0600_Arapaho_PIO_0629_8x11_land.pdf
" to CWD
```

（13）查看文件目录 C:\ArcpyBook\Appendix2。默认情况下，FTP 下载的文件将保存到当前工作目录下。

B.4.3 工作原理

要连接 FTP 服务，不仅需要知道其 URL，还需要知道将要下载的文件的目录和名称。本例已经对这些信息进行了硬编码，这样就可以专注于实现特定的 FTP 功能。利用这些信息，使用 ftplib.FTP()函数，传入主机的 URL，可以实现与 NIFC FTP 服务的连接。

注意，读者需要注册一个账户，登录后才能下载数据。登录后，脚本会更改定义在 DIRN 变量中的 FTP 服务根目录的路径，可以使用 cwd(<path>)函数来实现。然后使用 retrbinary()函数检索 PDF 文件。最后使用 quit()方法断开与 FTP 服务的连接。

B.4.4 拓展

还有一些与 FTP 相关的其他方法，可以用来执行各种相关操作。通常可以分为目录级操作和文件级操作。目录级操作的方法包括：用于获取目录中文件列表的 dir()方法；用于新建目录的 mkd()方法；用于获取当前工作目录的 pwd()方法；用于更改当前目录的 cwd()方法。请注意，当试图通过脚本执行操作时，将会受到账户权限的限制，所以可能无法成功执行上述提到的每一种方法。

ftplib 模块中还有对文件进行操作的各种方法。可以以二进制或纯文本格式上传和下载文件。retrbinary()和 storbinary()方法分别用于检索和存储二进制文件，而纯文本文件可以用 retrlines()和 storlines()方法分别进行检索和存储。

还需要了解一些对 FTP 类进行操作的方法。例如，删除文件可以通过 delete()方法来完成，重命名文件可以通过 rename()方法来完成，将命令发送到 FTP 服务可以通过 sendcmd()方法来完成。

B.5 创建 ZIP 文件

在 GIS 的相关编程中经常需要使用大文件，为了便于共享，通常将文件压缩成.zip 格式。Python 中有一个模块，可用于解压和压缩.zip 格式的文件。

B.5.1 准备工作

ZIP是一种常见的压缩和存档格式，使用zipfile模块可以在Python中创建.zip文件。zipFile类可以用来创建、读取和写入.zip文件。要新建一个.zip文件，只需提供文件名和“w”模式等参数即可，其中“w”模式表示要将数据写入文件。在下面的代码示例中，创建了一个名为datafile.zip的.zip文件，第2个参数“w”表示将新建一个文件。此时，将在写入模式下新建一个文件或压缩具有相同名称的已有文件。创建文件时，也可以使用可选的压缩参数，该值可以设置为ZIP_STORED或ZIP_DEFLATED。

```
zipfile.ZipFile('dataFile.zip', 'w',zipfile.ZIP_STORED)
```

本节将使用Python创建文件、添加文件以及将文件压缩成.zip格式。然后保存所有位于C:\ArcpyBook\data目录下的shapefile文件。

B.5.2 操作方法

下面按步骤介绍如何创建一个脚本来生成.zip文件。

（1）打开IDLE，新建一个名为C:\ArcpyBook\Appendix2\CreateZipfile.py的脚本。

（2）导入zipfile和os模块。

```
import os
import zipfile
```

（3）新建一个名为shapefiles.zip的.zip文件，传入写入模式参数（w）和压缩参数（zipfile.ZIP_STORED）。

```
zfile = zipfile.ZipFile("shapefiles.zip", "w",
zipfile.ZIP_STORED)
```

（4）接下来，使用os.listdir()函数创建data目录下的文件列表。

```
files = os.listdir("C:/ArcpyBook/data")
```

（5）遍历所有文件的列表，并将扩展名为.shp、.dbf或.shx的文件写入.zip文件。

```
for f in files:
```

```
  if f.endswith("shp") or f.endswith("dbf") or
f.endswith("shx"):
    zfile.write("C:/ArcpyBook/data/" + f)
```

（6）输出所有添加到 ZIP 压缩包中的文件。可以使用 ZipFile.namelist()函数创建压缩包中文件的列表。

```
for f in zfile.namelist():
    print "Added %s" % f
```

（7）关闭.zip 文件。

```
zfile.close()
```

（8）完整的脚本如下所示。

```
import os
import zipfile

#create the zip file
zfile = zipfile.ZipFile("shapefiles.zip", "w",
zipfile.ZIP_STORED)
files = os.listdir("C:/ArcpyBook/data")

for f in files:
  if f.endswith("shp") or f.endswith("dbf") or
f.endswith("shx"):
    zfile.write("C:/ArcpyBook/data/" + f)

#list files in the archive
for f in zfile.namelist():
    print("Added %s" % f)

zfile.close()
```

（9）可以通过查看 C:\ArcpyBook\code\Appendix2\CreateZipfile_Step1.py 解决方案文件来检查代码。

（10）保存并运行脚本，得到的输出结果如下所示。

```
Added ArcpyBook/data/Burglaries_2009.dbf
Added ArcpyBook/data/Burglaries_2009.shp
Added ArcpyBook/data/Burglaries_2009.shx
```

```
Added ArcpyBook/data/Streams.dbf
Added ArcpyBook/data/Streams.shp
Added ArcpyBook/data/Streams.shx
```

（11）在 Windows 资源管理器中，可以看到输出的.zip 文件，如图 B-3 所示。注意文件的大小，可以发现该压缩文件并没有被压缩。

图 B-3 没有压缩的.zip 文件

（12）现在，创建.zip 文件的压缩版本来查看它们的区别。修改上述代码中创建.zip 文件的代码行，代码如下所示。

```
zfile = zipfile.ZipFile("shapefiles2.zip", "w",
zipfile.ZIP_DEFLATED)
```

（13）可以通过查看 C:\ArcpyBook\code\Appendix2\CreateZipfile_Step2.py 解决方案文件来检查代码。

（14）保存并重新运行脚本。

（15）查看新生成的 shapefiles2.zip 文件的大小，如图 B-4 所示，可以发现该文件的大小变小了，这是因为文件被压缩了。

图 B-4 压缩的.zip 文件

B.5.3 工作原理

本节首先新建了一个名为 shapefiles.zip 的.zip 文件，且该文件的打开方式为写入模式。脚本的第 1 次迭代没有压缩文件的内容，但在第 2 次迭代中，通过向 ZipFile 对象的构造函数传入 DEFLATED 参数实现了压缩。然后，使用 ZipFile.namelist()函数获取 data 目录下的文件列表，并遍历每个文件，使用 write()函数将扩展名为.shp、.dbf 或.shx 的文件写入存档文件（ZIP）中。最后，将每个写入存档文件的文件名称输出到屏幕上。

B.5.4 拓展

使用 read()方法可以读取存储在 ZIP 存档文件中的已有文件的内容。首先，以只读模式打开该文件，然后调用 read()方法，传入要读取的文件名的引用作为参数。最后，可以将该文件的内容输出到屏幕上、写入另一个文件或者存储为一个列表或字典变量等。

B. 6 读取 XML 文件

XML（可扩展标记语言）文件是一种传输和存储数据的方式，它与平台无关，因为数据存储在纯文本文件中。XML 与 HTML（超文本标识语言）类似，但不同之处在于，HTML 旨在显示数据，而 XML 旨在传输数据。 通常，XML 文件可以作为 GIS 数据的交换格式，运行于不同的软件系统之间。

B.6.1 准备工作

XML 文件具有树状结构，它由根元素、子元素和元素属性组成。元素也称为节点。所有的 XML 文件都包含根元素，根元素是其他所有元素或子节点的父节点。XML 文件的结构如以下代码所示。与 HTML 文件不同，XML 文件区分大小写。

```
<root>
 <child att="value">
 <subchild>.....</subchild>
 </child>
</root>
```

小技巧：

Python 提供了一些处理 XML 文件的编程模块。模块的使用应根据模块是否适合完成这个工作来确定，不要试图使用一个模块来完成所有的功能，每个模块都有其执行的特定功能。

本节将介绍如何使用文件的 nodes 和 element 属性从 XML 文件中读取数据。

访问 XML 文件中节点的方法有很多，其中最简单的方法就是通过传入标签名来查找节点，然后遍历包含子节点列表的树。在此之前，需要使用 minidom.parse()方法解析 XML

文件。一旦完成解析，就可以使用 childNodes 属性获取从根结点开始的所有子节点的列表。最后，使用 getElementsByTagName(tag) 函数，传入标签名作为参数来搜索节点，该函数将返回与标签有关的所有子节点的列表。

可以通过调用 setAttribute(name) 函数来确定节点是否包含某个属性，该函数的返回值是 ture/false。一旦确定了某个属性存在，就可以调用 getAttribute(name) 函数来获取该属性的值。

本节将解析 XML 文件，并获取与特定元素（节点）和属性相关联的值。然后，加载包含 wildfire 数据的 XML 文件，并在这个 XML 文件中查找<fire>节点。最后，判断每个节点的 address 属性是否存在，如果存在，则输出该属性的值。

B.6.2 操作方法

（1）打开 IDLE，新建一个名为 C:\ArcpyBook\Appendix2\XMLAccessElementAttribute.py 的脚本。

（2）下面将用到 WitchFireResidenceDestroyed.xml 文件，该文件位于 C:\ArcpyBook\Appendix2 文件夹中，其内容的样本如下所示。

```
<fires>
  <fire address="11389 Pajaro Way" city="San Diego"
state="CA" zip="92127" country="USA" latitude="33.037187"
longitude="-117.082299" />
  <fire address="18157 Valladares Dr" city="San Diego"
state="CA" zip="92127" country="USA" latitude="33.039406"
longitude="-117.076344" />
  <fire address="11691 Agreste Pl" city="San Diego"
state="CA" zip="92127" country="USA" latitude="33.036575"
longitude="-117.077702" />
  <fire address="18055 Polvera Way" city="San Diego"
state="CA" zip="92128" country="USA" latitude="33.044726"
longitude="-117.057649" />
</fires>
```

（3）从 xml.dom 中导入 minidom。

```
from xml.dom import minidom
```

（4）解析 XML 文件。

```
xmldoc = minidom.parse("WitchFireResidenceDestroyed.xml")
```

（5）生成 XML 文件中节点的列表。

```
childNodes = xmldoc.childNodes
```

（6）生成所有<fire>节点的列表。

```
eList = childNodes[0].getElementsByTagName("fire")
```

（7）遍历元素列表，判断 address 属性是否存在，如果存在，则输出该属性的值。

```
for e in eList:
  if e.hasAttribute("address"):
    print(e.getAttribute("address"))
```

（8）可以通过查看 C:\ArcpyBook\code\Appendix2\XMLAccessElementAttribute.py 解决方案文件来检查代码。

（9）保存并运行脚本，得到的输出结果如下所示。

```
11389 Pajaro Way
18157 Valladares Dr
11691 Agreste Pl
18055 Polvera Way
18829 Bernardo Trails Dr
18189 Chretien Ct
17837 Corazon Pl
18187 Valladares Dr
18658 Locksley St
18560 Lancashire Way
```

B.6.3 工作原理

通常，对 XML 文件执行的最基本的操作是将 XML 文件加载到脚本中，通过使用 xml.dom 模块中的 minidom 对象可以实现该功能。minidom 对象的 parse()方法可以接受 XML 文件的路径，并能创建 WitchFireResidenceDestroyed.xml 文件中的文档对象模型（document object model，DOM）树对象。

首先，使用 DOM 树的 childNodes 属性生成 XML 文件中所有节点的列表。然后，使用 getElementsByTagName()方法访问每个节点。最后，遍历包含在 eList 变量中的每个<fire>节点，并对每一个节点使用 getAttribute()方法检查 address 属性是否存在，如果存在，则调用 getAttribute()函数将地址输出到屏幕上。

B.6.4 拓展

有时为了获取特定的文本字符串，需要检索 XML 文件，此时就需要使用 xml.parsers.expat 模块。首先定义基本 expat 类派生的检索类，然后创建该类的对象。一旦创建完对象，就可以对 search 对象调用 parse()方法来检索数据。最后，调用 getElementsByTagName(tag)函数，传入标签名作为参数来搜索节点，该函数将返回与标签有关的所有子节点的列表。